高 等 学 校 规 划 教 材

数据科学
与智能技术
概论

常东超　　卢紫微　　主　编
苏金芝　　张国玉　　副主编

U0222877

化学工业出版社

·北京·

内容简介

《数据科学与智能技术概论》涵盖了计算思维与信息处理技术，云计算，大数据，人工智能及应用，虚拟现实、增强现实、混合现实以及游戏开发工具 Unity3D 等内容。本书每部分内容都经过反复讨论和多次审议，结构紧凑、内容合理且通俗易懂。本书力求让读者理解和掌握全新的数据科学和智能技术知识，具有更广阔的现代化、信息化视野，符合时代发展的需求。

《数据科学与智能技术概论》可以作为高等学校理工科专业的通识课教材，也可作为广大计算机爱好者的自学参考书。

图书在版编目（CIP）数据

数据科学与智能技术概论 / 常东超，卢紫微主编；苏金芝，张国玉副主编. —北京：化学工业出版社，2022.1（2024.8 重印）
高等学校规划教材
ISBN 978-7-122-39967-0

Ⅰ.①数… Ⅱ.①常… ②卢… ③苏… ④张…
Ⅲ.①数据管理-高等学校-教材②智能技术-高等学校-教材 Ⅳ.①TP274②TP18

中国版本图书馆 CIP 数据核字（2021）第 194266 号

责任编辑：满悦芝　　　　　　　　　　　　文字编辑：杨振美
责任校对：李雨晴　　　　　　　　　　　　装帧设计：张　辉

出版发行：化学工业出版社（北京市东城区青年湖南街 13 号　邮政编码 100011）
印　　装：三河市双峰印刷装订有限公司
787mm×1092mm　1/16　印张 14¼　字数 455 千字　　2024 年 8 月北京第 1 版第 4 次印刷

购书咨询：010-64518888　　　　　　　　售后服务：010-64518899
网　　址：http://www.cip.com.cn

定　　价：49.90 元　　　　　　　　　　　　　　　版权所有　违者必究

前　言

第一次工业革命以蒸汽机的发明为标志，以机械化为特征，人类从此进入蒸汽时代；第二次工业革命以电和内燃机的发明为标志，以电气化为特征，人类从此进入电气时代；第三次工业革命以计算机的发明为标志，以信息化为特征，人类从此进入信息时代；正在进行的第四次工业革命则以工业智能化、互联网产业化、全面云化、大数据应用化为标志，以智能化、自动化为特征，人类将进入智能时代。大数据、云计算、人工智能都是第四次工业革命中应运而生的概念。云计算、大数据和人工智能一般经历以下顺序和过程：云计算→大数据→人工智能。三者相辅相成。如果跳开云计算谈大数据，就是空中楼阁；没有大数据而谈人工智能，也是天方夜谭。

为主动应对新一轮科技革命与产业变革，支撑服务创新驱动发展，响应"中国制造2025"等一系列国家号召，2017年2月以来，教育部积极推进新工科建设，先后形成了"复旦共识""天大行动""北京指南"等一系列共识，并发布了《关于开展新工科研究与实践的通知》《关于推进新工科研究与实践项目的通知》等文件，全力探索、形成领跑全球工程教育的中国模式、中国经验，助力高等教育强国建设。

随着云计算、高性能计算、大数据技术、人工智能、AR&VR&MR技术的成熟和发展，为了适应新工科发展的需求，我国的高等教育，特别是计算机学科的通识教育必须与时俱进。于是编写组组织了大量的人力、物力，对原有教材进行了一系列大的调整和改革，力求让当代大学生的计算机普及教育跟上新工科发展的步伐。

本书涵盖了计算思维与信息处理技术、云计算、大数据、人工智能、虚拟现实、增强现实、混合现实以及Unity3D应用等内容。由于内容繁多、覆盖面广而且要兼具普及性，因此编写组成员查阅了大量资料，学习并总结了数位国内专家的报告，在经历了多轮教学实践和众多读者反馈的基础上，对原书中内容进行了全面整合，力求结构紧凑、内容合理且通俗易懂。希望通过本书的学习，大学生能够理解和掌握最新的数据科学和智能技术知识，具有更广阔的现代化、信息化视野，符合新工科发展的需求。

本书由辽宁石油化工大学常东超、卢紫微担任主编，苏金芝、张国玉担任副主编，刘培胜、吉书朋、郭来德、杨妮妮、张凌宇、王杨、徐晓军、吕宝志等参与编写。在本书的编写过程中，我们始终秉持初心、兢兢业业，并坚持"实践是检验真理的唯一标准"，每一章、每一节都经过反复讨论和验证，教材内容力求通俗中不失精准、浅显处彰显用心。

本书编写过程中得到了学校各级领导、专家的大力支持以及广大同仁的无私帮助，在此表示衷心的感谢。感谢辽宁石油化工大学教务处、发展规划处、计算机与通信工程学院对大学计算机教学改革的大力支持，尤其感谢本校李艳杰、张利群两位教授在百忙之中对全书进行了审阅，提出了许多建设性建议，从而使全书编撰得以顺利完成。

由于时间紧迫和能力所限，本书不可避免地存在不尽如人意的地方，尽管我们已经做了最大努力，但是缺点和不足在所难免，希望得到业内同仁和广大师生的批评指正。

编者

2022 年 1 月

目　录

第**1**章　计算思维与信息处理技术

随着移动通信、物联网、云计算、大数据等新概念和新技术的出现，信息技术深刻地改变着人类的思维、生产、生活、学习方式，与之相关的计算思维成为人们认识和解决问题的基本能力之一。

1.1　计算概述

1.1.1　计算的概念

计算是整个自然科学领域的工具，也是人类的基本生存技能之一，它无处不在。现代学科门类繁多，涉及面广，每门学科都需要进行大量的计算。在日常生活、工作中，我们通过计算完成课题研究、工程设计。与古代结绳计数不同的是，当今的计算一般是用计算机来完成数据统计、处理、转换等工作。

计算是认知科学的基本概念之一。在人们的认识和实践活动中，计算通常是指一个系统在规则支配下的态的迁移过程，因此是一个由态、规则（或规律）和过程所构成的集合体。早在 2500 年前，古希腊数学家、哲学家毕达哥拉斯就提出"凡物皆数"，意思是万物的本源是数，数的规律统治万物。中文的"计算"二字有很多含义，有精确的定义，如使用各种算法进行的"算术"；也有较为抽象的定义，如在一场竞争中策略的"计算"或是"计算"两人之间关系的成功概率等。

计算机计算通常被理解为满足用户计算需求的计算方案。特定的计算机应用总要采用某种计算方案，即计算机应用总是要在某种计算模式下实现。计算机技术的进步也会令新的计算模式不断出现。

1.1.2　计算工具

人类最初用手指进行计算，后来用绳子、石子等作为工具来拓展手指的计算能力。从古老的"结绳记事"，到算盘、计算尺、差分机，再到 1946 年第一台电子计算机诞生，计算工具在不断发展。

（1）古代计算工具

根据史书的记载和考古材料的发现，古代的算筹实际上是一根根长短和粗细相同的小棍子，一般长为 13～14cm，直径 0.2～0.3cm，多用竹子制成，也有用木头、兽骨、象牙、金属等材料制成的，大约二百七十几枚为一束，放在一个布袋里，系在腰部随身携带。需要计数和计算的时候，就把它们取出来，放在桌上、炕上或地上进行计算。

算盘起源于中国，迄今已有 2600 多年的历史，是中国古代的一项重要发明。在阿拉伯数字出现前，算盘是广为使用的计算工具。算盘采用十进制记数法，并有一整套计算口诀，例如"三下五除二""七上八下"等，这是最早的体系化算法。算盘能够进行基本的算术运算，是公认的、最早使用的计算工具。

（2）计算尺

17世纪初，在西方国家，计算工具发展较快。著名的英国数学家纳皮尔（J.Napier）最早创立了对数概念，还发明了一种新的数字运算工具——纳皮尔计算尺。这种计算工具由十根长条状的木棍组成，木棍的表面雕刻着类似于乘法表的数字，纳皮尔用它来进行乘除法计算。纳皮尔在数学领域最大的贡献是他在1614年发表的对数概念，由他开创的对数概念影响了一代数学家，并极大地推动了数学的发展。计算尺的基本原理就是应用了对数原理，纳皮尔的发明为日后的计算尺发展奠定了基础。纳皮尔创立了对数概念以后，甘特（E.Gunter）与奥却德（W.Oughtred）等先后发明了对数尺度及原始形式的对数计算尺。对数计算尺是在两个圆盘的边缘标注对数刻度，然后让它们相对转动，就可以基于对数原理用加减运算来实现乘除运算。17世纪中期，对数计算尺改进为尺座和在尺座内部移动的滑尺。18世纪末，发明蒸汽机的瓦特在尺座上添置了一个滑标，用来存储计算的中间结果。对数计算尺不仅能进行加、减、乘、除、乘方、开方运算，甚至可以计算三角函数、指数函数和对数函数。

（3）机械式计算工具

17世纪另一项重大发明是机械计算机。最早的设计者是席卡德（W. Schickard），他在给天文学家开普勒（J. Kepler）的信中描述了自己发明的四则计算机，不过实际并未制作成功。第一台能进行加、减法计算的计算机的制造者是帕斯卡（B. Pascal），后来还有几台保存在巴黎。1671年左右，莱布尼茨（G. W. Leibniz）发明了能进行加、减、乘、除运算的计算机，现德国汉诺威藏有一台。自此以后，许多人在这方面做了大量的工作。特别是经过 L.H.托马斯、W.奥德内尔等人的改良之后，生产出多种手摇计算机，风行于全世界。17世纪末，这种计算机传入中国，中国人制造了12位数手摇计算机，独创出一种算筹式手摇计算机，即一种能依照一定的"程序"自动控制的计算机。

（4）电子计算机

1946年2月14日，由美国军方定制的世界上第一台电子计算机"埃尼阿克"（Electronic Numerical Integrator And Calculator，ENIAC）在美国宾夕法尼亚大学问世。ENIAC 使用了17840支电子管，大小为80ft×8ft❶，重达28t，功耗为170kW，运算速度为每秒5000次加法运算，造价约为487000美元。ENIAC 的问世具有划时代的意义，表明了电子计算机时代的到来。此后，计算机技术以惊人的速度发展着。

1.1.3 新的计算模式

（1）普适计算

普适计算（ubiquitous computing），又称普存计算、普及计算、遍布式计算、泛在计算，是一个强调和环境融为一体的计算概念，而计算机本身则退居幕后。在普适计算的模式下，人们能够在任何时间、任何地点，以任何方式进行信息的获取与处理。

普适计算最早起源于1988年的一系列研究计划。在该计划中美国施乐（Xerox）公司 PARC

---

❶　1ft=0.3048m。

研究中心的 Mark Weiser 首先提出了普适计算的概念。1991 年，Mark Weiser 在 *Scientific American* 上发表文章 "The Computer for the 21st Century"，正式提出了普适计算的概念，他指出："The most profound technologies are those that disappear. They weave themselves into the fabric of everyday life until they are indistinguishable from it."，即"最深刻的技术是那些消失的技术。它们将自己编织到日常生活的结构中，直到无法与之区分"。

1999 年，IBM 也提出普适计算（IBM 称之为 pervasive computing）的概念，即为无所不在的、随时随地可以进行计算的一种方式。跟 Weiser 一样，IBM 也特别强调计算资源普存于环境当中，人们可以随时随地获得需要的信息和服务。

1999 年，欧洲研究团体 ISTAG 提出了环境智能（ambient intelligence）的概念。其实这是个跟普适计算类似的概念，只不过在美国等通常称为普适计算，而欧洲的有些组织团体则称环境智能。二者提法不同，但是含义相同，实验方向也是一致的。

普适计算是一个涉及研究范围很广的课题，是分布式计算、移动计算、人机交互、人工智能、嵌入式系统、感知网络以及信息融合等多方面技术的融合。普适计算在教育中的应用项目有清华大学 Smart Class 项目、淡江大学的硬件 SCORM 项目、MIT（美国麻省理工学院）的 Oxygen 项目。

普适计算与传统的虚拟现实技术、网络技术的最大区别是计算机将会融入人类社会，而不是人类社会融入计算机世界。普适计算把计算机融入环境或日常生活中，使人们更自然地和所使用的工具而不仅仅是与计算机交互。计算机设备可以感知周围的环境变化，从而根据环境的变化做出自动的、基于用户需要或者设定的行为，再把这些行为通过嵌有计算机的工具表达出来。人们无论走到哪里，无论什么时间，都可以根据需要获得计算能力和所需要的服务。

普适计算是对计算模式的革新，对它的研究虽然才刚刚开始，但它已显示了巨大的生命力，并带来了深远的影响。普适计算的新思维极大地活跃了学术思想，推动了对新型计算模式的研究。在此方向上已出现了许多新研究方向，如平静计算、日常计算、主动计算等。

（2）网格计算

网格计算（grid computing）是分布式计算的一种，是伴随着互联网技术而迅速发展起来的、专门针对复杂科学计算的新型计算模式。它研究如何把一个需要非常强大的计算能力才能解决的问题分成许多小的部分，然后把这些部分分配给许多计算机进行处理，最后把这些计算结果综合起来得到最终结果。这种计算模式利用互联网把分散在不同地理位置的计算机组成一个"虚拟的超级计算机"，其中每一台参与计算的计算机就是一个"节点"，而整个计算是由成千上万个节点组成的"一张网格"，所以这种计算方式叫网格计算。

网格计算组织起来的"虚拟的超级计算机"有两个优势：一个是数据处理能力超强；另一个是能充分利用网上的闲置处理能力。简单地讲，网格是把整个网络整合成一台巨大的超级计算机，实现计算资源、存储资源、数据资源、信息资源、知识资源、专家资源的全面共享。

网格计算对于计算机科学领域来说并非一项全新的技术。网格计算的提出可以追溯到 20世纪 90 年代，计算机发展有两个流派：一派主张超级计算机，例如 CRAY1（克雷一号），虽然运算速度很快，但造价也极高，不是一般企业可以负担得起的；另外一派主张高速运算，提出利用分散式的方式将需要大量计算的工作分给很多计算机一同工作，再将计算完的结果送回来，这样便能把很多需要计算的问题，利用多台计算机协助完成。

网格运算的目的是善用服务器能量，利用大量的闲置服务器运算能力从事更多的工作，IBM、Microsoft、Sun 等公司已开始将网格运算加入商用系统中。IBM、Sun 拥有自己的服务器与作业系统，IBM 早已投入许多人力开发，Sun 则收购 Gridware 公司以加快网格计算的研发步伐。Microsoft 宣布支援最主要的网格运算组织 Globus Project，在.Net 服务与 Windows XP 作业系统中提供网格计算的 ToolKit 支持，以便于提供商业网格运算服务。

（3）云计算

云计算（cloud computing）是基于互联网的相关服务的增加、使用和交付模式，通常通过互联网来提供动态、易扩展且经常是虚拟化的资源。云是网络、互联网的一种形象的比喻。

云计算概念被大量运用到生产环境中，例如国内的阿里云、云谷公司的 XenSystem 以及国外已经非常成熟的 Intel 和 IBM，各种云计算的服务范围正日渐扩大，影响力不可估量。云计算由一系列可以动态升级和被虚拟化的资源组成，这些资源被所有云计算的用户共享，并且可以方便地通过网络访问，用户无须掌握云计算的技术，只需要按照个人或者团体的需要租赁云计算的资源。在 20 世纪 80 年代网格计算，90 年代共用云计算，21 世纪初虚拟化技术、SOA、SaaS 应用的支撑下，云计算作为一种新兴的资源使用和交付模式逐渐得到学界和产业界的认知。

云计算早期就是简单的分布式计算，解决任务分发，并进行计算结果的合并。通过这项技术，可以在很短的时间内完成对数以万计的数据的处理，从而实现强大的网络服务。现阶段所说的云服务已经不单单是一种分布式计算，而是并行计算（parallel computing）、分布式计算（distributed computing）和网格计算的共同发展，或者说是这些计算科学概念的商业实现。云计算是虚拟化（virtualization）、效用计算（utility computing）、基础设施即服务（infrastructure as a service，IaaS）、平台即服务（platform as a service，PaaS）和软件即服务（software as a service，SaaS）等概念混合演进的结果。

（4）人工智能

人工智能（artificial intelligence，AI）是研究、开发用于模拟、延伸和扩展人的智能的理论、方法、技术及应用系统的一门新的技术科学。

人工智能的定义可以分为两部分，即"人工"和"智能"。"人工"比较好理解，争议性也不大。有时人们会考虑什么是人力所能及制造的，或者人自身的智能程度有没有高到可以创造人工智能的地步等。但总的来说，"人工系统"就是通常意义下的人工系统。

关于什么是"智能"，这涉及其他诸如意识（consciousness）、自我（self）、思维（mind）（包括无意识的思维）等问题。人唯一了解的智能是人本身的智能，这是普遍认同的观点。但是人们对自身智能的理解都非常有限，对构成人的智能的必要元素也了解有限，所以就很难定义什么是"人工"制造的"智能"了。因此人工智能的研究往往涉及对人的智能本身的研究。其他关于动物或人造系统的智能也普遍被认为是人工智能相关的研究课题。

人工智能是一门极富挑战性的科学，从事这项工作的人必须懂得计算机、心理学和哲学知识。人工智能是内涵十分广泛的科学，它由不同的领域组成，如机器学习、计算机视觉等。总的说来，人工智能研究的一个主要目标是使机器能够胜任一些通常需要人类智能才能完成的复杂工作。

（5）物联网

物联网（internet of things，IoT）即万物相连的互联网，是在互联网基础上延伸和扩展的网络，是将各种信息传感设备与互联网结合起来而形成的一个巨大网络，可实现在任何时间、任何地点，人、机、物的互联互通。

物联网概念最早出现于 1995 年比尔·盖茨出版的《未来之路》一书中，即 "internet of things"，但当时受限于无线网络、硬件及传感设备的发展，并未引起人们的重视。1998 年美国麻省理工学院提出了当时被称作 EPC 系统的物联网构想。1999 年，麻省理工学院建立了"自动识别中心（Auto-ID）"，提出"万物皆可通过网络互联"，阐明了物联网的基本含义。2005 年 11 月 17 日，世界信息峰会上，国际电信联盟（ITU）发布了《ITU 互联网报告 2005：物联网》，其中指出了物联网时代的来临。物联网这个概念，1999 年在中国提出来的时候叫传感网。中科院早在 1999 年就启动了传感网的研究和开发。与其他国家相比，我国的技术研发水平处于世界前列，具有重大影响力。

物联网概念的问世，打破了之前的传统思维。过去的思路一直是将物理基础设施和 IT 基础设施分开，一方面是机场、公路、建筑物，另一方面是数据中心、个人电脑、宽带等。而在物联网时代，钢筋混凝土、电缆将与芯片、宽带整合为统一的基础设施，在此意义上，基础设施更像是新的地球。故也有业内人士认为物联网与智能电网均是智慧地球的有机构成部分。

物联网的关键技术有识别和感知技术、网络与通信技术、嵌入式系统技术、数据挖掘与融合技术。最常见的识别和感知技术就是生活中的二维码了，通过二维码，人们可以与图片、网址、软件等联系起来。网络与通信技术包括短距离无线通信技术和远程通信技术。短距离无线通信技术包括 NFC（如用手机为公交卡充值）、蓝牙、Wi-Fi、RFID（公交卡）等。远程通信技术包括互联网、2G/3G/4G/5G 移动通信网络、卫星通信网络等。嵌入式系统技术是综合计算机软硬件、传感器技术、集成电路技术、电子应用技术为一体的复杂技术。经过几十年的演变，以嵌入式系统为特征的智能终端产品随处可见，小到人们身边的 MP3，大到航天航空的卫星系统。如果把物联网用人体做一个简单比喻，传感器相当于人的眼睛、鼻子、皮肤等感官；网络相当于神经系统，用来传递信息；嵌入式系统则是人的大脑，在接收到信息后要进行分类处理。物联网中存在的大量数据需要整合、处理和挖掘，需要与云计算和大数据结合，这就需要数据挖掘与融合技术。

物联网的应用领域主要涉及电子票证与身份识别、动物与食物追踪、药品安全监管、煤矿安全管理、电子通关与路桥收费、智能交通与车辆管理、供应链管理与现代物流、危险品与军用物资管理、贵重物品防伪、票务及城市重大活动管理、图书及重要文档管理、数字化景区与旅游等。5G 的飞速发展，给物联网技术的实现创造了更有利的条件，在这样的大环境下，未来物联网必然会发挥巨大的作用，使我们生活的方方面面都更便捷、简单、智能。

1.2　计算思维概述

（1）计算思维的概念

计算思维作为一种思维方式，通过广义的计算来描述各类自然过程和社会过程，从而解决各学科的问题，是计算机、软件以及计算相关学科的科学家和工程技术人员的思维方法。

2006 年 3 月，美国卡内基梅隆大学计算机科学系主任周以真（Jeannette M. Wing）教授在美国计算机权威期刊 *Communications of the ACM* 上提出并定义了计算思维（computational thinking）的概念。周教授认为：计算思维是运用计算机科学的基础概念进行问题求解、系统设计以及人类行为理解等涵盖计算机科学之广度的一系列思维活动。也就是说，计算思维是一种解决问题的思考方式，而不是具体的学科知识，这种思考方式要运用计算机科学的基本理念，而且用途广泛。

把编程当作计算思维是对计算思维的常见误解之一，甚至一些学计算机专业出身的人也会有类似的观点。其实不然，计算思维是一种概念化的思考方式，而编程则是一种行为，虽然编程的过程中经常会用到计算思维，但计算思维绝不是编程。把信息素养当作计算思维也是对计算思维的常见误解之一，其实计算思维和信息素养完全不同。信息素养注重的是培养人们对信息进行有效利用的方式方法，重点在于利用信息工具和信息；而计算思维则是研究计算的，研究一个问题中哪些可以计算，怎样进行计算。计算思维不是一门孤立的学问，也不是一门学科知识，它源于计算机科学，又和数学思维、工程思维有非常紧密的关系。

（2）计算思维的本质

计算思维的本质是抽象和自动化。

在计算思维中，抽象思维最重要的用途是生成各种各样的系统模型，以此作为解决问题的基础。抽象思维是对同类事物去除其现象的次要方面，抽取共同的主要方面，从个别把握一般，从现象把握本质的认知过程和思维方法。

计算思维中的抽象完全超越物理的时空观，并完全用符号来表示。与数学和物理科学相比，计算思维中的抽象显得更为丰富，也更为复杂。在计算思维中，抽象就是要求能够将问题抽象并进行形式化表达（这些是计算机的本质），使设计的问题求解过程精确、可行，并以程序（软件）作为方法和手段对求解过程予以"精确"地实现。也就是说，抽象的最终结果是使计算机能够机械地一步步自动执行程序来求解问题。

自动化包括自动执行和自动控制两方面。随着人工智能技术的发展，自动控制开始走向智能控制。智能控制是指不用人干预，能独立驱动智能机器自主实现目标的过程。自动控制不仅体现在计算机程序中，在社会事务的处理方面也很常见。

符号化、计算化、自动化思维，以组合、抽象和递归为特征的程序及其构造思维，是计算技术与计算系统的重要思维。对计算思维能力进行训练，不仅能使人们理解计算机的实现机制、约束，建立计算意识，形成计算能力，而且有利于提高信息素养，从而能更有效地利用计算机。

（3）计算思维的思维方法

计算思维有四个方面，分别是分层思维、模式识别、流程建设和抽象化。

① 分层思维　是将复杂的问题拆解成小问题，把复杂的物体拆解成较容易应对和理解的小物件，然后通过解决小问题而解决复杂的问题，使问题变得更加简单。

② 模式识别　任何事物都有相似性，模式识别是寻找各事物之间的共同特点，利用这些相同的规律去解决问题。当把复杂的问题分层到小问题时，人们经常会在小问题中找到模式，这些模式在小问题当中有相似点。

③ 流程建设　是一步一步解决问题的过程，按照一定的顺序完成一个任务。比如需要计算机完成一个任务时，应该提前设计好每一步要做什么，这样才能顺利完成目标。

④ 抽象化　是将重要的信息提炼出来，去除次要信息。掌握了抽象化的能力，就可以将一个解决方案应用于其他事物，制定出解决方案的总体思路。

1.3 计算机求解问题实例

（1）问题提出

猴子第一天摘下若干个桃子，当即吃了一半，还不过瘾，又多吃了一个。第二天早上又将剩下的桃子吃掉一半，又多吃了一个。以后每天早上都吃了前一天剩下的一半多一个。到第 10 天早上想再吃时，见只剩下一个桃子了。问第一天共摘了多少个桃子？

分析：对于这样一个问题，我们可以用递归的方法来解决。首先我们来明确一下题意，由"到第 10 天早上想再吃时，见只剩下一个桃子了"可知，事实上在第九天吃过后就只有一个桃子了。我们用 total(day) 来表示每一天的桃子数，这样由题意，total(10)=1，那么total(9)=(total(10)+1)*2，total(8)=(total(9)+1)*2…… 如图 1.1 所示。这种由繁化简，用简单的问题和已知的操作运算来解决复杂问题的方法，就是递归法。在计算机设计语言中，用递归法编写的程序就是递归程序。

total(1)=(total(2)+1)*2 …… total(8)=(total(9)+1)*2   total(9)=(total(10)+1)*2   1

图 1.1　猴子吃桃问题

（2）问题求解框架

问题求解框架见图 1.2。

图 1.2　问题求解框架

① 发现并分析问题：当人们解决一个计算问题时会先发现或提出问题，再分析并确定问题的目标和范围，尝试把复杂的问题简单化或具体化，评估潜在解决方案的可行性。

② 系统模型设计：根据实际情况或经验，构建解决方案的整体架构或系统模型，包括元素间的联系、逻辑和步骤。

③ 实施解决方案：根据系统模型进行实践，从而获得解决方案的结果。

④ 分析验证解决方案：分析结果并验证解决方案能否有效解决问题或满足需求，并对多种有效解决方案进行比较。

⑤ 系统维护：对解决方案进行调整或优化，以解决系统在运行过程中出现的新问题。

通过计算机求解猴子吃桃这个具体问题时，大致需要下列几个步骤：

① 分析问题，确定问题的最终解决目标，然后把复杂的问题简单化，将原问题转化为求第 2 天，第 3 天，……，第 10 天猴子吃桃的数量问题。

② 根据问题建立数学模型，从中抽象提取操作的对象，并找出这些操作对象之间蕴含的关系，然后用数学的语言加以描述，确定解决方案。建立数学模型，就是将操作过程符号化和公式化，符号和公式的表示必须符合计算机的数据结构规范。

③ 了解操作过程涉及选择判断和循环的可行性，来保证每种处理方法都是在计算机的能力和极限范围之内。

④ 将所有问题求解的操作步骤用规范的算法表示形式描述出来。

1.4 程序与计算机

1.4.1 计算机与指令

顾名思义，计算机是具有计算能力的机器，是一种电子设备。因此，计算机是由一些基本的电子部件构成的，这些基本部件围绕为计算机提供输入功能、输出功能、运算功能、控制功能和存储功能而设计。其中，实现存储功能的主要部件是存储器，而实现控制和运算功能的主要部件是中央处理器。另外，计算机的指令系统影响着计算机的计算能力，这三个部分决定了计算机的主要工作方式，是计算机的核心部分，下面将分别介绍。

（1）存储器

这里讨论的存储器主要指主存储器（main memory），通常称为内存。内存是计算机用来存储或记忆工作时所需信息的工作空间。计算机对问题的求解需要数据的输入、数据的存储、数据的处理和结果的输出等几个过程，这和人类求解问题的方式很相似。例如，在求多个较大的数之和时，常常先把这些数写在一张纸上以免忘记，在得到前一步的结果后，从纸上依次取下一个数再继续运算，直到得到最后的结果。计算机内存的作用和上例中的纸的作用是类似的。

构成内存的单元有通电和断电两种状态，通电状态可以表示为 1，断电状态可以表示为 0，它们都被称作位（bit）。一些这样的位排列起来，就可以表示由 1 和 0 构成的串（它实际上是一种二进制的记法），例如，00010110 和 10010011 就是两个不同的串，这样的串有时也称作位型（bit pattern）。从逻辑上看，内存就是由许多这样的位构成的。通常，每 8 个位作为一组，称作一个字节（byte），按顺序为它们编号，这些编号叫作地址（address）。于是，可以把内存想象成一个构造简单、组织有序的大容器，其间是按顺序编号的一系列单元。

通过一定的编码规则，位型（或位串）可以用来表示数值、字符或其他信息，通称为数据。而计算机按地址存取相关的内容，地址是计算机用来标识特定内存单元和存取数据的唯一途径。例如，在图 1.3 中，方框右侧的位型表示地址，方框内的位型是数据，在地址为 10110000 的单元里存储着位型 01001000，它可能表示字符 H；而在地址为 10110011 的单元里存储着位型 10001010，它可能表示整数-10。

为了实现不同计算机之间的数据交换，必须规定字符编码标准。在计算机中最常使用的字符编码标准是 ASCII 码（美国信息交换标准码）。ASCII 码是一种用 7 位 0、1 符号表示字符的编码方案。ISO（国际标准化组织）制定的 ISO64 码，即信息处理交换用的七位编码字符集，将 ASCII 码定为国际标准。

向内存写入数据或从内存中读取数据称作对内存的存取操作。内存中的数据在计算机断电后会丢失，而且向一个内存单元写入新数据时会把旧数据覆盖掉。例如，某个单元内存储着数据 AG，一次写入数据 DF 的操作就使该单元内的内容变成了 DF，而数据 AG 则丢失了。

由于位型可能会很长很复杂，所以，在实际应用中人们常常用十六进制记法来简化位型的二进制记法。它们之间的对应关系如图 1.4 所示。转换的方法很简单：把位型从右向左每 4 位分为一组，如果某组不足 4 位，则在左边用 0 补足 4 位，然后按照图 1.4 的转换表逐组进行转换，即可把一个用二进制记法表示的位型转换为十六进制表示。反之，一个十六进制表示的数据可以按照图 1.4 中的转换表把十六进制符号转换为二进制表示，所有转换形成的串按照原来十六进制符号的位置排列起来，就是所要的位型。

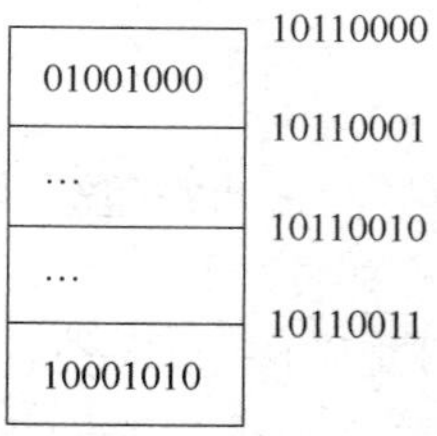

二进制位型	十六进制表示
0000	0
0001	1
0010	2
0011	3
0100	4
0101	5
0110	6
0111	7
1000	8
1001	9
1010	A
1011	B
1100	C
1101	D
1110	E
1111	F

	10110000
01001000	10110001
...	10110010
...	10110011
10001010	

图 1.3　地址与存储内容示意图　　　　图 1.4　二进制表示与十六进制表示的对应关系

例如，用二进制表示的位型 00011101 在十六进制表示下就变成了 1D，而在十六进制表示下的 ABE 转换成二进制表示就变成了 101010111110。但是，应该记住的是，十六进制表示法只是一种简记方法，数据在计算机内实际上是以二进制表示的位型形式存储的。

（2）指令与指令系统

任何计算机都有一些基本电路是为实现事先选定的一些基本操作而设计的。这些基本操作形成了计算机可以执行的操作集。计算机操作集中的基本操作都以二进制的形式进行了编码，把用编码形式表示的、计算机可以识别和执行的命令叫作机器指令，简称指令（instruction）。计算机的指令由操作码（operation-code）和操作数（operand）两部分组成，操作码指明了要执行哪个操作，操作数指明了在什么对象上进行操作。因此，不同的操作码代表了不同的机器指令。计算机指令的长度随着计算机的类型不同而不同，图 1.5 是指令格式的例子。

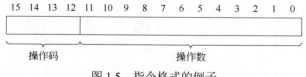

图 1.5　指令格式的例子

在这种格式下，假设定义机器指令的操作码为 0011，它表示把某个寄存器（寄存器也是一类存储器）中的数值加上某个内存单元中的数值，并把其和存于该寄存器中的操作（称为加法操作），则机器指令0011 00 0000100001的含义是把寄存器A中的数值与内存单元100001中的数值相加，并把其和存于寄存器A中。

如果定义机器指令的操作码为0010，它表示把某个寄存器中的数值存于某个内存单元的操作（称为存数操作），则机器指令0010 00 0000100010表示把寄存器A中的数值存于内存单元100010中。

计算机的全体机器指令构成的集合叫作计算机的指令系统。在一定程度上，指令系统中包含的机器指令越多，类型越丰富，计算机的功能就越强。一般计算机指令系统中包括如下几类指令：

① 算术运算指令类：执行加、减、乘、除等算术运算的指令；

② 逻辑运算指令类：执行或、与、非、移位、比较等逻辑运算的指令；

③ 传送类：执行取数、存数、传送等操作的指令；

④ 程序控制类：执行无条件转移、条件转移、调用程序、返回等操作的指令；

⑤ 输入/输出类：执行输入、输出、输入/输出等实现内存和外部设备之间信息传输操作的指令；

⑥ 其他指令类：执行停机、空操作、等待操作等的指令。

（3）中央处理器

中央处理器（central processing unit，CPU）是计算机的心脏，它通常包括控制器、运算器和一些寄存器。其中，运算器是执行算术运算和逻辑运算的部件，所以运算器又叫作算术/逻辑单元。控制器是统一指挥并控制计算机各部件协同工作的中心部件，控制器工作的主要依据是指令。控制器的译码器负责对指令进行解释，确定要执行的操作和对什么操作数进行操作。寄存器是CPU用来临时存储数据的部件，寄存器的数目随着计算机的不同而不同。但是，任何计算机都包含两个特殊的寄存器，即指令寄存器（instruction register）和程序计数器（program counter）。指令寄存器用来存放指令，程序计数器用来存放下一条指令的地址。

一般来说，CPU通过叫作总线（bus）的设备与内存相连。CPU的结构如图1.6所示。CPU的工作流程如图1.7所示。

图1.6　CPU的结构示意图

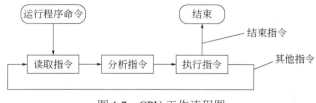

图1.7　CPU工作流程图

1.4.2 存储程序与运行程序

通过前面的介绍可知，计算机能直接执行的是机器指令。为了把一个任务提交给计算机自动地处理或运算，首先要根据计算机的指令要求将任务分解成一系列简单、有序的操作步骤，使每一个操作步骤都能用一条指令表示出来，这样做的结果就是形成了一个有序的指令序列。这种为完成一个处理任务而设计的一系列指令的有序集合就是程序，通常称为机器语言程序。显然，没有事先设计好的程序，计算机就不能完成复杂的任务。

早期的计算机没有存储程序的概念，程序和数据被认为是两种不同的实体。机器设计时试图把装置执行的步骤都放到控制器里，从而成为机器的一部分。后来，人们通过使控制器可以重置来提高机器的灵活性，比如，像早期的电话切换开关那样，通过把接线端子插入不同的接线端口来实现切换。但是，真正的突破是存储程序概念的出现。著名的控制论奠基者维纳在1940年提出的计算机五项原则中就包含了存储程序的思想。简单地说，存储程序的思想就是把程序也进行编码，像数据一样存储在计算机的内存里。这个思想之所以重要，是因为如果采用这种方法，计算机的控制器就可以设计成从内存中获取指令→解释指令→执行该指令→取下一条指令的周期工作方式，变更程序就只需变动内存的内容，而不必去改动控制器。所以，存储程序和程序控制被认为是现代计算机的基本工作原理，按照这个原理，计算机在程序的控制下工作，而程序要事先存储在计算机里。计算机的这一工作原理最初是由数学家冯·诺依曼于1945年提出的，故称冯·诺依曼原理。

1.5 信息基础

计算思维是运用计算机科学的基础概念去求解问题、设计系统和理解人类的行为。

1.5.1 数制与进位计数制

（1）进位计数制的基本概念

进位计数制是指按进位的规则进行计数的方法。进位计数制三要素如下。

① 数位指数码在一个数中所处的位置，用 $\pm n$ 表示。

② 基数指在某种计数制中，每个数位上所能使用的数码的个数，用 R 表示。对于 R 进制数，它的最大数符为 $R-1$。例如，二进制数的最大数符是1，八进制数的最大数符是7。每个数符只能用一个字符来表示。而在十六进制中，值大于9的数符（即10～15）分别用 A～F 这6个字母来表示。

③ 位权指在某种计数制中，每个数位上数码所代表的数值的大小。例如，对于形式上一样的一个数257，如果把它看成是十进制数，则2表示 2×10^2，5表示 5×10^1，7表示 7×10^0；如果把它看成是八进制数，则2表示 2×8^2，5表示 5×8^1，7表示 7×8^0；如果把它看成是十六进制数，则2表示 2×16^2，5表示 5×16^1，7表示 7×16^0。可见对于个位上的数而言，几种进制是相同的。

（2）进位计数制

特点：逢 R 进一，采用位权表示。

① 十进制。十进制是全世界通用的，采用0～9这十个数码表示数值，采用"逢十进一"

计数原则的进位计数制，其位权是以 10 为底的幂。满十进一，满二十进二，依此类推，按权展开，小数点左边第一位权 10^0，第二位 10^1，依此类推，第 N 位 10^{N-1}，该数的数值等于每位的数值乘以该位对应的权值之和。例如：十进制数据 12345.678 可表示为

$$(12345.678)_{10}=1\times10^4+2\times10^3+3\times10^2+4\times10^1+5\times10^0+6\times10^{-1}+7\times10^{-2}+8\times10^{-3}$$

② 二进制。与十进制相似，二进制是采用 0 和 1 两个数码表示数值，采用"逢二进一"计数原则的进位计数制，其位权是以 2 为底的幂。例如二进制数据 111.01，逢 2 进 1，其权的大小顺序为 2^2、2^1、2^0、2^{-1}、2^{-2}。因此，二进制数据 111.01 可表示为

$$(111.01)_2=1\times2^2+1\times2^1+1\times2^0+0\times2^{-1}+1\times2^{-2}$$

③ 八进制。八进制是采用 0～7 八个数码表示数值，采用"逢八进一"计数原则的进位计数制，其位权是以 8 为底的幂。例如八进制数据 123.45，逢 8 进 1，其权的大小顺序为 8^2、8^1、8^0、8^{-1}、8^{-2}。因此，八进制数 123.45 可表示为

$$(123.45)_8=1\times8^2+2\times8^1+3\times8^0+4\times8^{-1}+5\times8^{-2}$$

④ 十六进制。十六进制是采用 0～15 十六个数码表示数值，采用"逢十六进一"计数原则的进位计数制，其位权是以 16 为底的幂。例如十六进制数据 3AB.65，逢 16 进 1，其权的大小顺序为 16^2、16^1、16^0、16^{-1}、16^{-2}，因此，十六进制数 3AB.65 可表示为

$$(3AB.65)_{16}=3\times16^2+A\times16^1+B\times16^0+6\times16^{-1}+5\times16^{-2}$$

（3）数制的表示方法

后缀表示法如下所列：

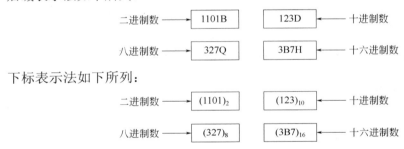

下标表示法如下所列：

（4）常用进位计数制的对应关系

其对应关系见表 1.1。

表 1.1　常用进位计数制的对应关系

十进制（D）	二进制（B）	八进制（Q）	十六进制（H）	十进制（D）	二进制（B）	八进制（Q）	十六进制（H）
0	0000	0	0	8	1000	10	8
1	0001	1	1	9	1001	11	9
2	0010	2	2	10	1010	12	A
3	0011	3	3	11	1011	13	B
4	0100	4	4	12	1100	14	C
5	0101	5	5	13	1101	15	D
6	0110	6	6	14	1110	16	E
7	0111	7	7	15	1111	17	F

1.5.2 二进制数的运算

（1）二进制与计算机

二进制数的基本特点是具有可行性、简易性、逻辑性、可靠性。

计算机内的数据以二进制数表示。数据可分为数值数据和非数值数据两大类，其中非数值数据又可分为数字符、字母、符号等文本型数据和图形、图像、声音等非文本数据。在计算机中，所有类型的数据都被转换为二进制代码形式加以存储和处理。待数据处理完毕后，再将二进制代码转换成数据的原有形式输出。

计算机内的逻辑部件有高电位和低电位两种状态，这两种状态与二进制数制系统的"1"和"0"相对应。在计算机中，如果一种电位状态表示一个信息单元，那么一位二进制数可以表示两个信息单元；若使用两位二进制数，则可以表示四个信息单元；使用三位二进制数，可以表示八个信息单元。可以看出，二进制数的位数和可以表示的信息单元之间存在着幂次数的关系。也就是说，当用 n 位二进制数时，可表示的不同信息单元的个数为 2^n 个。

计算机在存储数据时，常常把八位二进制数看作一个存储单元，或称为一个字节。用 2^n 来计算存储容量，把 2^{10}（即 1024）个存储单元称为 1KB；把 2^{10}K（即 1024K）个存储单元称为 1MB；把 2^{10}M（即 1024M）个存储单元称为 1GB；把 2^{10}G（即 1024G）个存储单元称为 1TB。

（2）二进制数的算术运算

① 二进制加法。其运算规则如下

$$0+0=0，0+1=1，1+0=1，1+1=0（进位为 1）$$

【例 1.1】完成下面八位二进制数的加法运算。

解　二进制加法运算的竖式运算过程如下

```
    00001010        10010010    ←被加数
  + 11010001      + 01010011    ←加数
    11011011        0010010     ←进位
                    11100101    ←和数
```

② 二进制减法。其运算规则如下

$$0-0=0，1-0=1，1-1=0，0-1=1（有借位时借 1 当 2）$$

【例 1.2】完成下面八位二进制数的减法运算。

解　竖式运算过程如下

```
    11110010        10010010    ←被减数
  - 11000000      - 01010011    ←减数
    00110010        1111111     ←借位
                    00111111    ←差数
```

③ 二进制乘法。其运算规则如下

$$0×0=0，0×1=0，1×0=0，1×1=1$$

④ 二进制除法。其运算规则如下

$$0\div1=0,\ 1\div1=1,\ 0\div0\ 和\ 1\div0\ 均无意义$$

【例1.3】完成下列二进制数的乘法和除法运算。

解 完成二进制乘/除法运算的竖式运算过程如下

（3）二进制数的逻辑运算

逻辑运算是计算机运算的一个重要组成部分。计算机使用实现各种逻辑功能的电路，利用逻辑代数的规则进行各种逻辑判断，从而使计算机具有逻辑判断能力。

逻辑代数的奠基人是布尔，所以又叫布尔代数。它利用符号来表达和演算事物内部的逻辑关系。在逻辑代数中，逻辑事件之间的逻辑关系用逻辑变量和逻辑运算来表示，逻辑代数中有三种基本的逻辑运算："与""或""非"。在计算机中，逻辑运算也以二进制数为基础，分别用"1"和"0"来代表逻辑变量的"真""假"值。

在计算机中，二进制数的逻辑运算包括"与""或""非""异或"等，逻辑运算的基本特点是按位操作。即根据两操作数对应位的情况确定本位的输出，而与其他相邻位无关。

① "或"逻辑运算。"或"逻辑也叫逻辑加，运算符为"+"或"∨"。运算规则如下

$$0\vee0=0,\ 0\vee1=1,\ 1\vee0=1,\ 1\vee1=1$$

即"见1为1，全0为0"。

② "与"逻辑运算。"与"逻辑也叫逻辑乘，运算符为"×"或"∧"。运算规则如下

$$0\wedge0=0,\ 0\wedge1=0,\ 1\wedge0=0,\ 1\wedge1=1$$

即"见0为0，全1为1"。

【例1.4】求八位二进制数$(10100110)_2$和$(11100011)_2$的逻辑"与"和逻辑"或"。

解 逻辑运算只能按位操作，其竖式运算的运算方法如下

```
      10100110              10100110
  ∧   11100011          ∨   11100011
      10100010              11100111
```

所以　$(10100110)_2\wedge(11100011)_2=(10100010)_2$

　　　$(10100110)_2\vee(11100011)_2=(11100111)_2$

③ "非"逻辑运算。其运算符为"~"，运算规则如下

$$\sim1=0,\ \sim0=1$$

即"非0则为1，非1则为0"。

④ "异或"逻辑运算。其运算规则如下

$$1 \oplus 0=1, \quad 1 \oplus 1=0, \quad 0 \oplus 0=0$$

参加运算的两位相同，则结果为 0，否则结果为 1。

【例 1.5】设 M=10010101B，N= 00001111B，求：~M、~N 和 M⊕N。

解 由于 M=10010101B，N=00001111B，则有

$$\sim M=01101010B, \quad \sim N=11110000B$$

$$
\begin{array}{r}
10010101 \\
\oplus \quad 00001111 \\
\hline
10011010
\end{array}
$$

所以 　　 M⊕N=10011010B

1.5.3 数制转换

（1）非十进制转换为十进制

转换方法：按权展开求和。即将非十进制数写成按位权展开的多项式之和的形式，然后以十进制的运算规则求和。

【例 1.6】将二进制数 1100101.01B 转换为十进制数。

解 $1100101.01B=1\times2^6+1\times2^5+1\times2^2+1\times2^0+1\times2^{-2}=64+32+4+1+0.25=101.25$

【例 1.7】将八进制数 135.4Q 转换为十进制数。

解 $135.4Q=1\times8^2+3\times8^1+5\times8^0+4\times8^{-1}=64+24+5+4\times8^{-1}=93.5$

【例 1.8】将十六进制数 2FE.8H 转换为十进制数。

解 $2FE.8H=2\times16^2+F\times16^1+E\times16^0+8\times16^{-1}$
　　　　$=2\times16^2+15\times16^1+14\times16^0+8\times16^{-1}=512+240+14+0.5=766.5$

（2）十进制转换为非十进制

转换方法：整数部分除基数取余；小数部分乘基数取整。

【例 1.9】将十进制数 226.125 转换为二进制数。

解 对整数部分的转换采用除 2 取余法；对小数部分的转换采用乘 2 取整法。

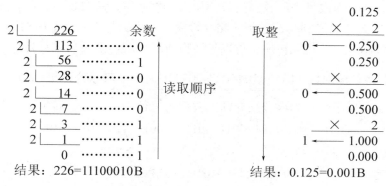

故 　226.125=11100010.001B

【例 1.10】 将十进制数 226.125 转换为八进制数。

解 对整数部分的转换采用除 8 取余法；对小数部分的转换采用乘 8 取整法。

$$
\begin{array}{r}
8\ \underline{|\ \ \ 226} \\
8\ \underline{|\ \ \ \ 28} \\
8\ \underline{|\ \ \ \ \ 3} \\
0
\end{array}
\quad
\begin{array}{l}
\text{余数} \\
\cdots\cdots 2 \\
\cdots\cdots 4 \\
\cdots\cdots 3
\end{array}
\ \Bigg\} \text{读取顺序}
\qquad
\begin{array}{r}
\text{取整} \\
0.125 \\
\times\ \ \ \ 8 \\
\hline
1\ \longleftarrow\ 1.0
\end{array}
$$

结果：226=342Q　　　　　　　　　　　　　结果：0.125=0.1Q

故　　　　　　　　　　　226.125=342.1Q

【例 1.11】 将十进制数 226.125 转换为十六进制数。

解 对整数部分的转换采用除 16 取余法；对小数部分的转换采用乘 16 取整法。转换中的精度误差如下所述。

$$
\begin{array}{r}
16\ \underline{|\ \ \ 226} \\
16\ \underline{|\ \ \ \ 14} \\
0
\end{array}
\quad
\begin{array}{l}
\text{余数} \\
\cdots\cdots 2 \\
\cdots\cdots E(14)
\end{array}
\ \Bigg\} \text{读取顺序}
\qquad
\begin{array}{r}
\text{取整} \\
0.125 \\
\times\ \ \ 16 \\
\hline
2\ \longleftarrow\ 2.0
\end{array}
$$

结果：226=E2H　　　　　　　　　　　　结果：0.125=0.2H

故　　　　　　　　　　　226.125=E2.2H

当在不同数制间进行转换时，其中二、八、十六进制数转换为十进制数或十进制整数转换为其他数制的整数时，都能做到完全准确。但把十进制小数转换为其他数制时，除少数没有误差外，大多存在误差。例如，求$(0.5678)_{10}$的二进制数。

0.5678×2=1.1356……取出整数 1

0.1356×2=0.2712……取出整数 0

0.2712×2=0.5424……取出整数 0

0.5424×2=1.0848……取出整数 1

……

可以看出，无论将转换计算到多少位，也不能把小数点后面的数变成 0，也就是说不能避免转换误差；只是小数点后位数越长误差越小，精度越高而已。

（3）非十进制之间的相互转换

一般情况下可利用十进制数作为桥梁进行转换，即先将一个数制的数转换成十进制数，再将这个十进制数转换成另一种数制的数。由于二进制、八进制和十六进制之间存在着关系：$2^3=8$，$2^4=16$，因此，二进制与八进制的相互转换，二进制与十六进制的相互转换非常简单，八进制与十六进制之间的相互转换也可以先转换成二进制，然后再进行转换。

【例 1.12】 将二进制数 1101101011011.0011100101B 转换为八进制数。

解 将给定数以小数点为界分别向前、向后每三位一组，分组转换

$$
\underbrace{001}_{1}\ \underbrace{101}_{5}\ \underbrace{101}_{5}\ \underbrace{011}_{3}\ \underbrace{011}_{3}.\ \underbrace{001}_{1}\ \underbrace{110}_{6}\ \underbrace{010}_{2}\ \underbrace{100}_{4}
$$

转换结果为：1101101011011.0011100101B=15533.1624Q

【例 1.13】 将八进制数 15533.1624Q 转换成二进制数。

解 将给定八进制数的每个数字转换成对应的三位二进制

$$
\begin{array}{ccccccccc}
1 & 5 & 5 & 3 & 3 & . & 1 & 6 & 2 & 4 \\
001 & 101 & 101 & 011 & 011 & . & 001 & 110 & 010 & 100
\end{array}
$$

转换结果为：15533.1624Q = 1101101011011.0011100101B

【例 1.14】 将二进制数 1101101011011.0011100101B 转换为十六进制数。

解 将给定数以小数点为界分别向前、向后每四位一组，分组转换

$$
\begin{array}{ccccccc}
0001 & 1011 & 0101 & 1011 & . & 0011 & 1001 & 0100 \\
1 & B & 5 & B & . & 3 & 9 & 4
\end{array}
$$

转换结果为：1101101011011.0011100101B=1B5B.394H

【例 1.15】 将十六进制数 89FCD.AB2H 转换成二进制数。

解 将给定十六进制数的每个数字转换成对应的四位二进制

$$
\begin{array}{cccccccc}
8 & 9 & F & C & D & . & A & B & 2 \\
1000 & 1001 & 1111 & 1100 & 1101 & . & 1010 & 1011 & 0010
\end{array}
$$

转换结果为：89FCD.AB2H=10001001111111001101.101010110010B

【例 1.16】 将八进制数 15533.1624Q 转换成十六进制数。

解 将给定八进制数的每个数字转换成对应的三位二进制，再以小数点为界分别向前、向后每四位一组，分组转换成对应的十六进制

$$
\begin{array}{ccccccccc}
1 & 5 & 5 & 3 & 3 & . & 1 & 6 & 2 & 4 \\
0001 & 101 & 101 & 011 & 011 & . & 001 & 110 & 010 & 100 \\
1 & B & 5 & B & . & 3 & 9 & 4
\end{array}
$$

转换结果为：15533.1624Q =1B5B.394H

【例 1.17】 将十六进制数 1B5B.394H 转换成八进制数。

解 将给定十六进制数的每个数字转换成对应的四位二进制，再以小数点为界分别向前、向后每三位一组，分组转换成对应的八进制

$$
\begin{array}{ccccccc}
1 & B & 5 & B & . & 3 & 9 & 4 \\
0001 & 1011 & 0101 & 1011 & . & 0011 & 1001 & 0100 \\
1 & 5 & 5 & 3 & 3 & . & 1 & 6 & 2 & 4
\end{array}
$$

转换结果为：1B5B.394H =15533.1624Q

1.5.4 数据在计算机中的表示

计算机内的数值数据一般用于表示数量的多少，它包括定点小数、整数、浮点数和二至十进制数串四种类型，它们通常都带有表示数据数值正负的符号位。非数值数据又称符号数

据，用于表示一些符号标记。由于在计算机中，所有这些数据都用二进制编码，因此这里所谈的数据的表示，实质上是它们在计算机中的表现形式和编码方法。

在计算机中，数值数据的数值范围和数据精度与用多少个二进制位表示以及怎样对这些位进行编码有关。在计算机中，数的长度按"位（bit）"来计算，但因存储容量常以"字节（byte）"为单位，所以数据长度也常以字节为单位计算。需要指出的是，数学中的数有长有短，但在计算机中，为了便于统一处理，同类型数据的长度一般也要统一，也就是说计算机中同类型数据具有相同的长度，而与其实际长度无关。

（1）数的定点表示法

通常，对于任意一个二进制数，总是可以将其表示为纯小数或纯整数与一个 2 的整数次幂的乘积。例如，二进制数 N 可写成 $N=2^P \times S$。其中，S 称为尾数，表示 N 的全部有效数字；P 称为阶码，确定了小数点位置。注意，此处 P、S 都是用二进制表示的数。当阶码为固定值时， 这种方法称为数的定点表示法。

① 定点整数：规定小数点位置在 S 之后，$P=0$，因此 S 为纯整数。

假设某计算机的字长为 16 位（即长度为两个字节），其中最高位表示数的符号，并约定以"0"代表正数，以"1"代表负数。如果有一个十进制整数为 193，它的二进制数为 11000001，则该数据定点数的机内表示形式为：

② 定点小数：规定小数点的位置在符号位之后尾数之前，P 是一个固定的非零整数，因此 S 为纯小数。如果有一个十进制小数为 -0.6875，它的二进制数为 -0.101100000000000，则该数据定点数的机内表示形式为：

注意事项如下：

i. 定点数的两种表示法在计算机中均有采用。究竟采用哪种方法，应预先约定。

ii. 具有 n 位尾数的纯小数定点机所能表示的最大正数是 $0.1111\cdots1$（n 个 1），即为 $1-2^{-n}$。其绝对值比 $1-2^{-n}$ 大的数，已超出计算机所能表示的最大范围，则产生所谓的"溢出"。

iii. 具有 n 位尾数的纯小数定点机所能表示的最小正数为：$0.0000\cdots1$（$n-1$ 个 0），即为 2^{-n}，计算机中小于此值的数均被视为 0（机器零），也是溢出的一种。

iv. n 位尾数的定点机所能表示的数 N 的范围是：$2^{-n} \leqslant N \leqslant 1-2^{-n}$。

（2）浮点表示法

每个浮点数均包括两部分，即尾数和阶码，可以表示为 $N=\pm S \times R^{+P}$，如果数 N 的阶码 P 允许取不同的数值，则小数点在尾数中可移动，所以称为浮点表示法。浮点数的基本格式如下：

阶符 P_f	阶码 P	尾符 S_f	尾数 S

计算机中的浮点数，一般将尾符前移作为数符，其表示形式如下：

数符 S_f	阶符 P_f	阶码 P	尾数 S

浮点数的尾数为小于 1 的小数，表示方法与定点小数相似，其长度将影响数的精度，其符号将决定数的符号。

浮点数的阶码相当于数学中的指数，其大小将决定数的表示范围，阶符决定阶码的符号。

若规定阶符 1 位，阶码 3 位，尾符 1 位，尾数 7 位，浮点数 $N=0.1011101 \times 2^{+100}$B，则它在机器中的表示形式为 $N=001001011101$B。

1.5.5 计算机中信息的表示方法和编码技术

数字计算机是指计算机中各种信息均用数字代码表示的计算机。在物理机制上，数字代码以数字型信号表示。数字信号是一种在时间上或空间上离散的信号，目前常用两位逻辑值 0、1 表示。多位信号的组合可表示广泛的信息，并可进行逐位处理。

（1）数值数据编码

计算机中符号化了的数称为机器数，机器数有原码、反码和补码三种表示形式。

① 原码　机器数的最高位表示符号位，其余位是数值的绝对值部分，例如

$$X1=+1000101B \qquad [X1]_原=[+1000101]_原= 01000101B$$
$$X2=-1010111B \qquad [X2]_原=[-1010111]_原= 11010111B$$

在原码表示法中，0 有两种表示形式，即

$$[+0]_原=00000000B \qquad [-0]_原=10000000B$$

② 反码　正数的反码与原码相同。负数的反码，符号位为 1，其余位由原码的数值位按位取反得到，例如

$$X1=+1010001B \qquad [X1]_反=[+1010001]_反= 01010001B$$
$$X2=-1010101B \qquad [X2]_反=[-1010101]_反= 10101010B$$

在反码表示法中，0 有两种表示形式，即

$$[+0]_反=00000000B \qquad [-0]_反=11111111B$$

③ 补码　正数的原码、反码和补码是一样的。负数的补码是在反码的最低位加 1 得到的。例如

$$X1=+1010001B \qquad [X1]_补=[+1010001]_补= 01010001B$$
$$X2=-1010101B \qquad [X2]_补=[-1010101]_补= 10101011B$$

在补码表示法中，0 只有一种表示形式，即

$$[+0]_补=[-0]_补= 00000000B$$

在微机中一般数据都用补码表示。

【例 1.18】求-12 的补码，假设分配一个字节存储空间。

解　求-12 的原码，最高位为符号位，因为是负数，所以符号位为 1，然后求 12 的二进制形式，得出-12 的原码，如下所示：

1	0	0	0	1	1	0	0

对所得的原码取反，符号位为 1，得到反码，如下所示：

1	1	1	1	0	0	1	1

对所得的反码加 1，得到补码，如下所示：

1	1	1	1	0	1	0	0

（2）西文字符编码

表示文字信息和控制信息的基础是各种字符，而各种字符必须按一定规则用二进制编码表示，才能被计算机所识别。常用的字符编码方法有 ASCII 码、EBCDIC 码、Unicode 码等。

ASCII 码有七位版和八位版两种版本。七位版采用七位二进制数对各种字符进行编码，能表示 2^7（128）种国际上最通用的西文字符，是目前计算机，特别是微型计算机中使用最普遍的字符编码集。七位版 ASCII 码中控制字符 34 个，数字符号 0~9 共 10 个，大、小写英文字母 52 个，其他字符 32 个，如表 1.2 所示。

表 1.2　ASCII 编码表

$D_3D_2D_1D_0$	$D_6D_5D_4$							
	000	001	010	011	100	101	110	111
0000	NUL	DLE	SP	0	@	P	、	p
0001	SOH	DC1	!	1	A	Q	a	q
0010	STX	DC2	"	2	B	R	b	r
0011	ETX	DC3	#	3	C	S	c	s
0100	EOT	DC4	$	4	D	T	d	t
0101	ENQ	NAK	%	5	E	U	e	u
0110	ACK	SYN	&	6	F	V	f	v
0111	BEL	ETB	'	7	G	W	g	w
1000	BS	CAN	(	8	H	X	h	x
1001	HT	EM	)	9	I	Y	i	y
1010	LF	SUB	*	:	J	Z	j	z
1011	VT	ESC	+	;	K	[	k	{
1100	FF	FS	,	<	L	\	l		
1101	CR	GS	-	?	M	]	m	}
1110	SO	RS	•		N	↑	n	~
1111	SI	US	/		O	↓	o	DEL

EBCDIC 码是 IBM 公司为其大型机开发的八位字符编码。

Unicode 码是一组 16 位编码，可以表示超过 65000 个不同的信息单元。从原理上讲，Unicode 码可以表示现在正在使用的或者已经不再使用的任何语言中的字符。对于国际商业和通信来说，这种编码方式非常有用，因为在一个文件中可能需要包含汉语、日语、英语等不同的语言，并且 Unicode 码还适用于软件的本地化，即可以针对特定的国家修改软件。另外，软件开发人员可以使用 Unicode 码修改屏幕的提示、菜单和错误信息提示等，以适用于不同国家的语言文字。

（3）中文及图形信息编码

GB2312—1980 中收录了 6763 个汉字，其中一级常用汉字 3755 个，二级汉字 3008 个。计算机处理汉字的基本方法如下：

i. 首先将汉字以外码形式输入计算机。

ii. 将外码转换成计算机能识别的汉字机内码进行存储。

iii. 需要输出显示时，将汉字机内码转换成字模编码。

① 汉字输入码　为将汉字输入计算机而编制的代码称为汉字输入码，也叫外码。目前常用的有以下几种：

a．以汉语拼音为基础的拼音码：如全拼、双拼、狂拼、智能 ABC 等，优点是容易掌握，但重码率高。

b．以汉字字形为基础的拼形码：如五笔字型输入法等，优点是重码少，但不易掌握。

c．汉字区位码：将汉字排列成 94×94 的矩阵。行方向为区号，列方向为位号，区号+位号形成区位码。规定用两个字节的低七位表示，汉字区位码=区号+位号。每个汉字有两个字节的二进制编码，叫汉字国标码，即 GB2312—1980 编码，汉字国标码=区位码+2020H。

② 汉字内码　汉字内码是对汉字进行存储、处理的代码，满足计算机系统存储、处理和传输的要求。当一个汉字输入计算机，转换为内码后，才能在机器内传输、处理。编码间的关系为：汉字机内码=区位码+A0A0H=国标码+8080H。

③ 汉字字形码　字形码又称汉字字模编码，用于汉字的显示输出。通用汉字字模点阵规格有 16×16 点阵、24×24 点阵、32×32 点阵、48×48 点阵以及 64×64 点阵等，点阵数越大，字形质量越高，字形码所占的字节数也就越多。计算方法如下：点阵的每一个点可以用一个 bit 来表示，16×16 点阵共需 256bit 即 32 个字节来表示。

④ 图形图像信息处理　图形图像文件大致可以分为两大类。

a．位图文件。以点阵形式描述图形图像，位图文件的特点如下：

i．由一个个像素点组成。

ii．像素点颜色用二进制数表示；二进制数位数越多，颜色种类越丰富。

iii．经常要采用压缩和解压缩的方法。

iv．图形可以分解，图像是一个整体。

b．矢量文件。一种以数学方法描述的，由几何元素组成的图形图像。

1.6　信息处理技术基础

信息处理技术是指用计算机技术处理信息。计算机运行速度极高，能自动处理大量的信息，并具有很高的精确度。

长期以来，人们一直在追求改善和提高信息处理的技术，大致可划分为三个时期。

（1）手工处理时期

手工处理时期是用人工方式来收集信息，用书写记录来存储信息，用经验和简单手工运算来处理信息，用携带存储介质来传递信息。信息人员从事简单而烦琐的重复性工作。信息不能及时有效地输送给使用者，许多十分重要的信息来不及处理，甚至贻误战机。

（2）机械式信息处理时期

随着科学技术的发展，以及人们对改善信息处理手段的追求，逐步出现了机械式和电动式的处理工具，如算盘、出纳机、手摇计算机等，在一定程度上减轻了计算者的负担。之后又出现了一些较复杂的电动机械装置，可把数据在卡片上穿孔并进行成批处理和自动打印结果。同时，电报、电话的广泛应用也极大地改善了信息的传输手段，机械式处理比手工处理提高了效率，但没有本质的进步。

（3）计算机处理时期

随着计算机系统在处理能力、存储能力、打印能力和通信能力等方面的提高，特别是计算机软件技术的发展，使用计算机越来越方便，加上微电子技术的突破，使微型计算机日益商品化，从而为计算机在管理上的应用创造了极好的物质条件。这一信息处理时期经历了单项处理、综合处理两个阶段，已发展到系统处理的阶段。这样，不仅各种事务处理达到了自动化，大量人员从烦琐的事务性劳动中解放出来，提高了效率，节省了行政费用，而且还由于计算机的高速运算能力，极大地提高了信息的价值，能够及时地为管理活动中的预测和决策提供可靠的依据。

本节将以 MS Office2016 版本为蓝本，通过实际案例为读者介绍 MS Office 三大组件的高级应用。

1.6.1 MS Office Word 高级应用之邮件合并

1.6.1.1 任务要求

2015 年 8 月，辽宁石油化工大学技术服务有限公司决定招聘员工。经公司讨论决定，对应聘合格人员下发录用通知书，定于 2015 年 9 月 9 日上午 9 点统一到公司报到，所有被录用人员的试用期、试用期工资等信息保存在文件 w72.xlsx 中，公司联系电话为 024-56865005。

打开文档 w72.docx［素材文件可在化工教育（www.cipedu.com.cn）免费下载］，根据上述内容制作录用通知书，具体要求如下：

① 设置文档版面，要求纸张大小为"B5(JIS)"，上、下页边距均为 3 厘米，左、右页边距均为 2.5 厘米。

② 参照样张"w72.jpg"，在文档页眉的左上角插入图片"lnpu.jpg"，设置图片样式，适当调整图片大小及位置，并在页眉中添加联系电话。

③ 参照样张"w72.jpg"完成设置和制作。调整录用通知内容文字的格式，要求第一行设置为标题格式，第二行设置为副标题格式，添加部分文字的下划线。

④ 参照样张"w72.jpg"，设置"二、携带资料："后的 5 行文字的自动序号。

⑤ 参照样张"w72.jpg"，根据页面布局，适当调整正文各段落的缩进、行间距和对齐方式，并设置文档底部的"辽宁石油化工大学技术服务有限公司"的段前间距。

⑥ 运用邮件合并功能制作收件人及相关信息不同、其他内容相同的录用通知，要求每人的称呼（先生或女士）、试用期和试用薪资也随之变更，所有相关数据都保存在"w72.xlsx"中，要求先将合并主文档以原名 w72.docx 进行保存，再生成可以单独编辑的单个信函文档 w72-1.docx。

1.6.1.2 操作步骤

（1）要求①的操作步骤

单击"布局"选项卡→"页面设置"组中右下角的"页面设置"对话框启动器按钮，弹出"页面设置"对话框，在"纸张"选项卡中设置纸张大小为"B5(JIS)"，在"页边距"选项卡中设置页边距，上、下页边距均为 3 厘米，左、右页边距均为 2.5 厘米，单击"确定"按钮。

（2）要求②的操作步骤

① 依次单击"插入"选项卡→"页眉和页脚"组中的"页眉"按钮→下拉列表中"编辑页眉"或第一行"空白"，进入页眉编辑状态，输入"联系电话：024-56865005"；然后，单击"开始"选项卡→"段落"组中的"文本右对齐"按钮，将该文本设置为右对齐（或单击"页眉和页脚工具"中的"设计"选项卡→"位置"组中的"插入对齐方式"选项卡，在弹出

的"对齐制表位"对话框中设置）。

② 单击"页眉和页脚工具"下的"设计"选项卡→"插入"组中的"图片"按钮，将"lnpu.jpg"图片插入页眉中。

③ 选中图片，单击"图片工具"下的"格式"选项卡→单击选项卡中"图片样式"中的"矩形投影"效果，设置图片样式，如图1.8所示；在"排列"组，单击"环绕文字"按钮，单击选择"浮于文字上方"方式（图1.9）或"紧密型环绕"方式，参照所给的样张，适当调整图片大小，将图片拖到页眉左上角位置（也可单击"排列"组里的"位置"按钮→"其他布局选项"精确设定图片位置）。

④ 双击页面中页眉和页脚区域外的任何位置或依次单击"页眉和页脚工具"下的"设计"选项卡→"关闭"组里的"关闭页眉和页脚"按钮，退出页眉和页脚编辑状态；完成后的文档效果如图1.10所示。

图1.8 图片样式

图1.9 图片环绕方式

图1.10 文档效果

（3）要求③的操作步骤

① 将光标定位到第1行文本中，单击"开始"选项卡→"样式"组中"标题"样式；再将光标定位到第2行文本，单击"开始"选项卡→"样式"组中"副标题"样式。

② 参照样张w72.jpg，选中文档中的空白处，单击"开始"选项卡→"字体"组中的"下划线"按钮，在空白处添加下划线；在"报到日期"行中相应位置处添加下划线。

提示：在"：您好！"前添加下划线时，可先任意输入一个字符，之后再单击"下划线"按钮，按空格键即可添加下划线，再把添加的字符删除。

（4）要求④的操作步骤

拖动鼠标选中"二、携带资料："下面的5行文字，依次单击"开始"选项卡→"段落"组中"编号"下拉按钮→下拉列表中文档编号格式为"（1）、（2）、（3）"的编号。

提示：如果在"编号库"中没有找到所需要的编号格式，可单击该列表下方的"定义新编号格式"命令打开"定义新编号格式"对话框，定义新的编号样式和格式。

（5）要求⑤的操作步骤

要求参照样张进行段落格式的设置。可适当加大行间距、段前和段后间距值及段落的缩进，以使文本美观，便于阅读。

① 设置段落间距 参考样式文件中的格式，正文各段落之间的行间距比较大，部分段落使用了首行缩进方式，"辽宁石油化工大学技术服务有限公司"的段前间距明显要比其他段落大。因此设置如下：

选中正文各段落（标题、副标题除外），单击"开始"选项卡→"段落"组中的"段落"对话框启动器，在"段落"对话框中设置行距为 1.5 倍行距，"段前"和"段后"间距为 0 行；

然后，选中正文第一段"_____：您好！"，设置其"段前"间距为 1 行，"特殊格式"下拉列表框中设置"首行缩进"为"2 字符"；

选中正文第二段和第四段（"您诚意应聘……"段和"地点：……"段），设置"首行缩进"为"2 字符"；

选中正文"辽宁石油化工大学技术服务有限公司"段，设置其"段前"间距为 2 行。

② 设置段落对齐方式　最常用的段落对齐方式是"左对齐"、"居中对齐"和"右对齐"，通常将标题段设置为居中，而正文内容则根据具体情况设置为左对齐或右对齐。最快捷的设置方法是单击"段落"组中相应的对齐按钮。参照样张，标题、副标题采用居中对齐方式，最后三段采用右对齐方式，其他段落采用左对齐方式。

本阶段的任务完成后，文档效果如图 1.11 所示。

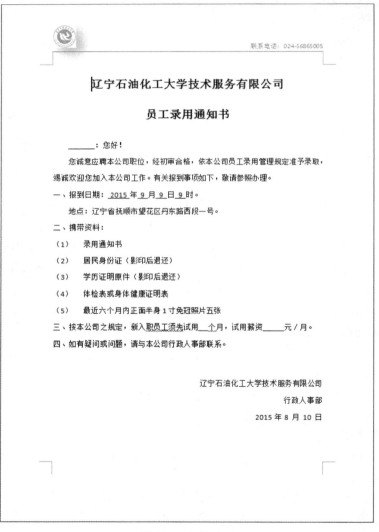

图 1.11　文档效果

（6）要求⑥的操作步骤

本任务的几个要求中，要求⑥是重点和难点，考核邮件合并功能的使用方法。

① 启动"邮件合并分步向导"　在如图1.12所示的正文第1行文字前的下划线处单击鼠标来定位光标，依次单击"邮件"选项卡→"开始邮件合并"组中的"开始邮件合并"按钮→列表中的"邮件合并分步向导"，打开"邮件合并"任务窗格，如图1.13所示。

说明：该任务窗格默认位于文档编辑区右侧整条区域，为了截图特地将其拖动出来并改变大小。

② 合并向导的第1步　在图1.13所示的"邮件合并"任务窗格"选择文档类型"中，保持默认选择"信函"，单击"下一步：开始文档"。

③ 合并向导的第2步　在"邮件合并"任务窗格"选择开始文档"中保持默认选择"使用当前文档"，单击"下一步：选择收件人"，如图1.14所示。

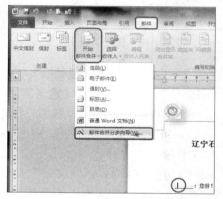

图1.12　启动"邮件合并分步向导"

图1.13　向导第1步

图1.14　向导第2步

④ 合并向导的第3步

a. 在"邮件合并"任务窗格"选择收件人"中保持默认选择"使用现有列表"，单击"浏览"，如图1.15所示。

b. 启动"选取数据源"对话框，找到所要求的文件"w72.xlsx"，如图1.16所示，单击"打开"按钮；弹出"选择表格"对话框，单击选中"录用人员$"行，单击"确定"按钮，如图1.17所示。

图1.15　向导第3步

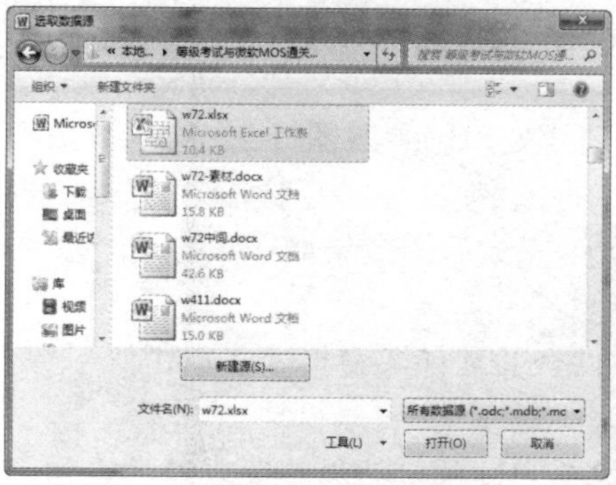

图1.16　"选取数据源"对话框

图1.17　"选择表格"对话框

c. 弹出"邮件合并收件人"对话框，保持默认设置（选取所有收件人）不变，单击"确定"按钮，如图 1.18 所示，该对话框关闭。

d. 回到文档，单击"邮件"选项卡→"编写和插入域"组中的"插入合并域"下拉按钮→列表中"姓名"，在当前光标处插入一个域，如图 1.19 所示。

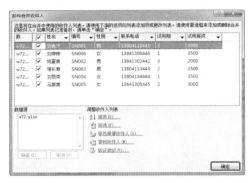

图 1.18 "邮件合并收件人"对话框　　　　图 1.19 插入"姓名"

说明：文档中的当前光标没有改变，一直位于正文第 1 行文字前的下划线处（"＿＿＿：您好"前），插入"姓名"后的结果参考后面的图 1.22 中该位置处，显示为"《姓名》"。

e. 如图 1.20 所示，在"邮件"选项卡"编写和插入域"组中，依次单击"规则"按钮→下拉列表中的"如果…那么…否则…"命令，弹出"插入 Word 域：IF"对话框，如图 1.21 所示，在"域名"下拉列表框中选择"性别"，在"比较条件"中选择"等于"，在"比较对象"中输入"男"，在"则插入此文字"中输入"先生"，在"否则插入此文字"中输入"女士"，单击"确定"按钮，在之前添加的"姓名"域后出现"先生"文本，结果如图 1.22 所示。

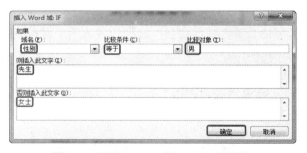

图 1.20 "规则"　　　　图 1.21 "插入 Word 域：IF"对话框

f. 然后定位光标至试用期的下划线处，仍参照图 1.22 所示，依次单击"插入合并域"下拉按钮→列表中的"试用期"项，将该字段域添加到当前光标处；根据要求，再将"试用薪资"字段域插入文档中对应的位置；完成后的效果如图 1.23 所示，单击"邮件合并"任务窗格中的"下一步：撰写信函"。

⑤ 合并向导的第 4 步　在"邮件合并"任务窗格中，单击"下一步：预览信函"，如图 1.24 所示。

⑥ 合并向导的第 5 步　此步骤要通过预览结果验证之前的操作是否正确。有两种操作方法：单击"邮件合并"任务窗格中的"预览信函"中的两个按钮，查看文档内容是否可以

切换到不同的收件人；也可以单击功能区中"邮件"选项卡→"预览结果"组中的按钮来达到同样效果。两种操作方法是同步的，如图1.25中的两个箭头所示。然后单击"下一步：完成合并"。

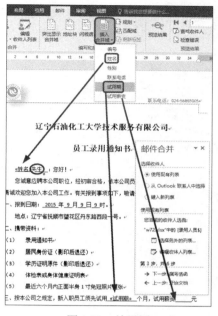

图1.22　结果图

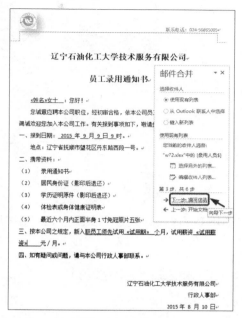

图1.23　效果图

图1.24　向导第4步

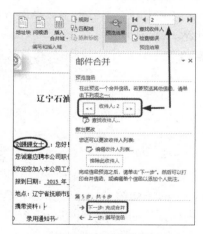

图1.25　预览结果

　　⑦ 合并向导的第6步　完成邮件合并，如图1.26所示，原名保存当前的文件。

　　⑧ 编辑单个信函　完成邮件合并后，可生成单个信函以便进行编辑和使用。操作方法有两种：在如图1.26所示的"邮件合并"任务窗格中，单击"编辑单个信函"；或在"邮件"选项卡的"完成"组中，单击"完成并合并"下拉按钮→"编辑单个文档"选项。两种方法同样启动"合并到新文档"对话框，如图1.27所示，保持其"合并记录"下默认的"全部"单选框选中状态，单击"确定"按钮，生成一个包括所有收件人的多页文档，默认的文件名为"信函1"（或更大的数字），把该文档"另存为"w72-1.docx并保存在所要求的文件夹下。

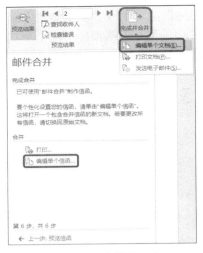

<table>
<tr><td>图 1.26　向导第 6 步</td><td>图 1.27　"合并到新文档"对话框</td></tr>
</table>

注：MS Office Word 组件还有一个特别实用的功能——长文档排版，由于篇幅有限，请读者查阅相关资料自学完成。

1.6.2　Excel 2016 综合案例

1.6.2.1　案例 1 任务要求

① 打开工作簿"综合案例 1 素材.xlsx"［素材文件可在化工教育（www.cipedu.com.cn）免费下载］，在"学生档案表"中输入学号"1411010201"至"1411010218"（要自动填充实现，不允许逐个录入）。

② 在"学生档案表"工作表中，利用公式及函数依次输入每个学生的性别（"男"或"女"）、出生日期和年龄；最后适当调整工作表的行高和列宽、对齐方式等，以方便阅读。

③ 参考"学生档案表"工作表，在工作表"数学"中输入与学号对应的"姓名"；按照平时乘以 100%加上期末成绩的 70%计算每个学生的总成绩并填入相应单元格中，成绩保留 1 位小数；按成绩由高到低的顺序统计每个学生的"总成绩"排名并按"第 n 名"的形式填入"名次"列中；按照下列条件填写"总评"：大于等于 60 为"通过"，小于 60 为"挂了"。

④ 参考"学生档案表"工作表，在工作表"英语"中输入与学号对应的"姓名"；按照平时、期末成绩分别占 30%、70%的比例计算每个学生的总成绩并填入相应单元格中，成绩保留 1 位小数；按成绩由高到低的顺序统计每个学生的"总成绩"排名并按"第 n 名"的形式填入"名次"列中；按照下列条件填写"总评"：大于等于 60 为"通过"，小于 60 为"挂了"。

⑤ 在"期末总成绩"工作表中，使用查找函数从"学生档案表"查找学号对应的姓名；使用公式计算总成绩，总成绩是数学成绩与英语成绩之和，按成绩由高到低的顺序统计每个学生的"总成绩"排名填入"名次"列中，在"总评"列，计算学生总成绩。如果大于等于 170 为"优秀"，150（包括 150 本身）至 170 为"良好"，130（包括 130 本身）至 150 为"及格"，130 以下为"不及格"。

⑥ 在"统计"工作表中，使用统计函数统计出"优秀""良好""及格""不及格"的人数，并计算相应的比例，结果放入"比例"列中，单元格中数值格式为百分比，保留 1 位小数。

⑦ 使用 A2:B6 单元格区域，插入"簇状柱形图"，以"人数"为图例，图例显示在右侧，显示数据标签，为图表添加多项式趋势线，顺序为"3"。

1.6.2.2 案例 1 操作步骤

（1）"学生档案"工作表的操作

① 单击 A2 单元格，输入"1411010201"，按【Enter】键，双击 A2 单元格右下角的快速填充框，填充 A2:A19 单元格区域，结果如图 1.28 所示。

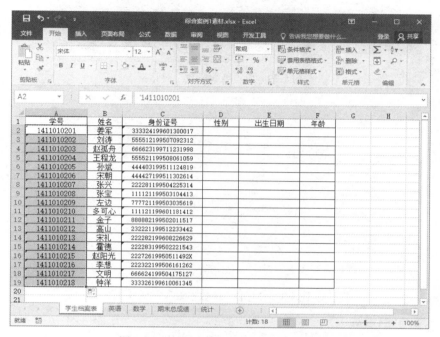

图 1.28　快速填充 A2:A19 单元格区域

② 选中 D2 单元格，点击插入函数按钮，弹出"插入函数"对话框，选择 IF 函数，单击"确定"按钮，弹出 IF"函数参数"对话框，如图 1.29 所示。第一个函数参数为条件判断，身份证号码的倒数第二位数值代表性别，奇数为男性，偶数为女性。此处可以使用 Mid()函数对身份证的倒数第二位数值进行取出，然后使用 MOD()函数对取出数值的奇偶性进行判断，如设定条件 MOD(MID(C2,17,1),2)，则代表 IF()函数条件为真时结果为男，否则结果为女，因此，在"Value_if_true"参数中输入"男"，"Value_if_false"参数中输入"女"。

注：如果非常熟悉函数，可直接在 D2 单元格内输入"=IF(MOD(MID(C2,17,1),2),"男","女")"，也可按照图解步骤完成。

③ 单击 IF 函数的"Logical_test"参数文本框，再单击"名称框"右侧的下拉按钮，插入嵌套函数 MOD，弹出 MOD"函数参数"对话框，在参数"Divisor"中输入"2"，表示对 2 求余，如图 1.30 所示。

④ 单击 MOD 函数的"Number"参数文本框，再次单击"名称框"右侧的下拉按钮，插入嵌套函数 MID，弹出 MID"函数参数"对话框，设置"Text"参数为身份证号，因此输入 C2，"Start_num"参数为 17，表示从第 17 位开始，"Num_chars"参数为 1，表示截取 1 位，如图 1.31 所示。

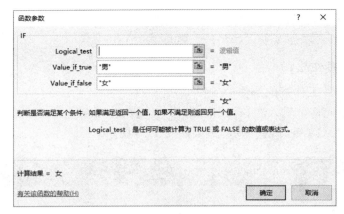

图 1.29　IF"函数参数"对话框

图 1.30　MOD"函数参数"对话框

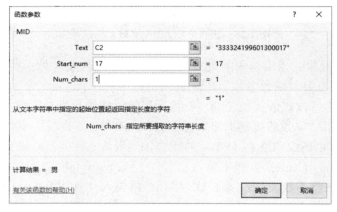

图 1.31　MID"函数参数"对话框

⑤ 单击"确定"按钮，双击 D2 单元格右下角的快速填充框，填充 D2:D19 单元格区域，完成效果如图 1.32 所示。

⑥ 选中 E2 单元格，单击插入函数按钮插入 MID 函数，设置参数分别为"C2""7""4"，如图 1.33 所示，单击"确定"按钮。在"编辑栏"中"=MID(C2,7,4)"的右侧，输入运算符"&"年"&"，再单击选择名称框中的 MID 函数，设置参数分别为"C2""11""2"，如图 1.34 所示，单击"确定"按钮。在"编辑栏"中"=MID(C2,7,4)&"年"&MID(C2,11,2)"的右侧，

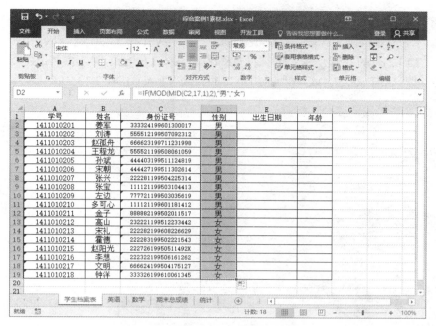

图 1.32 "性别"列完成效果

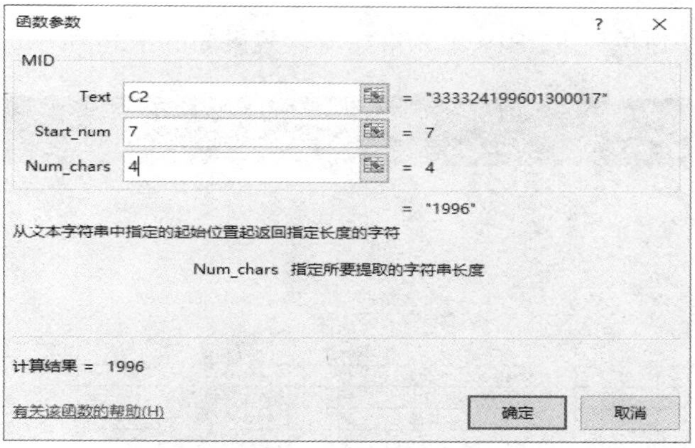

图 1.33 MID 函数计算年

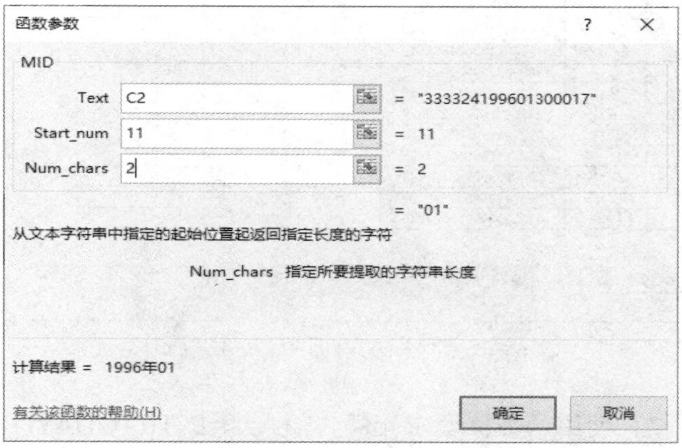

图 1.34 MID 函数计算月

输入运算符"&"月"&",再单击选择名称框中的 MID 函数,设置参数分别为"C2""13""2",如图 1.35 所示,单击"确定"按钮。在"编辑栏"中"=MID(C2,7,4)&"年"&MID(C2,11,2))&"月"& MID(C2,13,2)"的右侧,输入运算符"&"日"",按【Enter】键,得到出生日期,编辑栏中最终显示为"=MID(C2,7,4)&"年"&MID(C2,11,2)&"月"&MID(C2,13,2)&"日""。

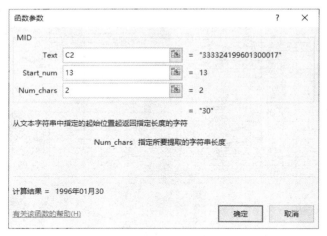

图 1.35　MID 函数计算日

⑦ 利用填充柄快速填充 E2:E19 单元格区域,效果如图 1.36 所示。

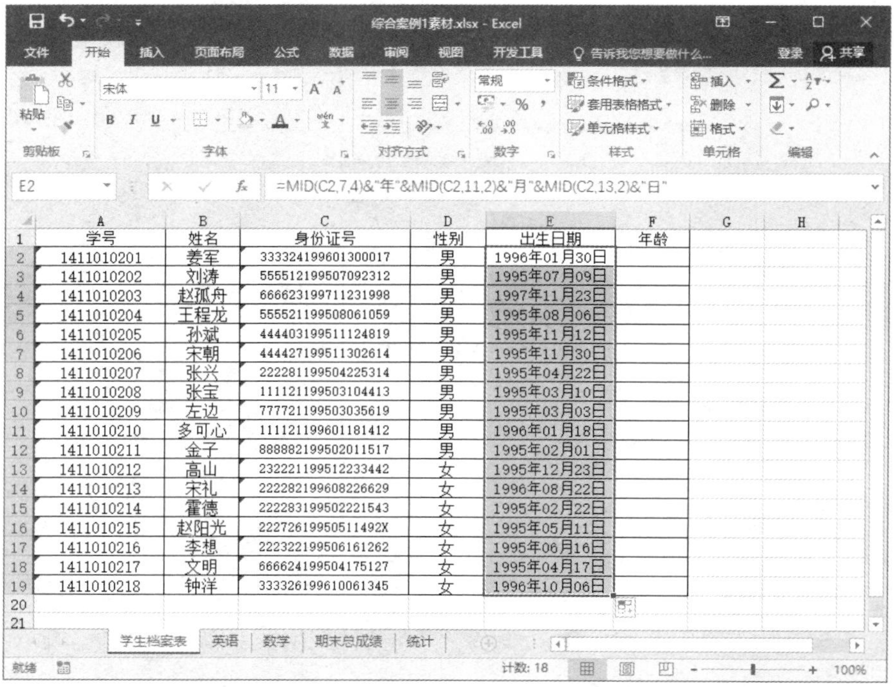

图 1.36　"出生日期"列完成效果

⑧ 选中 F2 单元格,使用函数嵌套求年龄,输入"=INT((TODAY()-E2)/365)"得到年龄,单元格数据类型应为数值型,利用填充柄快速填充 F2:F19 数据区域,如图 1.37 所示。

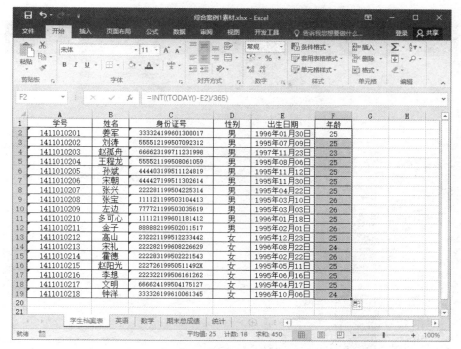

图 1.37 "年龄"列完成效果

（2）"数学"工作表的操作

① 选中 B2 单元格，输入函数 VLOOKUP，设置函数参数如图 1.38 所示。

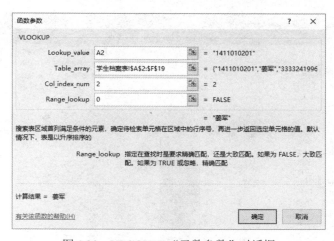

图 1.38　VLOOKUP "函数参数" 对话框

② 单击"确定"按钮，得到学号所对应的姓名，利用填充柄填充数据区域，效果如图 1.39 所示。

③ 在"总成绩"一栏中输入公式"=C2*$I$2+D2*$J$2"，按【Enter】键，得到总成绩，双击填充柄快速填充数据区域，效果如图 1.40 所示。

④ 多次单击"开始"选项卡下"数字"组中的"减少小数位数"命令按钮，直至数据保留 1 位小数，如图 1.41 所示。

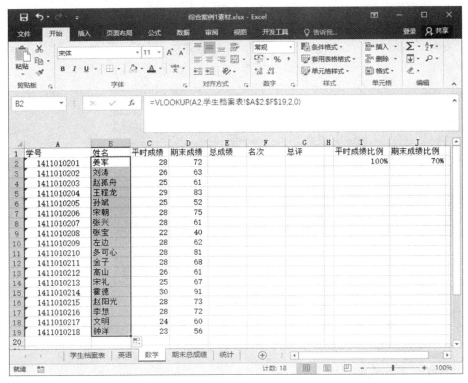

图 1.39 "姓名"列完成效果

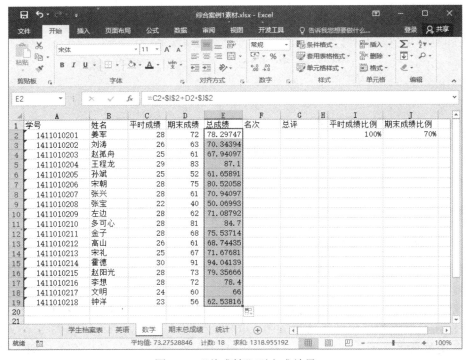

图 1.40 "总成绩"列完成效果

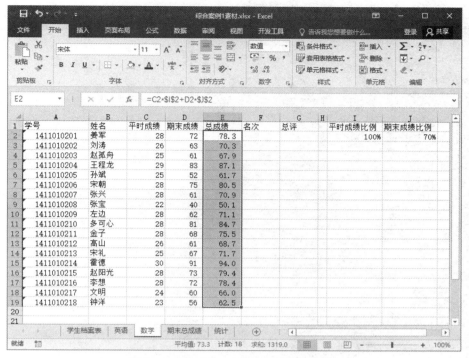

图 1.41 "总成绩"列保留 1 位小数效果

⑤ 选中 F2 单元格，输入"="第"&"，输入函数 RANK.EQ，设置函数参数如图 1.42 所示。

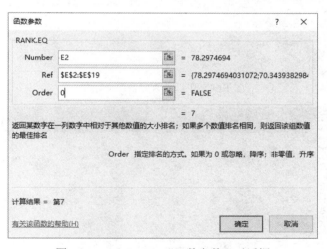

图 1.42 RANK.EQ "函数参数"对话框

⑥ 单击"确定"按钮，在编辑栏"="第"&RANK.EQ(E2,$E$2:$E$19,0)"后输入"&"名""，按【Enter】键结束，使用填充柄快速填充数据区域，效果如图 1.43 所示。

注：在 Rank.EQ( )里的第二个参数应该使用绝对引用，即"$E$2:$E$19"。

⑦ 选中 G2 单元格，插入 IF 函数，设置函数参数如图 1.44 所示。

⑧ 单击"确定"按钮，利用填充柄快速填充数据区域，效果如图 1.45 所示。

⑨ 使用同样的方法操作"英语"工作表，效果如图 1.46 所示。

图 1.43 "名次"列完成效果

图 1.44 IF"函数参数"对话框

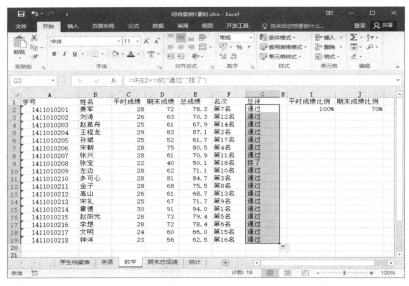

图 1.45 "总评"列完成效果

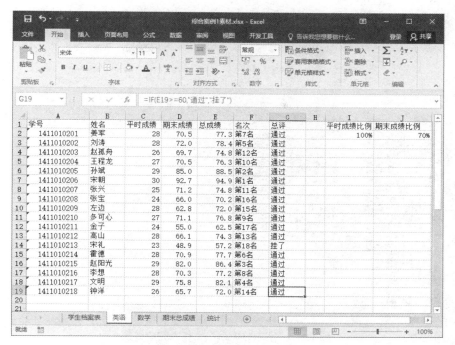

图 1.46 "英语"工作表完成效果

（3）"期末总成绩"工作表的操作

① 在 B2 单元格中，利用 VLOOKUP 函数在"学生档案表"工作表中查找到学号为"1411010201"的同学的姓名，然后快速填充获取到所有同学的姓名，也可以通过复制得到结果。具体操作参见"数学"工作表中第 2 步。

② 在 C2 单元格中，输入"=英语!E2+数学!E2"，按【Enter】键，得到"姜军"同学的期末总成绩，双击填充柄快速填充所有同学的总成绩。

③ 在 D2 单元格中，利用 RANK.EQ 函数得到"姜军"同学的排名，然后快速填充得到所有同学的名次。具体操作参照"数学"工作表中的操作。

④ 在 E2 单元格中输入"=IF(C2>=170，"优秀"，IF(C2>=150，"良好"，IF(C2>=130，"及格"，"不及格")))"，计算出"姜军"同学的总评成绩，然后利用填充柄快速填充数据区域，得到最终结果如图 1.47 所示。

（4）"统计"工作表的操作

① 单击 B3 单元格，插入 COUNTIF 函数，函数参数设置如图 1.48 所示，单击"确定"按钮，得出相应人数。

② 双击 B3 单元格填充柄，快速填充计算出"良好""及格""不及格"的人数，结果如图 1.49 所示。

③ 单击 C3 单元格，在 C3 单元格中输入"=B3/"，插入 COUNT 函数，函数参数设置如图 1.50 所示。

④ 单击"确定"按钮，双击 C3 单元格填充柄快速填充，结果如图 1.51 所示。

⑤ 单击"开始"选项卡下"数字"组中右下角的对话框启动器，弹出"设置单元格格式"对话框，在"数字"标签下单击"百分比"，保留 1 位小数，单击"确定"按钮，结果如图 1.52 所示。

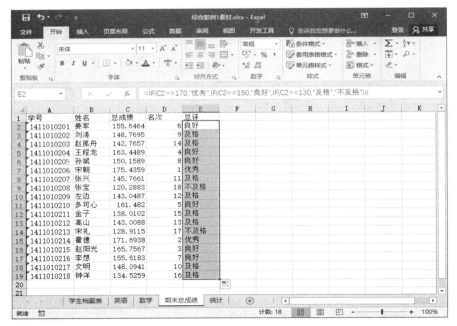

图 1.47　"期末总成绩"工作表完成效果

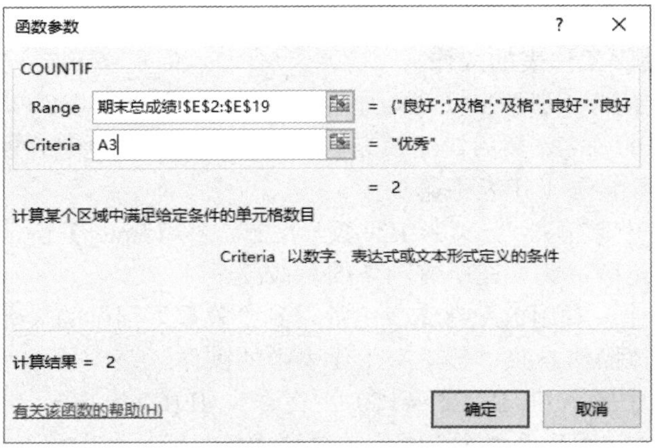

图 1.48　COUNTIF"函数参数"对话框

图 1.49　"人数"列完成效果

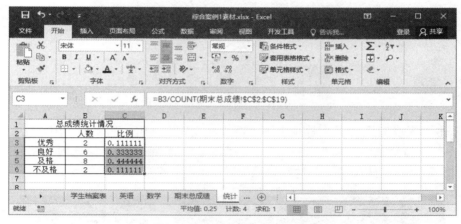

图 1.50　COUNT"函数参数"对话框

图 1.51　"比例"列完成效果 1

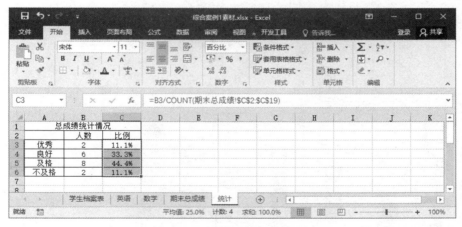

图 1.52　"比例"列完成效果 2

⑥ 选中 A2:B6 单元格区域，单击"插入"选项卡下"图表"组中"柱形图"命令按钮，在弹出的下拉列表中选择"簇状柱形图"，鼠标右键单击数据系列，在弹出的快捷菜单中，单击"添加数据标签"命令，结果如图 1.53 所示。

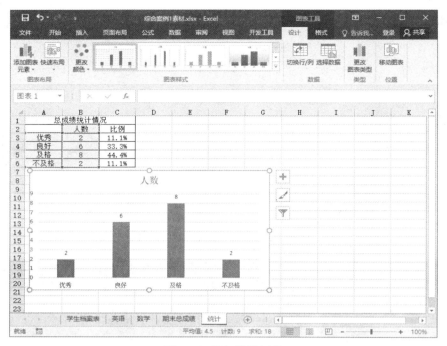

图 1.53　添加数据标签

⑦ 单击"图表工具/设计"选项卡下"图表布局"命令组中的"添加图表元素"命令按钮，在弹出的下拉菜单中选择"趋势线"命令子菜单中的"其他趋势线选项"命令，打开"设置趋势线格式"任务窗格，在"趋势线选项"下，设置"多项式"，顺序为 3，如图 1.54 所示。

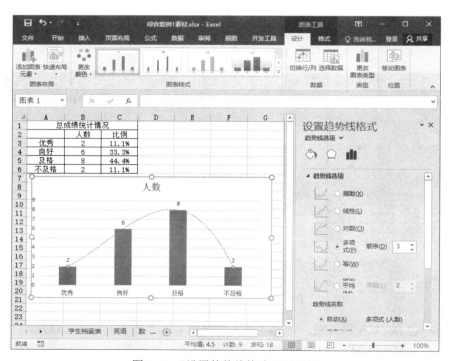

图 1.54　"设置趋势线格式"对话框

⑧ 单击"图表工具/设计"选项卡下"图表布局"命令组中的"添加图表元素"命令按钮，在弹出的下拉菜单中选择"图例"命令子菜单中的"顶部"命令，可以显示图表的图例，效果如图 1.55 所示。

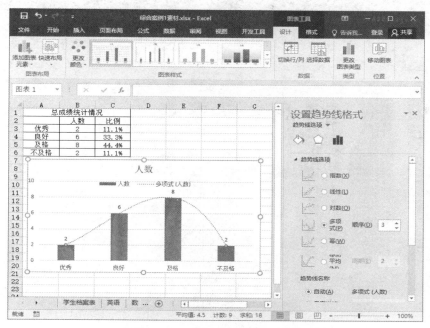

图 1.55　添加图例后的图表效果

1.6.2.3　案例 2 任务要求

① 打开"综合案例 2 素材"文档［素材文件可在化工教育（www.cipedu.com.cn）免费下载］，将"销售情况"工作表中的 A1：K1 单元格区域合并，数据水平垂直居中，字体为楷体、加粗、字号为 20；

② 为方便查看数据，将 A1:K2 单元格区域"冻结窗口"；

③ 将"尺寸、材质"列数据"分列"显示成"尺寸"列，"材质"列；

④ 在"价格"工作表中将 A1:E2 单元格区域命名为"单价"；

⑤ 使用查找函数在"价格"工作表中查询出单价，将结果放在"单价"列；

⑥ 使用求和函数求年度销售量，使用公式求销售金额，结果放在相应列中；

⑦ 对"销售情况"工作表创建副本，重命名为"透视表"；

⑧ 对"销售情况"工作表的数据，以"销售金额"为关键字降序排序，以"材质"为次要关键字升序排序；

⑨ 对"销售情况"工作表筛选出"材质"是"真皮"且"销售额"大于 70000 的销售情况；

⑩ 打开"透视表"工作表，创建数据透视表，以"产品名称"为报表筛选，以"材质"为列标签，以"尺寸"为行标签，销售额为求和项，命名为"透视表结果"。

1.6.2.4　案例 2 操作步骤

① 打开"销售情况"工作表，选中 A1:K1 单元格区域。

② 调出"设置单元格格式"对话框，找到相应的标签按题目要求进行相应的设置即可。

③ 选中 A3 单元格，单击"视图"选项卡下"窗口"组中的"冻结窗格"命令按钮，在弹出的下拉菜单中单击"冻结拆分窗格"命令，如图 1.56 所示。

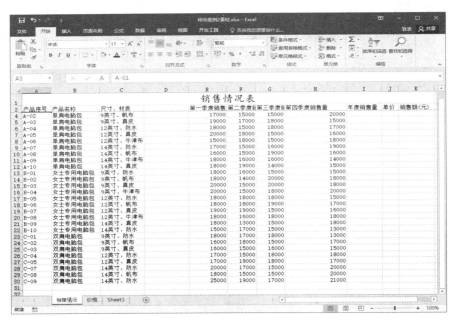

图 1.56 "冻结拆分窗格"效果图

④ 选中"尺寸、材质"列，即 C2:C30 单元格区域；单击"数据"选项卡下"数据工具"组中的"分列"命令按钮，弹出"文本分列向导-第 1 步，共 3 步"对话框，如图 1.57 所示。单击"下一步"按钮，弹出"文本分列向导-第 2 步，共 3 步"对话框，在"分隔符号"处，选中"其他"复选框，在其右侧文本框中输入"、"，如图 1.58 所示。单击"下一步"按钮，弹出"文本分列向导-第 3 步，共 3 步"对话框，如图 1.59 所示。单击"完成"按钮，结果如图 1.60 所示。

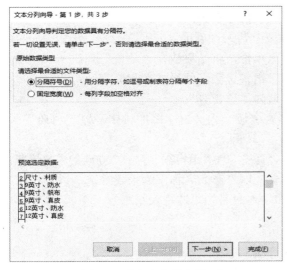

图 1.57 "文本分列向导 1"

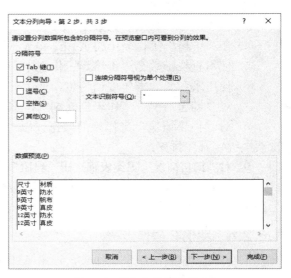

图 1.58 "文本分列向导 2"

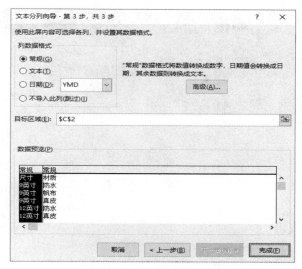

图 1.59 "文本分列向导 3"

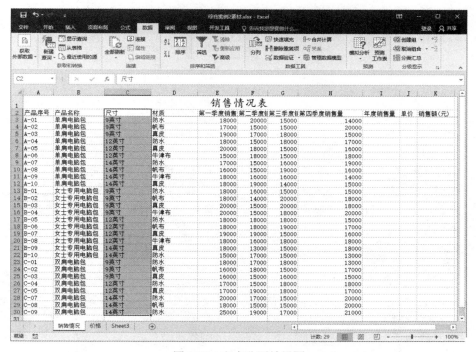

图 1.60 文本分列效果图

⑤ 在"价格"工作表中，选定 A1:E2 单元格区域，在名称框中输入"单价"，按【Enter】键，如图 1.61 所示。

⑥ 在"销售情况"工作表中，选中 J3 单元格，单击插入函数按钮，弹出"插入函数"对话框，选择"HLOOKUP"函数，单击"确定"按钮，弹出 HLOOKUP "函数参数"对话框，在"Lookup_value"中输入"D3"，在"Table_array"中选择"价格"工作表中的 A1:E2 单元格区域，显示为"单价"，在"Row_index_num"中输入"2"，在"Range_lookup"中输入"0"，如图 1.62 所示。

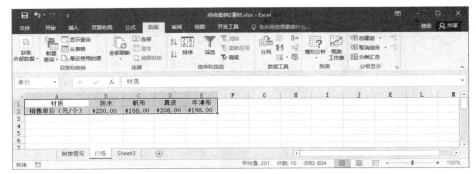

图 1.61 名称框命名为"单价"

图 1.62 HLOOKUP"函数参数"对话框

⑦ 单击"确定"按钮，然后利用填充柄快速填充其他单元格区域。

⑧ 单击 I3 单元格，单击插入函数按钮，找到"SUM"函数，单击"确定"按钮，弹出 SUM "函数参数"对话框，设定求和参数为单元格区域 E3:H3，如图 1.63 所示。

图 1.63 SUM"函数参数"对话框

⑨ 单击"确定"按钮，双击 I3 单元格右下角填充框，快速填充 I3:I30 单元格区域。

⑩ 单击 K3 单元格，输入公式"=I3*J3"，按【Enter】键，鼠标双击填充柄，快速填充 K3:K30 单元格区域，效果如图 1.64 所示。

图 1.64 "销售额"列效果图

⑪ 鼠标右键单击"销售情况"工作表，在弹出的快捷菜单中选择"移动或复制"命令，弹出"移动或复制工作表"对话框，点击"建立副本"，如图 1.65 所示。

⑫ 单击"确定"按钮，将刚刚建立的副本工作表重命名为"透视表"。

⑬ 在"销售情况"工作表中，选中 A2:K30 单元格区域，单击"数据"选项卡下"排序和筛选"组中的"排序"命令按钮，弹出"排序"对话框，设置"主要关键字"为"销售额(元)"，"次序"为"降序"，单击"添加条件"按钮，添加次要关键字，设置"次要关键字"为"材质"，"次序"为"升序"，如图 1.66 所示。单击"确定"按钮，排序效果如图 1.67 所示。

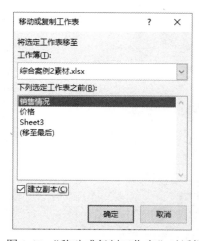

图 1.65 "移动或复制工作表"对话框

图 1.66 "排序"对话框

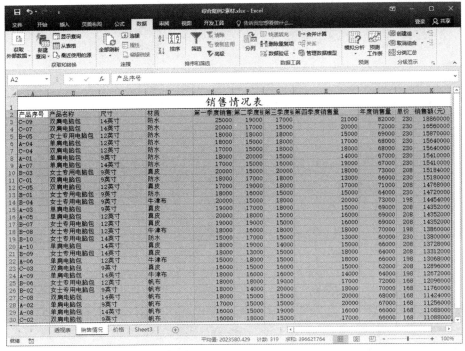

图 1.67　排序后的效果图

⑭ 在"销售情况"工作表中，选中 A2:K30 单元格区域，单击"数据"选项卡下"排序和筛选"组中的"筛选"命令按钮，每列标题中将出现下拉按钮，单击"产品名称"右侧的下拉框，设置只选择"女士专用电脑包"复选框，如图 1.68 所示。

⑮ 单击"确定"按钮，单击"年度销售量"右侧的下拉框，在弹出的快捷菜单中单击"数字筛选"中的"大于"命令，打开"自定义自动筛选方式"对话框，在"大于"后输入"70000"，如图 1.69 所示。

图 1.68　数据筛选

图 1.69　"自定义自动筛选方式"对话框

⑯ 单击"确定"按钮，数据筛选结果如图 1.70 所示。

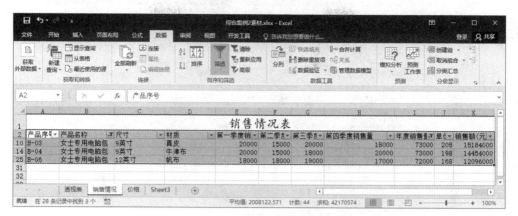

图 1.70　数据筛选效果

⑰ 选定"透视表"工作表中的数据区域的任意非空单元格，单击"插入"选项卡下"表格"组中的"数据透视表"按钮，在弹出的下拉菜单中单击"数据透视表"。

⑱ 打开"创建数据透视表"对话框，在"请选择要分析的数据"下的"表/区域"文本框中自动显示出工作表名称和数据区域"透视表!$A$2:$K$30"，如果区域不正确，可重新选择数据区域，在"选择放置数据透视表的位置"下选择"新工作表"单选按钮，如图 1.71 所示。

图 1.71　"创建数据透视表"对话框

⑲ 单击"确定"按钮，Excel 2016 自动新建一个工作表，并在功能区出现"数据透视表工具"/"分析""设计"选项卡，右侧出现"数据透视表字段"任务窗格，将"产品名称"字段拖动到"筛选器"中，"尺寸"字段拖动到"行"中，"材质"字段拖动到"列"中，"销售额"字段拖动到"值"中，最后将新建的数据透视表工作表重命名为"透视表结果"；至此所有要求已完成，最终结果如图 1.72 所示。

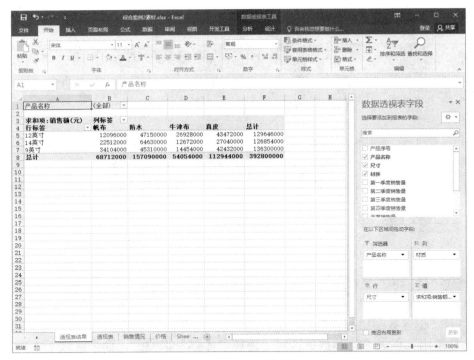

图 1.72　工作表重命名

1.6.3　PowerPoint 2016 综合案例

1.6.3.1　案例 1 任务要求

"天河二号超级计算机"是我国独立自主研制的超级计算机系统，2015 年 6 月再登"全球超算 500 强"榜首，为祖国再次争得荣誉。作为某中学的物理老师，李晓玲老师决定制作一个关于"天河二号"的演示文稿，用于学生课堂知识拓展。请根据素材"天河二号素材.docx"以及相关图片文件［素材文件可在化工教育（www.cipedu.com.cn）免费下载］，帮助李老师完成制作任务，具体要求如下：

① 演示文稿共包括 10 张幻灯片，标题幻灯片 1 张，概况 2 张，特点、技术参数、自主创新和应用领域各 1 张，图片欣赏 3 张（其中一张为图片欣赏标题页）。

② 幻灯片必须选择一种设计主题，要求字体和色彩合理、美观大方。所有幻灯片中除了标题和副标题，其他文字的字体均设置为"微软雅黑"。演示文稿保存为"天河二号超级计算机.pptx"。

③ 第 1 张幻灯片为标题幻灯片，标题为"天河二号超级计算机"，副标题为"——2015 年再登世界超算榜首"。

④ 第 2 张幻灯片采用"两栏内容"格式，左边一栏为文字，右边一栏为图片，图片为"1.jpg"。

⑤ 以下的第 3、4、5、6、7 张幻灯片的版式均为"标题和内容"。素材中的一级标题即为相应页幻灯片的标题文字。

⑥ 第 4 张幻灯片的标题为"二、特点"，将其中的内容设为"垂直块列表"SmartArt 对象，素材中二级标题为一级内容，正文文字为二级内容，并为该 SmartArt 图形设置动画，要求组合图形"逐个"播放，并将动画的开始设置为"上一动画之后"。

⑦ 利用相册功能为考生文件夹下的"2.jpg"～"9.jpg" 8 张图片"新建相册"，要求每页幻灯片 4 张图片，相框形状为"居中矩形阴影"；将标题"相册"更改为"六、图片欣赏"。将相册中的所有幻灯片复制到演示文稿"天河二号超级计算机.pptx"。

⑧ 将该演示文稿分为 4 节：第一节的节标题为"标题"，包含 1 张标题幻灯片；第二节的节标题为"概况"，包含 2 张标题幻灯片；第三节的节标题为"特点、参数等"，包含 4 张标题幻灯片；第四节的节标题为"图片欣赏"，包含 3 张标题幻灯片。

⑨ 设置幻灯片的切换效果，要求每一节的幻灯片均为同一种切换方式，节与节的幻灯片切换方式不同。

⑩ 除标题幻灯片外，其他幻灯片的页脚显示幻灯片编号。

⑪ 设置幻灯片为循环放映方式，如果没有点击鼠标，幻灯片 10 秒钟后自动切换到下一张。

1.6.3.2 案例 1 操作步骤

（1）建立演示文稿大纲

① 在"开始"菜单中新建一个 PowerPoint 演示文稿，删除新演示文稿中的第一张幻灯片。

② 在 PowerPoint"开始"选项卡下"幻灯片"命令组中点击"新建幻灯片"下拉按钮，在下拉列表选项中选择"幻灯片（从大纲）"命令，打开"插入大纲"对话框，如图 1.73 所示，在对话框中选择"天河二号素材.docx"文件，单击"插入"按钮，即可添加 7 张幻灯片。

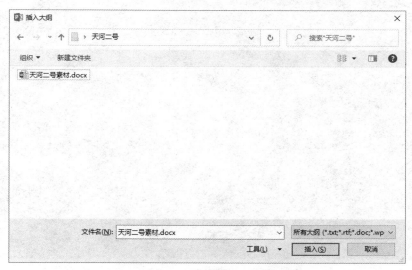

图 1.73 "插入大纲"对话框

③ 根据任务要求，将第 1 张幻灯片调整为"标题幻灯片"版式，将第 2 张幻灯片调整为"两栏内容"版式，将第 3~7 张幻灯片调整为"标题和内容"版式，并将素材文档的正文内容添加到相应的幻灯片中，效果如图 1.74 所示。

④ 在"文件"选项卡下点击"保存"按钮，打开"另存为"对话框，选择合适的文件保存位置，文件名为"天河二号超级计算机.pptx"，"保存类型"为"PowerPoint 演示文稿（*.pptx）"，点击"保存"按钮。

（2）使用主题和幻灯片母版

① 在"设计"选项卡下"主题"命令组中选择"电路"主题。

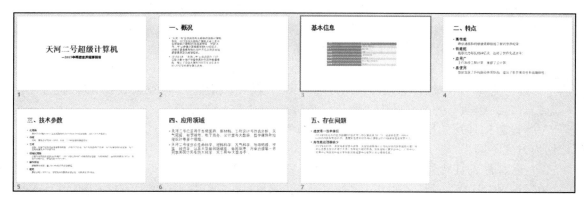

图 1.74 演示文稿中的文本

② 选择"视图"选项卡"母版视图"命令组中的"幻灯片母版"按钮，打开"幻灯片母版"选项卡。进入幻灯片母版模式后，选中左边列表中最上面的"幻灯片母版"，单击幻灯片母版编辑区，如图 1.75 所示。

图 1.75 幻灯片母版

将除了标题和副标题之外的文字选中，在"开始"选项卡下"字体"命令组中设置字体为"微软雅黑"。

在"插入"选项卡中"文本"命令组中单击"页眉和页脚"按钮，打开"页眉和页脚"对话框，在"幻灯片"选项卡中选中"幻灯片编号"和"标题幻灯片中不显示"左侧的复选框，单击"全部应用"按钮，关闭母版视图。

在"设计"选项卡中"自定义"命令组中单击"幻灯片大小"按钮右下角的下拉按钮，在下拉菜单中选择"自定义幻灯片大小"命令，打开"幻灯片大小"对话框，如图 1.76 所示。将"幻灯片编号起始值"设置为"0"。

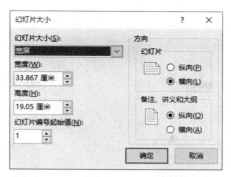

图 1.76 "幻灯片大小"对话框

（3）修饰幻灯片中的对象

① 选中第 2 张幻灯片，在右栏点击"插入来自文件的图片"按钮，打开"插入图片"对话框，选择素材文件"1.jpg"图片，点击"打开"按钮。选中图片，在"图片工具/格式"选项卡"图片样式"命令组中单击"其他"按钮，选择"映像棱台，白色"样式。

② 选中第 3 张幻灯片，选中表格中文字，在"开始"选项卡下"字体"命令组中设置字体为"微软雅黑"，字号为"20 磅"，居中对齐。在"表格工具/设计"选项卡"表格样式"分组中为表格选择 "主题样式 1-强调 1"样式。

③ 选中第 4 张幻灯片，使其成为当前幻灯片。在内容占位符中单击鼠标右键，选择快捷菜单中的"转换为 SmartArt 图形"命令，弹出"SmartArt 图形"样式列表，选择"垂直块列表"布局。选中整个 SmartArt 图形，在"SmartArt 工具/设计"选项卡"SmartArt 样式"分组中为 SmartArt 图形选择 "白色轮廓"样式。

修饰后的 3 张幻灯片效果如图 1.77 所示。

图 1.77　修饰后的幻灯片

（4）设置幻灯片中的动画效果

① 选中第 4 张幻灯片，使其成为当前幻灯片。选中整个 SmartArt 图形，在"动画"选项卡下"动画"命令组中选择"随机线条"动画方式，然后在"效果选项"里面选择"逐个"效果，在"计时"命令组的"开始"方式里面选择"上一动画之后"。

② 依次选中每张幻灯片的标题文字，在"动画"选项卡下"动画"命令组中选择"进入"动画方式为"飞入"，然后在"效果选项"里面选择"自左侧"效果，在"计时"命令组的"持续时间"右侧的文本框中输入"1.75"秒。

③ 选中第 2 张幻灯片的图片，在"动画"选项卡下"动画"命令组中选择"进入"动画方式为"形状"动画，然后在"效果选项"里面"方向"选择"切入"效果，"形状"选择"圆"。

（5）新建相册

① 在"插入"选项卡下"图像"命令组中点击"相册"下拉菜单，在下拉列表选项中

选择"新建相册",打开"相册"对话框,点击"文件/磁盘"按钮,打开"插入新图片"对话框,选择素材文件夹下"2.jpg"～"9.jpg"8张图片,点击"插入"按钮回到"相册"对话框,如图1.78所示。

图 1.78 "相册"对话框

在"图片版式"中选择"4张图片",在"相框形状"后的列表框中选择"居中矩形阴影",点击"创建"按钮,这时会出现一个新的演示文稿,如图1.79所示。

图 1.79 新建的电子相册

② 点击新演示文稿的第1张幻灯片,将"相册"改为"六、图片欣赏",字体为"微软雅黑",删除副标题文本框。

选中新演示文稿中的所有幻灯片,按 Ctrl+C 组合键复制,回到"天河二号超级计算机.pptx"演示文稿,在最后一张幻灯片的下方点击鼠标,按 Ctrl+V 组合键粘贴。关闭新演示文稿。

（6）演示文稿分节

① 将光标定位到第 1 张幻灯片，单击鼠标右键，在弹出的快捷菜单中选择"新增节"命令，此时在第 1 张幻灯片会出现一个"无标题节"，如图 1.80 所示。

在"无标题节"上单击鼠标右键，在弹出的快捷菜单中选择"重命名节"命令，打开"重命名节"对话框，如图 1.81 所示。在"节名称"文本框中输入文字"标题"，点击"重命名"按钮。

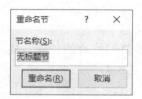

图 1.80　"新增节"效果图　　　　　　　图 1.81　"重命名节"对话框

② 将光标定位到第 2 张幻灯片，按上述方法创建一个新节，并将新节重命名为"概况"。

③ 将光标定位到第 4 张幻灯片，按上述方法创建一个新节，并将新节重命名为 "特点、参数等"。

④ 将光标定位到第 8 张幻灯片，按上述方法创建一个新节，并将新节重命名为"图片欣赏"。

演示文稿分节后，效果如图 1.82 所示。

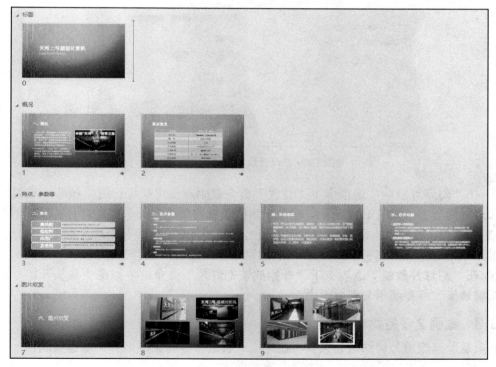

图 1.82　演示文稿中的节

演示文稿被分节后，可以通过单击"节标题"选中本节中的所有幻灯片。

（7）**设置幻灯片的切换效果**

① 在第一节的节标题上单击，选中第 1 张幻灯片，使其成为当前幻灯片，在"切换"选项卡下"切换到此幻灯片"命令组中，选择"涟漪"切换方式。此时第一节中幻灯片（共 1 张）的切换方式为"涟漪"。

② 在第二节的节标题上单击，此时会同时选中第 2、3 张幻灯片，而第 2 张为当前幻灯片。在"切换"选项卡下"切换到此幻灯片"命令组中，选择"涡流"切换方式。此时第二节中所有幻灯片（共 2 张）的切换方式都为"涡流"。

③ 使用同样的方法分别设置其他节中幻灯片的切换方式，第三节中幻灯片（共 4 张）切换方式设为"棋盘"，第四节中幻灯片（共 3 张）切换方式设为"缩放"。

（8）**设置幻灯片的放映方式**

① 在"幻灯片放映"选项卡下"设置"命令组中点击"设置幻灯片放映"按钮，打开"设置放映方式"对话框，如图 1.83 所示。在"放映选项"中勾选"循环放映，按 ESC 键终止"，在"换片方式"中选择"如果存在排练时间，则使用它"，点击"确定"按钮。

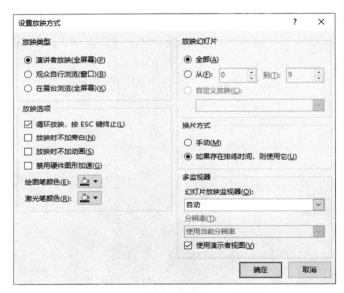

图 1.83 "设置放映方式"对话框

② 在"幻灯片放映"选项卡下"设置"命令组中点击"排练计时"按钮，这时演示文稿进入录制的状态，如图 1.84 所示，在左上角的录制窗口控制每一张幻灯片的录制时间，如图 1.85 所示，10 秒钟则点击鼠标进入下一张幻灯片的录制。待所有幻灯片都录制完成后，按ESC 键结束录制，在弹出的如图 1.86 所示的窗口里面点击"是"按钮。

③ 在"幻灯片放映"选项卡下"开始放映幻灯片"命令组中点击"从头开始"按钮，查看录制效果。保存演示文稿并退出。

1.6.3.3 案例 2 任务要求

黎阳是一家旅游公司的策划人员，在"十一长假"即将来临之际，她想要制作一份宣传吉林龙湾群风景区的演示文稿，用来吸引旅游者的眼球，请根据素材"龙湾群国家森林公园

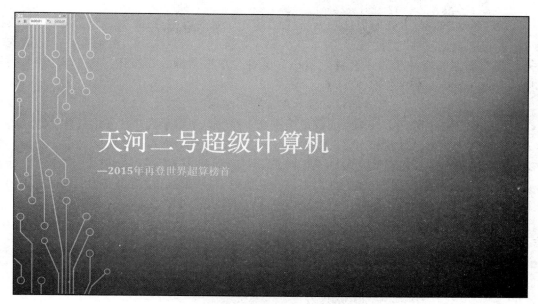

图 1.84　录制状态的演示文稿

图 1.85　录制时间计时对话框

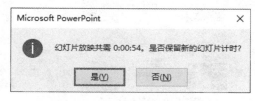

图 1.86　保留排练计时对话框

（素材）.docx"以及相关图片文件，帮助她完成制作任务，具体要求如下：

① 标题页包含演示文稿的主标题和副标题。

② 除标题页外，根据素材制作若干张幻灯片，且版式不少于 3 种。

③ 修改幻灯片母版，在母版合适的位置使用图片或文字，使得演示文稿更协调，美观，凸显景区特色。编辑幻灯片母版，设置所有幻灯片页脚，页脚内容为"龙湾群国家森林公园"，插入"日期"（自动更新）和幻灯片编号。

④ 幻灯片必须选择一种设计主题，要求字体和色彩合理、美观大方。

⑤ 自己合理组织文字和图片素材，使得演示文稿能很好地展示景区特色。

⑥ 在第 2 张幻灯片中，根据素材内容，设计文字"超链接"，通过链接可以分别指向后面的幻灯片，同时在后面的幻灯片上使用动作按钮控制幻灯片的播放顺序，要求单击动作按钮可以返回到第 2 张幻灯片。

⑦ 设置自定义动画以及幻灯片切换效果美化演示文稿。

⑧ 给幻灯片添加背景音乐，使之自动播放，并在整个演示文稿放映期间一直播放。

⑨ 将演示文稿存为放映格式，文件名为"龙湾群风光"。

1.6.3.4　案例 2 操作步骤

（1）建立演示文稿大纲

① 在"开始"菜单中新建一个 PowerPoint 演示文稿，删除新演示文稿中的第 1 张幻灯片。

② 在 PowerPoint "开始"选项卡下"幻灯片"命令组中点击"新建幻灯片"下拉按钮，在下拉列表选项中选择"幻灯片（从大纲）"，打开"插入大纲"对话框，在对话框中选择"龙湾群国家森林公园（素材）.docx"文件，单击"插入"按钮，即可添加 14 张幻灯片。

③ 按照任务"标题页包含演示文稿的主标题和副标题"以及"版式不少于 3 种"等要求，根据各幻灯片中的文字及图片的数量，将第 1 张幻灯片调整为"标题幻灯片"版式，将第 2 张幻灯片调整为"标题和内容"版式，将第 3 张幻灯片调整为"比较"版式，将第 4~13 张幻灯片调整为"两栏内容"版式，将第 14 张幻灯片调整为"竖排标题与文本"版式。将素材文件夹中的图片添加到相应的幻灯片中，效果如图 1.87 所示。注意：在应用版式前，要先选中幻灯片。

图 1.87　未经修饰的演示文稿

④ 在"文件"选项卡下点击"保存"按钮，打开"另存为"对话框，选择文件保存位置为考生文件夹，文件名为"龙湾群风光.pptx"，"保存类型"为"PowerPoint 演示文稿（*.pptx）"，点击"保存"按钮。

（2）使用主题和幻灯片母版

① 在"设计"选项卡下"主题"命令组中选择"画廊"主题。

② 选择"视图"选项卡"母版视图"命令组中的"幻灯片母版"按钮，打开"幻灯片母版"选项卡。进入幻灯片母版模式后，选中左边列表中最上面的"幻灯片母版"，单击幻灯片母版编辑区，在"插入"选项卡中"文本"命令组中单击"页眉和页脚"按钮，打开"页眉和页脚"对话框，在"幻灯片"选项卡中选中"日期和时间""幻灯片编号""页脚"左侧的复选框。在"日期和时间"组中选择"自动更新"单选按钮；页脚内容文本框内输入"龙湾群国家森林公园"，如图 1.88 所示。单击"全部应用"按钮，关闭母版视图。

（3）修饰幻灯片中的对象

① 选中第 2 张幻灯片，选中文本占位符中的文字，在"绘图工具/格式"选项卡"艺术字样式"命令组中选择"填充-淡紫，着色 3，锋利棱台"样式。

② 选中第 3 张幻灯片，选中"图片"，在"图片工具/格式"选项卡"图片样式"命令组中单击"其他"按钮，选择"柔化边缘矩形"样式。

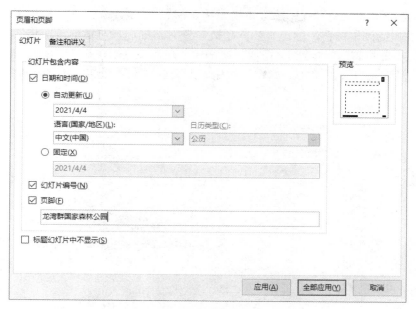

图 1.88 "页眉和页脚"对话框

③ 选中第 3 张幻灯片，分别选中左边和右边内容占位符中的文字，在"绘图工具/格式"选项卡"艺术字样式"命令组中选择"渐变填充-靛蓝，着色 1，反射"样式。选中右边内容占位符中"图片"，在"图片工具/格式"选项卡"图片样式"命令组中单击"其他"按钮，选择"金属椭圆"样式。

④ 使用同样的方法分别设置幻灯片 4～13 中的文本及图片效果。修饰过文本和图片的演示文稿如图 1.89 所示。

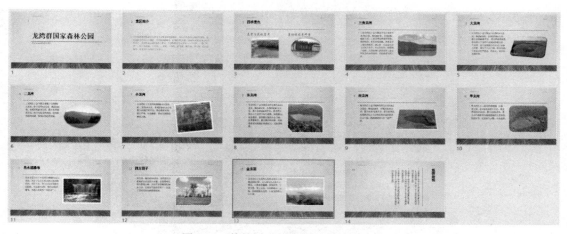

图 1.89　修饰过文本和图片的演示文稿

（4）创建链接

① 插入文本链接

a. 阅读文档，可以发现最后第 4～13 张幻灯片的标题文字都在第 2 张幻灯片中出现，因此，可以在第 2 张幻灯片中分别设置这些幻灯片的文本链接。

b．首先选中第 2 张幻灯片中的文本"三角龙湾"，然后在"插入"选项卡的"链接"命令组中单击"超链接"按钮，弹出"插入超链接"对话框，在对话框最左边的"链接到"中选中"本文档中的位置"，接着在"请选择文档中的位置"列表中选中"幻灯片标题"级别下的"4.三角龙湾"幻灯片。单击"确定"按钮，即可建立文本链接。如图 1.90 所示。

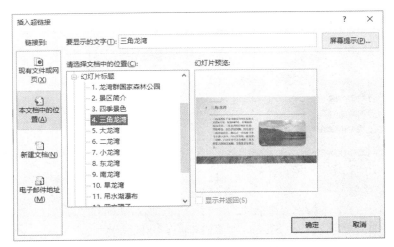

图 1.90　"插入超链接"对话框

c．以同样的方法，设置其他 9 个幻灯片的文本链接。

② 插入图形链接

a．选中第 4 张幻灯片，在"插入"选项卡的"插图"命令组中单击"形状"按钮，在其下拉框中选择"椭圆"图形，设置其"形状样式"为"细微效果-红色，强调颜色 1"；在图形中添加文本"返回"，设置字体为"华文行楷"，字号为"28"，设置文本样式为"填充-红色，着色 1，阴影"艺术字样式。效果如图 1.91 所示。

图 1.91　用于图形超链接的形状

b．选中新插入图形，然后在"插入"选项卡的"链接"命令组中单击"超链接"按钮，弹出"插入超链接"对话框，在对话框最左边的"链接到"中选中"本文档中的位置"，接着在"请选择文档中的位置"列表中选中"幻灯片标题"级别下的"2.景区简介"幻灯片，单击"确定"按钮，即可建立图片链接。

c. 最后将该图形复制到第 5～13 页幻灯片中。

（5）设置幻灯片中的动画

① 选中第 2 张幻灯片，使其成为当前幻灯片。选中内容占位符中的文本，在"动画"选项卡下"动画"命令组中选择"进入"动画方式为"飞入"，在"计时"命令组的"持续时间"右侧的文本框中输入"1.75"秒。然后打开"动画窗格"，分别在两段文字动画的"效果选项"里设置"开始"方式为"上一动画之后"，设置后的动画窗格如图 1.92 所示。

图 1.92　动画窗格

② 选中第 3 张幻灯片，使其成为当前幻灯片。选中左侧图片，在"动画"选项卡下"动画"命令组中选择"翻转式由远及近"进入动画方式，选中右侧图片，在"动画"选项卡下"动画"命令组中选择"翻转式由远及近"进入动画方式，在"计时"命令组的"开始"方式里面选择"上一动画之后"。

③ 依次选中幻灯片 4～13 的标题文字，按上述方法为其设置自己喜欢的动画。

④ 依次选中幻灯片 4～13 的图片，按上述方法为图片设置合适的动画。

⑤ 选中第 14 张幻灯片，使其成为当前幻灯片。选中内容占位符中的文本，在"动画"选项卡下"动画"命令组中选择"更多进入效果"的"字幕式"进入动画方式，然后打开"动画窗格"，分别在后两段文字动画的"效果选项"里设置"开始"方式为"上一动画之后"。

⑥ 选中第 1 张幻灯片，在"切换"选项卡的"切换到此幻灯片"命令组中，选择"涡流"切换方式。使用同样的方法，对第 2～14 张幻灯片依次设置合适的切换效果。

（6）设置演示文稿的背景音乐

① 插入音频文件。选中第 1 张幻灯片，在"插入"选项卡的"媒体"组中单击"音频"按钮，在下拉菜单中选择"PC 上的音频"命令，会弹出"插入音频"对话框，选中素材文件夹下的背景音乐文件，单击"插入"按钮。

② 设置音频文件格式。插入音频文件后，可以看到幻灯片中添加了一个小喇叭的图标，且 PowerPoint 的选项卡中也多出了一个"音频工具"选项卡，如图 1.93 所示。

图 1.93 "音频工具"选项卡

单击"音频工具/播放"选项卡,在"音频选项"组的"开始"下拉框中选中"跨幻灯片播放",同时勾选"放映时隐藏"和"循环播放,直到停止"两个复选框。

(7)保存演示文稿

单击"文件"选项卡"保存并发送"命令,在文件类型列表中单击"更改文件类型",会在右侧弹出层叠菜单,双击"PowerPoint 放映(*.ppsx)"类型,会打开"另存为"对话框,输入文件名"龙湾群风光",单击"保存"即可。双击放映格式文件即可播放演示文稿。

复习参考题

一、在线试题

微信扫一扫
获取在线学习指导

二、设计题

将自己假定为某一项大学生创新创业大赛的秘书,并且大赛已经成功举办,要求充分利用计算思维模式设计竞赛获奖信息表格,然后利用 Word 邮件合并的功能统一制作出特色鲜明、外观美丽的获奖证书。要求证书模板命名格式为"学号姓名证书模板.docx",所有证书文件名命名格式为"学号姓名证书全部.docx",最后将邮件合并数据源、证书模板、证书全部三个文件打包上传。上传地址由任课教师指定。

第**2**章 云计算

随着互联网信息技术的高速发展以及网络带宽的日益提高，不同的用户群体，从个人、企业到政府机构甚至国家层面，对计算资源的需求越来越大，即需要更快的计算速度和更大的存储空间。为解决上述问题，2006 年，谷歌（Google）、亚马逊（Amazon）等公司提出了"云计算"的构想。2006 年 3 月，电商起家的美国亚马逊公司正式推出了自家的弹性计算云（Elastic Compute Cloud，EC2）服务。2006 年 8 月 9 日，时任谷歌首席执行官埃里克·施密特在搜索引擎大会（SES San Jose 2006）上，首次提出了"云计算（cloud computing）"的概念。这两个标志性事件正式宣告了云计算时代的到来，也意味着互联网的发展进入了一个新的阶段。云计算是继计算机、互联网后，信息时代的又一次新的革新和飞跃，未来的时代将是云计算的时代。

2.1 云计算概述

2.1.1 云计算概念及特征

云计算，简单地说就是基于互联网的一种计算方式。可能有人会问，为什么叫云计算而不叫雾计算、雨计算？因为云是网络、互联网的一种比喻说法。云计算的"云"就是存在于互联网的服务器集群上的资源共享池，它包括硬件资源（服务器、存储器、CPU 等）和软件资源（如应用软件、集成开发环境等），本地计算机只需要通过互联网发送一条请求信息，远端就会有成千上万的计算机为用户提供需要的资源并将结果返回到本地计算机，这样，本地计算机几乎不需要做什么，所有的操作都由云计算供应商所提供的计算机群来完成。

云计算的核心理念就是通过不断提高"云"的处理能力，减少用户终端的处理负担，最终使用户终端简化成一个单纯的输入/输出设备，并能按需享受"云"的强大计算处理能力。

（1）云计算的定义

目前，对云计算的认识还在不断发展变化中，其定义有多种。现阶段被广泛接受的定义是美国国家标准与技术研究院（NIST）的 Peter Mell 和 Tim Grance 在 2009 年提出的，定义的英文原文为："Cloud computing is a model for enabling convenient, on-demand network access to a shared pool of configurable computing resources (e.g., networks, servers, storage, applications, and services) that can be rapidly provisioned and released with minimal management effort or service provider interaction. This cloud model promotes availability and is composed of five essential characteristics, three service models, and four deployment models."。

由于理解的不同，翻译出来的定义有不同的表述方式，但都是基于这个英文定义的，比如：云计算是一种能够通过网络，以便利的、按需付费的方式获取计算资源（包括网络、服务器、存储、应用和服务等）并提高其可用性的模式，这些资源来自一个共享的、可配置的资源池，并能以最省力和无人干预的方式快速获取和释放。这种模式具有五个基本特征，还包括三种服务模式和四种部署模型。

另外一种表达方式是：云计算是一种通过网络接入虚拟资源池，从而实现对可配置计算资源按需访问的模型，用户可以根据自己的需求对网络、服务器、存储、应用和服务等计算资源进行配置，实现较少管理成本和服务供应商干预的快速获取和发布。云计算的主要特点包括庞大的服务器规模、虚拟化的分布、较低的使用成本、可按需选择的应用服务和共享化的资源池。

本书提出的定义为：云计算是一种利用互联网实现随时随地、按需、便捷访问共享资源池（如网络、服务器、存储、应用及服务）的计算模式。通过云计算，用户可以根据其业务负载快速申请或释放资源，并以按需支付的方式对所使用的资源付费，在提高服务质量的同时降低运维成本。计算机资源服务化是云计算重要的表现形式，它为用户屏蔽了数据中心管理、大规模数据处理、应用程序部署等问题。

狭义的云计算是指 IT 基础设施的交付和使用模式，通过网络以按需、易扩展的方式获得所需的资源（如硬件、平台、软件）。提供资源的网络被称为"云"。"云"中的资源在使用者看来是可以无限扩展的，并且可以随时获取，按需使用，随时扩展，按使用付费。这种特性经常被称为像使用水和电一样使用 IT 基础设施，如亚马逊数据仓库出租。

广义的云计算指通过建立网络服务器集群，向各种不同类型的客户提供在线软件服务、硬件租借、数据存储、计算分析等不同类型的服务。广义的云计算包括了更多的厂商和服务类型，例如，用友、金蝶等管理软件厂商推出的在线财务软件，谷歌发布的 Google 应用程序套装等。

云计算的可视化模型可参见图 2.1。

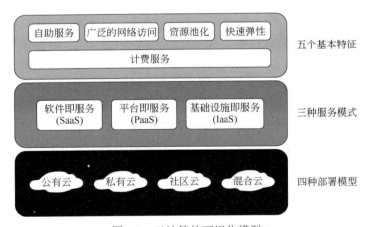

图 2.1　云计算的可视化模型

（2）云计算的主要特点

云计算的可贵之处在于高灵活性、可扩展性和高性价比等。与传统的网络应用模式相比，具有如下优势与特点：

① 虚拟化技术　虚拟化突破了时间、空间的界限，是云计算最为显著的特点，虚拟化技术包括应用虚拟和资源虚拟两种。众所周知，物理平台与应用部署的环境在空间上是没有任何联系的，用户通过虚拟平台来完成相应终端操作的数据备份、迁移和扩展等工作。

② 动态可扩展　云计算具有高效的运算能力，在原有服务器基础上增加云计算功能，能够使计算速度迅速提高，最终实现动态扩展虚拟化的层次，达到对应用进行扩展的目的。

③ 按需部署　计算机包含了许多应用程序软件，不同的应用对应的数据资源库不同，所以用户运行不同的应用，需要较强的计算能力对资源进行部署，而云计算平台能够根据用户的需求快速配备计算能力及资源。

④ 灵活性高　目前市场上大多数 IT 资源、软硬件都支持虚拟化，比如存储网络、操作系统和开发软硬件等。虚拟化要素统一放在云系统虚拟资源池中进行管理，可见云计算的兼容性非常强，不仅可以兼容低配置机器、不同厂商的硬件产品，还能使外部设备获得更高性能的计算。

⑤ 可靠性高　即使服务器出现故障，也不影响计算与应用的正常运行。单点服务器出现故障，可以通过虚拟化技术，对分布在不同物理服务器上的应用进行恢复或利用动态扩展功能部署新的服务器进行计算。

⑥ 性价比高　将资源放在虚拟资源池中统一管理，在一定程度上优化了物理资源，用户不再需要昂贵、存储空间大的主机，可以选择相对廉价的 PC 组成云，一方面减少费用，另一方面计算性能不逊于大型主机。

⑦ 可扩展性　用户可以利用应用软件的快速部署条件来更简单快捷地对自身所需的已有业务以及新业务进行扩展。如计算机云计算系统中出现设备故障，对于用户来说，无论是在计算机层面上，还是在具体运用上均不会受到阻碍，可以利用计算机云计算具有的动态扩展功能对其他服务器开展有效扩展。这样一来就能够确保任务有序完成。在对虚拟化资源进行动态扩展的情况下，能够高效扩展应用，提高计算机云计算的操作水平。

（3）云计算的基本特征

云计算具有五个基本特征：

① 自助式服务　消费者无须同服务供应商交互就可以得到自助的资源计算能力，如服务器的时间、网络存储等资源的自助服务。

② 无处不在的网络访问　用户可以利用各种终端（如台式机、笔记本电脑、智能手机等）随时随地通过互联网访问云计算服务。

③ 划分独立资源池　根据消费者的需求来动态划分或释放不同的物理和虚拟资源，这些池化的供应商计算资源以多租户的模式提供服务。用户并不控制或了解这些资源池的准确划分，但可以知道这些资源池在哪个行政区域或数据中心，包括存储、计算处理、内存、网络带宽及虚拟机个数等。

④ 快速弹性　快速弹性是一种快速、弹性地提供和释放资源的能力。对于消费者，云计算提供的这种能力是无限的（就像电力供应一样，电力对用户是按需的、大规模资源的供应），并且可在任何时间以任何量化方式购买。

⑤ 服务可计量　在提供云服务的过程中，针对客户需要的服务类型，通过计量的方法来自动控制和优化资源配置及使用，如存储、处理、带宽及活动用户数等，即资源的使用可被监测和控制，是一种即付即用的服务模式。

2.1.2　云计算的发展过程

云计算的产生和发展与并行计算、分布式计算和网格计算有着千丝万缕的关系，更是虚拟化、效用计算、软件即服务（software as a service，SaaS）、面向服务的体系结构（service-oriented architecture，SOA）等技术混合演进的结果。云计算自 2006 年提出至今，大致经历了三个阶段。

（1）第一阶段

2006 年之前属于发展前期，虚拟化技术、并行计算、网格计算等与云计算密切相关的技术各自发展，其商业化和应用也比较单一和零散。

1959 年 6 月，克里斯托弗·斯特雷奇发表了关于虚拟化的论文，虚拟化是今天云计算的基石。1997 年，南加州大学教授拉姆纳特·切拉潘提出云计算的第一个学术定义，认为计算的边界可以不是技术局限，而是经济合理性。1999 年，马克·安德森创建了第一个商业化的 IaaS（infrastructure as a service，基础设施即服务）平台——Loud Cloud。2004 谷歌发布 MapReduce 论文。Hadoop 就是 Google 集群系统的一个开源项目，主要由 HDFS、MapReduce 和 HBase 组成。其中，HDFS 是 Google File System（GFS）的开源实现，MapReduce 是 Google MapReduce 的开源实现，HBase 是 Google Big Table 的开源实现。

（2）第二阶段

2006—2009 年属于技术发展阶段，云计算、云模式、云服务的概念开始受到各个厂家和各个标准组织的关注，认识逐渐趋同。结合传统的并行计算、虚拟化及网格计算等业务，云计算的技术体系日趋完善。

亚马逊研发了弹性计算云 EC2 和简单存储服务 S3，为企业提供计算和存储服务。收费的服务项目包括存储空间、带宽、CPU 资源以及月租费。月租费与电话月租费类似，存储空间、带宽按容量收费，CPU 根据运算量时长收费。在其诞生不到两年的时间内，亚马逊的注册用户就多达 44 万人，其中包括为数众多的企业级用户。

Google 是最大的云计算技术的使用者。Google 搜索引擎就建立在 200 多个站点、超过 100 万台服务器的基础之上，而且这些设施的数量正在迅猛增长。Google 的一系列应用平台，包括 Google 地球、Gmail、Docs 等也同样使用了这些基础设施。使用 Google Docs 之类的应用时，用户数据会保存在互联网上的某个位置，用户可以通过任何一个与互联网相连的终端，十分便利地访问和共享这些数据。目前，Google 已经允许第三方在 Google 的云计算中通过 Google App Engine 运行大型并行应用程序。值得称赞的是 Google 不保守，它早已以发表学术论文的形式公开其云计算的三大法宝——GFS、MapReduce 和 BigTable，并在美国、中国等国家的高校开设云计算编程的有关课程。

IBM 在 2007 年 11 月推出了"改变游戏规则"的"蓝云"计算平台，为客户带来即买即用的云计算平台。它包括一系列自我管理和自我修复的虚拟化云计算软件，使来自全球的应用可以访问分布式的大型服务器池，使数据中心在类似互联网的环境下运行计算。IBM 正与 17 个欧洲组织合作开展名为 RESERVOIR 的云计算项目，该项目以"无障碍的资源和服务虚拟化"为口号，欧盟为其提供了 1.7 亿欧元作为部分资金。2008 年 8 月，IBM 宣布投资约 4 亿美元，用于其设在美国北卡罗来纳州和日本东京的云计算数据中心的改造，并于 2009 年在 10 个国家投资 3 亿美元建设 13 个云计算中心。

（3）第三阶段

2010 年至今属于技术与应用得到高度重视和飞速发展的阶段。这一阶段中非常重要的是云计算得到政府、企业的高度重视和逐步认同，其技术和应用得到了飞速发展。

2010 年 1 月，微软公司正式发布 Microsoft Azure 云平台服务。2012 年，私有云、公共云、混合云以及开放云等所有类似云快速发展。SAP 已经为亚马逊 Web 服务（AWS）运行其商务智能应用程序提供了认证，让企业更灵活、更节省成本地使用这个应用程序和基础设施。欧洲核子研究中心使用 OpenStack 私有云解决大数据和效率低的难题。2016 年，微软宣布，由世纪互联运营的 Microsoft Azure 已正式支持红帽企业 Linux；脸书（Facebook）牵手微软，使用其 Office 365 应用。

在我国，云计算发展也非常迅猛。2008 年，IBM 先后在无锡和北京建立了两个云计算中心；世纪互联推出了 CloudEx 产品线，提供互联网主机服务、在线存储虚拟化服务等；中国移动研究院已经建立起 1024 个 CPU 的云计算试验中心；作为云计算技术的一个分支，云安全技术通过大量客户端的参与和大量服务器端的统计分析来识别病毒和木马，取得了巨大成功。瑞星、趋势、卡巴斯基、McAfee、Symantec、江民科技、Panda、金山、360 安全卫士等均推出了云安全解决方案。值得一提的是，云安全的核心思想与 2003 年提出的反垃圾邮件网格非常接近。2008 年 11 月 25 日，中国电子学会专门成立了云计算专家委员会。2020 年 4 月 20 日，国家发展改革委首次正式对"新基建"的概念进行解读，云计算作为新技术基础设施的一部分，将与人工智能、区块链、5G、物联网、工业互联网等新兴技术融合发展，从底层技术架构到上层服务模式两方面赋能传统行业智能升级转型。

过去这十年是云计算突飞猛进的十年，全球云计算市场规模增长数倍，我国云计算市场从最初的十几亿增长到现在的千亿规模。全球各国政府纷纷推出"云优先"策略，我国云计算政策环境日趋完善，云计算技术不断发展成熟，云计算应用从互联网行业向政务、金融、工业、医疗等传统行业加速渗透。

2.1.3 云计算发展现状及趋势

（1）全球云计算产业发展现状与发展趋势

全球云计算市场规模总体呈稳定增长态势。在 2020 年 7 月 29 日召开的线上"2020 可信云大会"上，中国信息通信研究院（以下简称"中国信通院"）发布《云计算发展白皮书（2020 年）》，基于对云计算市场的长期观察和研究，总结出 2020 年云计算发展六大关键词及其背后的重要趋势，白皮书指出：未来，云计算仍将迎来下一个黄金十年，进入普惠发展期。一是随着新基建的推进，云计算将加快应用落地进程，在互联网、政务、金融、交通、物流、教育等不同领域实现快速发展。二是全球数字经济背景下，云计算成为企业数字化转型的必然选择，企业上云进程将进一步加速。三是新冠肺炎疫情的出现，加速了远程办公、在线教育等 SaaS 服务落地，推动云计算产业快速发展。2020 年云计算发展六大关键词是：云原生、SaaS、分布式云、原生云安全、数字化转型、新基建。云计算发展的六大重要趋势是：云技术从粗放向精细转变；云需求从 IaaS 向 SaaS 移动；云架构从中心向边缘延伸；云安全从外部向原生转变；云应用从互联网向行业生产渗透；云定位既是基础资源也是基建操作系统。据中国信通院统计显示，2019 年，以 IaaS、PaaS 和 SaaS 为代表的全球云计算市场规模达到 1883 亿美元，增速 20.86%。预计未来几年市场平均增长率在18%左右。到 2023 年，市场规模将超过 3500 亿美元。全球云计算市场规模及增速可参见图 2.2。

排名方面，2019 年，在全球云计算领域，各科技巨头企业的市场营收排名基本延续了2018 年的分布，亚马逊在云计算领域一直是当之无愧的龙头，微软排名第二，谷歌排名第三，阿里巴巴排名第四，业务规模都有相当可观的增长。

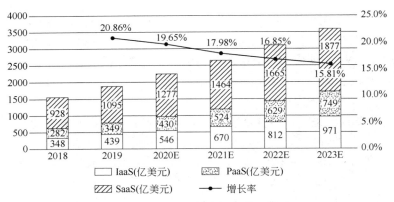

图 2.2　全球云计算市场规模及增速

（2）我国云计算产业发展现状与发展趋势

我国公有云市场保持高速增长，规模首次超过私有云。2019 年，我国云计算整体市场规模达 1334 亿元，增速 38.6%。其中，公有云市场规模达到 689 亿元，相比 2018 年增长 57.6%，预计 2020—2022 年仍将处于快速增长阶段，到 2023 年市场规模将超过 2300 亿元。私有云市场规模达 645 亿元，较 2018 年增长 22.8%，预计未来几年将保持稳定增长，到 2023 年市场规模将接近 1500 亿元。我国公有云市场规模及增速可参见图 2.3，我国私有云市场规模及增速可参见图 2.4。

图 2.3　我国公有云市场规模及增速

图 2.4　我国私有云市场规模及增速

2019 年，我国公有云 IaaS 市场规模达到 453 亿元，较 2018 年增长了 67.4%，预计受新基建等政策影响，IaaS 市场会持续攀高。公有云 PaaS 市场规模为 42 亿元，与 2018 年相比提升了 92.2%，在企业数字化转型需求的拉动下，未来几年，企业对数据库、中间件、微服务等 PaaS 服务的需求将持续增长，预计仍将保持较高的增速。公有云 SaaS 市场规模达到 194 亿元，比 2018 年增长了 34.2%，增速较稳定，与全球整体市场（1095 亿美元）的成熟度差距明显，发展空间大。2020 年受疫情影响，预计未来市场的接受周期会缩短，将加速 SaaS 发展。在市场份额方面，阿里云、天翼云、腾讯云占据公有云 IaaS 市场份额前三，华为云、光环新网（排名不分先后）处于第二集团；阿里云、腾讯云、百度云、华为云位于公有云 PaaS 市场前列。

（3）云计算领域主要的技术公司

① 亚马逊　亚马逊目前是云计算领域最重要的参与者。亚马逊云计算 AWS 提供了很多选择，从每月几美元的云存储到每小时超过 5000 美元的计算机增强型硬盘租赁，亚马逊已真正进入了企业云计算市场，并为其云服务提供了更安全的功能。很难想象电子零售商会改变信息技术领域，但亚马逊做到了。2019 年，亚马逊云计算收入为 346 亿美元，同比增长了 36.0%，市场份额为 32.3%。

② 微软　微软的企业云 Azure 是服务的云平台，许多 Windows 平台开发者通过微软提供的编程工具开发应用软件。目前，微软已经将 Azure 扩展到 IaaS 市场，支持非 Windows 平台，并允许用户在他们的云上运行 Linux。除了 Azure 外，微软还提供了许多基于云平台的企业应用，包括 SQL（结构化查询语言）主机数据库和微软 Office 365。微软 2019 年云计算收入规模为 181 亿美元，同比增长了 63.9%，市场份额提升至 16.9%。

③ 谷歌　谷歌的云计算包括基于谷歌数据中心的谷歌应用引擎、谷歌云存储和新的大数据云应用——谷歌大查询。谷歌还推出了自己的 IaaS 服务——计算引擎，在云计算市场引发了一场风暴。此外，谷歌还推出了消费者和企业云应用，如谷歌驱动和谷歌应用。运行在 Chrome 操作系统设备上的应用程序，比如 Chromebook 和 Chromebox，也来自云计算。

谷歌 2019 年云计算收入规模为 62 亿美元，排名第三，其营收年增长率为 87.8%，在前几大科技企业当中最高，市场份额也一举提升至 5.8%。

④ 阿里巴巴　2009 年 9 月，阿里云计算有限公司正式成立，阿里云是云计算技术和服务供应商，致力于以在线公共服务的方式，提供安全、可靠的计算和数据处理能力，让计算和人工智能成为普惠科技，在杭州、北京、硅谷等地设有研发中心和运营机构。

阿里巴巴 2019 年云计算收入规模为 52 亿美元，营收年增长率达 63.8%，市场份额提升至 4.9%。阿里当前在云计算业务方向的规划更加侧重于打好基础，强大的技术以及完善的配套服务是现阶段市场拓展的关键。

2019 年，中国云市场规模仅次于美国，位居全球第二，国内云计算市场规模还在迅速增长。开源、混合云是未来云市场的两个关键词，混合多云将成为企业上云的主流形式，代表着云计算的发展方向。

2.2 云计算体系结构

2.2.1 云计算架构

云计算可以按需提供弹性资源，它的表现形式是一系列服务的集合。结合当前云计算的应用与研究，其体系架构可分为核心服务、服务管理、用户访问接口三层，如图 2.5 所示。核心服务层将硬件基础设施、软件运行环境、应用程序抽象成服务，这些服务具有可靠性强、可用性高、规模可伸缩等特点，满足多样化的应用需求。服务管理层为核心服务提供支持，进一步确保核心服务的可靠性、可用性与安全性。用户访问接口层实现端到云的访问。

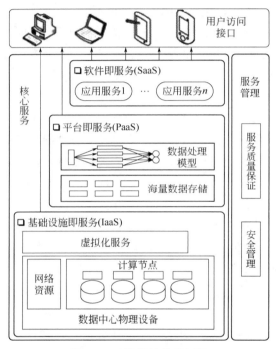

图 2.5　云计算的体系架构

核心服务和服务管理这两大部分可以进一步分为四层：三横一纵。三横为按照云计算平台提供的服务种类划分的三个基本层次，即基础设施层（infrastructure layer）、平台层（platform layer）和应用层（application layer），如图 2.6 所示，该结构各个层次为用户提供各种级别的服务，即业界普遍认同的典型云计算服务体系——基础设施即服务 IaaS、平台即服务 PaaS 和软件即服务 SaaS。通过这三层技术能够提供非常丰富的云计算能力和友好的用户界面。还有一层是纵向的，称为云管理层，其目的是更好地维护和管理横向的三层。

（1）应用层

应用层主要用于以友好的方式展现用户所需的内容和服务体验，并会利用下面平台层提供的多种服务，主要有以下五种技术。

① HTML：标准的 Web 页面技术，现在以 HTML5 为主。

图 2.6　云架构层次示意图

② JavaScript：一种用于 Web 页面的动态语言，通过 JavaScript，能够极大地丰富 Web 页面的功能，并且以 JavaScript 为基础的 AJAX 可以创建具有交互性的动态页面。

③ CSS：主要用于控制 Web 页面的外观，而且能使页面的内容与其表现形式之间进行分离。

④ Flash：业界最常用的 RIA（rich internet applications）技术，能够在现阶段提供 HTML 等技术无法提供的、基于 Web 的丰富应用，而且在用户体验方面表现非常不错。

⑤ Silverlight：来自微软的 RIA 技术，虽然市场占有率稍逊于 Flash，但由于其可以使用 C#进行编程，所以对开发者非常友好。

本层为用户提供的 SaaS 服务就是一种通过互联网提供软件服务的软件应用模式。在这种模式下，用户不需要再大量投资硬件、软件和开发团队的建设，只需要支付一定的租赁费用，就可以通过互联网享受到相应的服务，而且整个系统的维护也由厂商负责。

（2）平台层

平台层是承上启下的，它在下面的基础设施层所提供资源的基础上提供了多种服务，如缓存服务和基于表述性状态转移（representational state transfer，REST）服务等，而且这些服务既可用于支撑应用层，也可以直接让用户调用，主要有五种技术。

① REST：是一组架构约束条件和原则，它是一种设计风格而不是标准。满足这些约束条件和原则的应用程序或设计就是 RESTful。通过 REST 技术来设计以系统资源为中心的 Web 服务，能够非常方便和优雅地将平台层所制成的部分服务提供给调用者。

② 多租户：是一种软件架构技术，能够让一个单独的应用可以为多个组织服务，而且保持良好的隔离性和安全性，并且通过这种技术能有效地降低应用的购置和维护成本。

③ 并行处理：是一种使计算机系统同时执行多个处理的计算方法。为了处理海量的数据，需要利用庞大的 X86 集群进行规模巨大的并行处理，Google 的 MapReduce 是这方面的代表之作。

④ 应用服务器：在原有的应用服务器的基础上为云计算做了一定程度的优化，比如用于 Google App Engine 的 Jetty 应用服务器。

⑤ 分布式缓存：通过分布式缓存技术，不仅能有效地降低后台服务器的压力，而且还能加快相应的反应速度，最著名的分布式缓存的例子莫过于 Memcached。

本层为用户提供 PaaS 服务。平台层作为三层核心服务的中间层，既为上层应用提供简单、可靠的分布式编程框架，又需要基于底层的资源信息调度作业、管理数据、屏蔽底层系统的复杂性。随着数据密集型应用的普及和数据规模的日益庞大，平台层需要具备存储与处理海量数据的能力。如果以传统计算机架构中"硬件+操作系统/开发工具+应用软件"的观点来看待，那么云计算的平台层应该提供类似操作系统和开发工具的功能。就如同在软件开发模式下，程序员可能会在一台装有 Windows 或 Linux 操作系统的计算机上使用开发工具开发并部署应用软件一样。

（3）基础设施层

基础设施层为上面的平台层或者用户准备其所需的计算和存储等资源，主要有四种技术。

① 系统虚拟化：也可以理解为基础设施层的"多租户"，因为通过虚拟化技术，能够在一个物理服务器上生出多个虚拟机，并且这些虚拟机之间能实现全面的隔离，这样不仅能降低服务器的购置成本，还能同时降低服务器的运维成本。成熟的 X86 虚拟化技术有 VMware 的 ESX 和开源的 Xen。

② 分布式存储：为了承载海量的数据，也为了保证这些数据的可管理性，需要一整套分布式的存储系统。

③ 关系型数据库：基本是在原有的关系型数据库的基础上做了扩展和管理等方面的优化，使其在云中更适应。

④ NoSQL：为了满足已有关系数据库所无法满足的目标，如支撑海量数据等，一些公司特地设计了一批不是基于关系模型的数据库。

本层为用户提供 IaaS 服务，主要包括计算机服务器、通信设备、存储设备等，能够按需向用户提供计算能力、存储能力或网络能力等 IT 基础设施类服务。

某个云计算供应商所提供的云计算服务可能专注在云架构的某一层，而无须同时提供三个层次上的服务。位于云架构上层的云供应商在为用户提供该层的服务时，同时要实现该架构下层必须具备的功能。事实上，上层服务的提供者可以利用那些位于下层的云计算服务来实现自己的云计算服务，而无须自己实现所有下层的架构和功能。

从用户角度而言，这三层服务之间的关系是独立的，因为它们提供的服务是完全不同的，而且面对的用户也不尽相同。但从技术角度而言，云服务这三层之间并不是独立的，而是有一定依赖关系的，比如一个 SaaS 层的产品和服务不仅需要使用到 SaaS 层本身的技术，还依赖 PaaS 层所提供的开发和部署平台，另外 PaaS 层的产品和服务也很有可能构建于 IaaS 层服务之上。

（4）云管理层

云管理层是为横向的三层服务的，并给这三层提供多种管理和维护等方面的技术，主要包含以下六个方面。

① 账号管理：通过良好的账号管理技术，能够在安全的条件下方便用户登录，并方便管理员对账号的管理。

② SLA 监控：对各个层次运行的虚拟机、服务和应用等进行性能方面的监控，以使它们都能在满足预先设定的 SLA（service level agreement）的情况下运行。

③ 计费管理：对每个用户所消耗的资源等进行统计，以准确地向用户索取费用。

④ 安全管理：对数据、应用和账号等 IT 资源采取全面保护措施，使其免受犯罪分子和恶意程序的侵害。

⑤ 负载均衡：通过将流量分发给一个应用或者服务的多个实例来应对突发情况。

⑥ 运维管理：主要是使运维操作尽可能地专业化和自动化，从而降低云计算中心的运维成本。

在管理方面，以云的管理层为主，它的功能是确保整个云计算中心能够安全和稳定地运行，并且能够被有效地管理。

虽然和前面云服务的三层相比，熟悉云管理层的人不多，但是它确实是云最核心的部分，就好像一个公司离不开其董事会的管理一样。与过去的数据中心相比，云最大的优势在于云管理的优越性。

2.2.2　云架构示例

（1）Salesforce CRM

首先，从用户角度而言，Salesforce CRM 属于 SaaS 层服务，主要通过在云中部署可定制化的 CRM 应用来让企业用户在初始投入很低的情况下使用 CRM，并且可根据自身的流程灵活地定制，用户只需接入互联网就能使用。从技术角度而言，Salesforce CRM 像很多 SaaS 产品一样，不仅用到 SaaS 层的技术，而且还用到 PaaS 层、IaaS 层和云管理层的技术。图 2.7 为 Salesforce CRM 在技术层面上的大致架构。

Salesforce CRM 采用的主要技术包括以下几种：

① SaaS 层：基于 HTML、JavaScript 和 CSS 这个黄金组合。

② PaaS 层：在此层，Salesforce 引入了多租户内核和为支撑此内核运行而定制的应用服务器。

③ IaaS 层：虽然在后端还是使用企业环境中很常见的 Oracle 数据库，但是它为了支撑上层的多租户内核做了很多优化。

④ 云管理层：Salesforce 不仅在账号管理、计费管理、SLA 监控和资源管理这四个方面有良好的支持作用，而且在安全管理方面，它更是提供了多层保护，并支持 SSL 加密技术等。

（2）Google App Engine

Google App Engine 是一款 PaaS 服务，它主要提供一个平台以便使用户在 Google 强大的基础设施上部署和运行应用程序，同时 App Engine 会根据应用所承受的负载对应用所需的资源进行调整，免去用户对应用和服务器等的维护工作，而且支持 Java 和 Python 这两种语言。在技术上，由于 App Engine 属于 PaaS 平台，所以关于应用层的技术选择由应用的自身需求而定，与 App Engine 无关。App Engine 本身的设计主要集中在 PaaS 层、IaaS 层和云管理层。App Engine 在技术层面上的大致架构具体见图 2.8。

Google App Engine 采用的主要技术有以下几种：

① PaaS 层：既有经过定制化的应用服务器，比如 Jetty；也有基于 Memcached 的分布式缓存服务。

② IaaS 层：在分布式存储 GFS 的基础上提供了 NoSQL 数据库 BigTable，用于持久化应用数据。

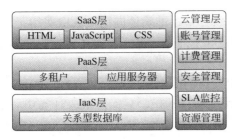

图 2.7　Salesforce CRM

图 2.8　Google App Engine

③ 云管理层：由于 App Engine 基于 Google 强大的分布式基础设施，所以它在运维管理技术方面非常出色，同时其计费管理能做到非常细粒度的 API 级计费，而且 App Engine 在 SLA 监控和资源管理这两方面都有良好的支持。

2.3　云服务

云计算使计算分布在大量的分布式计算机上，而非本地计算机或远程服务器中，企业数据中心的运行与互联网更相似。这使企业能够将资源切换到需要的应用上，根据需求访问计算机和存储系统。这种服务类型是通过将网络中的各种资源调动起来为用户服务的。

云服务让用户可以通过互联网存储和读取数据。通过"繁殖"大量创业公司，提供丰富的个性化产品，以满足市场上日益增长的个性化需求。其"繁殖"方式是为创业公司提供资金、推广、支付、物流、客服一整套服务，使自己的运营能力像水和电一样供外部随需使用。这就是云服务的商业模式。

云计算并不是一种产品，更准确地说，云计算是提供 IT 服务的一种方式，是一个逐步走向自我服务的消费模型，不管是企业内部，还是通过互联网的业务部署和使用都是透明的，付款都是基于业务消费，可实现按需支付、按需获取 IT 资源和服务的目的。虚拟化、广域化、数据集中应用、宽带设施的普及和费用的降低，促使云计算技术的实现能力和经济价值不断提高。通过云计算实现成本优化和流程效率提高的优势日益凸显，提高了市场对云服务的接受度。

2.3.1　云服务的部署模型

根据美国国家标准与技术研究院（National Institute of Standards and Technology，NIST）的定义，云计算按照部署方式可分为公有云、私有云、社区云和混合云四种云服务部署模型，不同的部署模型对基础架构提出了不同的要求，每一种都具备独特的功能，满足用户不同的要求。在正式进入云计算网络之前，必须弄清楚这几种云计算部署模型之间的不同。

（1）公有云

公有云（public cloud）由某个组织拥有，其云基础设施为公众或某个很大的业界群组提供云服务。这种模式下，应用程序、资源、存储和其他服务，都由云服务供应商提供给用户，这些服务多半都是免费的，也有部分按需、按使用量来付费，这种模式只能使用互联网来访问和使用。目前典型的公有云有 Windows Azure Platform、Amazon EC2 以及我国的阿里巴巴等。

（2）私有云

私有云（private cloud）的建设、运营和使用都在某个组织或企业内部完成，其服务的对象被限制在这个组织或企业内部，没有对外公开接口。私有云不对组织外的用户提供服务，但是私有云的设计、部署与维护可以交由组织外部的第三方完成。私有云比较适合有众多分支机构的企业或政府部门。相对于公有云，私有云部署在企业内部，其数据安全性、系统可用性都可由自己控制。

（3）社区云

社区云（community cloud）是向一群有共同目标、利益的用户群体提供服务的云计算类型。社区云的用户可能来自不同的组织或企业，因为共同的需求，如任务、安全要求、策略和准则等走到一起，社区云向这些用户提供特定的服务，满足他们的共同需求。

由大学与教育机构维护的教育云就是一个社区云业务，大学和其他教育机构将自己的资源放到平台上，向校内外的用户提供服务。

（4）混合云

混合云（hybrid cloud）是由两种或两种以上部署模式的云组成的，如公有云和私有云混合。它们相互独立，但在云的内部又相互结合，可以发挥出所混合的多种云计算模型各自的优势。

混合云服务的对象非常广，包括特定组织内部的成员以及互联网上的开发者。混合云架构中有一个统一的接口和管理平面，不同的云计算模式通过这个结构以一致的方式向最终用户提供服务。与单独的公有云、私有云或社区云相比较，混合云具有更大的灵活性和可扩展性，在应对需求的快速变化时具有无可比拟的优势。

2.3.2　云服务的类型

云计算的服务层次是根据服务类型，即服务集合来划分的。在 2.2.1 中已经介绍过，云计算服务体系结构中，按照云计算平台提供的服务种类划分为三个基本层次：基础设施层、平台层和应用层。三个层次为用户提供三种级别的服务，即基础设施即服务 IaaS、平台即服务 PaaS 和软件即服务 SaaS，如图 2.9 所示。

图 2.9　云计算的服务层次

2.4　云计算的关键技术

2.4.1　云存储

（1）云存储概念

随着信息技术和社会经济的发展进步，人们对计算能力的需求不断提高，数据的访问形式也发生了巨大的变化：从单个节点的独享访问，到集群、多机系统的共享访问；从数据的分散存储，到集中存放、统一管理；从单个数据存放节点，向数据中心发展，到建立跨城市、跨洲的数据存储和备份体系。这些变化，对传统的存储系统的体系结构、管理模式提出了挑战。云存储是一个有效解决这些挑战的途径，并且已成为数据存储领域的一个研究热点。

云存储是一种以数据存储和管理为核心，通过网络将大量异构存储设备构成存储资源池，融合分布式存储、多租户共享、数据安全、数据去重等多种云存储技术，通过统一的Web服务接口为授权用户提供灵活、透明、按需的存储资源分配的云系统。

云存储是在云计算概念上延伸和衍生出来的一个新的概念。它遵循了云计算共享基础设施的服务理念，以传统、大规模、可扩展的海量数据存储技术为基础，以高度可扩展、可靠性、可定制、动态组合和面向规模庞大的群体服务为系统目标，为用户提供高效、廉价、安全可靠、可扩展、可定制和按需使用的强大存储服务。

云存储以其独特的特点和优势，集成并突破多种传统，避免了用户进行昂贵的设备采购、支付高额的管理和维护费用，通过资源集中分配提高了资源利用率，屏蔽了海量异构数据存储管理的复杂性，增强了存储系统的可扩展性、可伸缩性、可靠性和健壮性。

云存储的主要特征为网络访问、按需分配、用户控制和标准开放。可以说，云存储为存储服务提供了更高层次的抽象，实现了操作系统和文件系统的无惯性。这些特性融合在一起，可以在整体上提供 IaaS 类型的基础设施服务。然而，大多数普通用户并不使用类似 Amazon S3 的 IaaS 云存储系统，而是使用云存储对数据进行备份、同步、归档、分级、缓存以及同一些其他类型的软件进行交互。云存储系统往往在一个云存储卷上附加了应用软件服务，从而使大多数产品符合 SaaS 服务模型。

云存储设备可以是块存储设备、文件存储设备或对象存储设备中的任何一种。块存储设备对于用户端来说相当于原始存储，可以被分区以创建卷，由操作系统来创建和管理文件系统。从存储设备的角度来看，块存储设备数据的传输单位是块。文件服务器通常采用网络附加存储（NAS）的形式，NAS 维护自己的文件系统，将存储以文件形式提供给客户。两者相比较，块存储设备能提供更快的数据传输，但客户端需要有额外的开销，而面向文件的存储设备通常比较慢，但建立链接时客户端开销较小。对象存储同时兼具块存储高速访问及文件存储分布式共享的特点。对象存储系统由元数据服务器（metadata server，MDS）、存储节点和客户端构成。元数据服务器负责管理文件的存储位置、状态等；存储节点负责文件数据的存储；客户端则负责对外接口访问。数据通路（数据读或写）和控制通路（元数据）分离，对象存储等于扁平架构分布式文件系统加上非 POSIX 访问方式，代表着存储领域未来的发展方向。

（2）云存储结构模型

云存储结构模型如图 2.10 所示。

① 存储层　存储层是云存储最基础的部分。存储设备可以是 FC 光纤通道存储设备，可以是 NAS 和 iSCSI（internet small computer system interface）等 IP 存储设备，也可以是 SCSI（small computer system interface）或 SAS（serial attached SCSI）等 DAS（direct attached storage）存储设备。云存储中的存储设备往往数量庞大且分布于不同地域，彼此之间通过广域网、互联网或者 FC 光纤通道网络连接在一起。

存储设备之上是统一存储设备管理系统，可以实现存储设备的逻辑虚拟化管理、多链路冗余管理以及硬件设备的状态监控和故障维护。

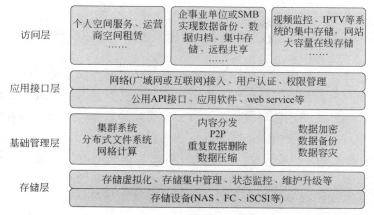

图 2.10　云存储结构模型

② 基础管理层　基础管理层是云存储最核心的部分，也是云存储中最难以实现的部分。基础管理层通过集群、分布式文件系统和网格计算等技术，实现云存储中多个存储设备之间的协同工作，使多个存储设备可以对外提供同一种服务，并提供更大、更强、更好的数据访问性能。

CDN（content delivery network）内容分发系统、数据加密技术保证云存储中的数据不会被未授权的用户所访问，同时，通过各种数据备份、容灾技术和措施，可以保证云存储中的数据不会丢失，保证云存储自身的安全和稳定。

③ 应用接口层　应用接口层是云存储最灵活多变的部分。不同的云存储运营单位可以根据实际业务类型，开发不同的应用服务接口，提供不同的应用服务。比如视频监控应用平台、IPTV 和视频点播应用平台、网络硬盘应用平台、远程数据备份应用平台等。

④ 访问层　任何一个授权用户都可以通过标准的公用应用接口来登录云存储系统，享受云存储服务。云存储运营单位不同，云存储提供的访问类型和访问手段也不同。

从用户角度来看，云存储本质上不是存储，而是服务。就如同云状的广域网和互联网一样，云存储对使用者来讲，不是指某一个具体的设备，而是指一个由许多个存储设备和服务器所构成的集合体。使用者使用云存储，并不是使用某一个存储设备，而是使用整个云存储系统带来的一种数据访问服务。

云存储的核心是应用软件与存储设备相结合，通过应用软件来实现存储设备向存储服务的转变。

（3）云存储常见的两种架构

从技术架构角度来看，也可以说云存储是一种架构，用户是否拥有或租赁了这种架构是次要的问题。从根本上，通过添加标准硬件和共享标准网络（公共互联网或私有的企业内部网）的访问，云存储技术很容易扩展云容量和性能。

云存储的架构方法分为两类：一种是通过服务来架构；另一种是通过软件或硬件设备来架构。

（4）云存储的分类

① 公共云存储　也称公有云存储，由第三方云服务供应商所拥有和运营，通过 Internet 提供其计算资源（如服务器和存储空间）。公共云存储是云存储供应商推出的付费使用的存储服务。云存储供应商建设并管理存储基础设施，集中空间来满足多用户需求，所有的组件

放置在共享的基础存储设施里，设置在用户端的防火墙外部，用户直接通过安全的互联网连接访问。在公共云存储中，通过为存储池增加服务器，可以快速、容易地实现存储空间增长。

公共云存储服务多是收费的，如亚马逊等公司都提供云存储服务，通常是根据存储空间来收取使用费。用户只需开通账号使用，不需了解任何云存储方面的软硬件知识或掌握相关技能。Microsoft Azure 是微软公司提供的公有云，微软拥有和管理云中所有硬件、软件和其他支持性基础结构，用户可使用浏览器访问这些服务和管理账户。

② 私有云存储　私有云是指专供一个企业或组织使用的云计算资源。私有云可以实际位于公司的现场数据中心之上。某些公司还向第三方服务供应商付费托管其私有云。在私有云中，在专用网络上维护服务和基础结构。私有云存储多是某一企业或社会团体独享的云存储服务。私有云存储建立在用户端的防火墙内部，并使用其所拥有或授权的硬件和软件。企业的所有数据保存在内部并且被内部 IT 员工完全掌握，这些员工可以集中存储空间来实现不同部门的访问或被企业内部的不同项目团队使用，无论其物理位置在哪。

私有云存储可由企业自行建立并管理，也可由专门的私有云服务公司根据企业的需要提供解决方案协助建立并管理。私有云存储的使用成本较高，企业需要配置专门的服务器，获得云存储系统及相关应用的使用授权，同时还需支付系统的维护费用。

③ 混合云存储　把公共云存储和私有云存储结合在一起就是混合云存储。

混合云存储把公共云存储和私有云存储整合成更具功能性的解决方案。而混合云存储的"秘诀"就是其中的连接技术。为了更加高效地连接外部云和内部云的计算和存储环境，混合云解决方案需要提供企业级的安全性、跨云平台的可管理性、负载/数据的可移植性以及互操作性。

混合云存储主要用于满足客户的访问要求，特别是需要临时配置容量时。从公共云上划出一部分容量配置一种私有云或内部云，可以帮助公司解决迅速增长的负载波动或高峰等问题。尽管如此，混合云存储带来了跨公共云和私有云分配应用的复杂性。

（5）分布式存储系统

① 分布式数据存储的概念　云计算、大数据和互联网公司的各种应用，其后台基础设施的主要目标都是构建低成本、高性能、可扩展、易应用的分布式存储系统。

云计算是一种新型的计算模式，它最主要的特征是系统拥有大规模数据集，基于该数据集，向用户提供服务。为保证高可用性、高可靠性和经济性，云计算采用分布式存储的方式来存储数据，采用冗余存储的方式来保证存储数据的可靠性，即同一份数据存储多个副本。此外，云系统需要同时满足大量用户的需求，并行地为用户提供服务。因此，云计算的数据存储技术必须具有高吞吐率和高传输率的特点。

与目前常见的集中式存储技术不同，分布式存储技术并不是将数据存储在某个或多个特定的节点上，而是通过网络使用企业中的每台机器上的磁盘空间，并利用这些分散的存储资源构成一个虚拟的存储设备，数据分散地存储在企业的各个角落。

因此，分布式存储可以定义为：大量普通 PC 服务器通过 Internet 互联，对外作为一个整体提供存储服务，这样的系统称为分布式存储系统。

分布式存储是相对于单机存储而言的，之所以要分布，是因为互联网时代信息数据大爆炸，单机已经难以满足大型应用的数据存储需求。

分布式存储系统具有成本低、可扩展、高性能、易应用等特点。分布式存储系统的关键在于数据、状态信息的持久化，也就是要求在自动迁移、自动容错、并发读写的过程中保证数据的一致性。

分布式存储系统通常通过集群方式扩展到几百甚至几千台来解决系统扩展能力，通过软件层面实现对单机服务器的硬件容错能力的提升，大大提升了整体集群的容错能力。分布式存储系统要解决的问题通常有数据分布问题、数据一致性、负载均衡问题、容错问题、事物与并发控制问题、易用性和压缩/解压缩问题。

② 分布式存储系统分类　海量的数据按照结构化程度大致可以分为结构化数据、非结构化数据、半结构化数据。结构化数据即行数据，存储在数据库里，是可以用二维表结构来逻辑表达实现的数据，如员工的基本信息。在传统数据库的结构化数据之外，那些不适宜用数据库存储和操作的数据为非结构化数据，如合约、发票、简报档案、声音、影片、图形等。半结构化数据是介于结构化数据和非结构化数据之间的数据类型，HTML 和 XML 文档就属于半结构化数据。

不同的分布式存储系统适合处理不同类型的数据，分布式存储系统分为四类：分布式文件系统、分布式键值（key-value）系统、分布式表格系统和分布式数据库。不同的数据需要用不同的分布式存储系统处理。

a．分布式文件系统。分布式文件系统用于存储 Blob 对象，典型的系统有 Facebook Haystack 以及 Taobao File System（TFS）。分布式文件系统是分布式存储的基石，通常作为上层系统的底层存储。

总体上看，分布式文件系统存储三种类型的数据：Blob 对象、定长块以及大文件。在系统实现层面，分布式文件系统内部按照组块（chunk）来组织数据，每个 chunk 的大小大致相同，每个 chunk 可以包含多个 Blob 对象或者定长块，一个大文件也可以拆分为多个 chunk。

b．分布式键值系统。分布式键值系统用于存储关系简单的半结构化数据，它只提供基于主键的 CRUD（create/read/update/delete）功能。

典型的系统有 Amazon Dynamo 以及 Taobao Tair。从数据结构的角度看，分布式键值系统与传统的哈希表比较类似；不同的是，分布式键值系统支持将数据分布到集群中的多个存储节点。分布式键值系统是分布式表格系统的一种简化实现，一般用作缓存，比如 Tabao Tair 以及 Memcache。一致性哈希算法是分布式键值系统中常用的数据分布技术。

c．分布式表格系统。分布式表格系统用于存储关系较为复杂的半结构化数据。分布式表格系统以表格为单位组织数据，每个表格包括很多行，通过主键标识一行，支持根据主键的 CRUD 功能以及范围查找功能。

典型的系统包括 Google Bigtable 以及 Megastore、Microsoft Azure Table Storage、Amazon DynamoDB 等。在分布式表格系统中，同一个表格的多个数据行也不要求包含相同类型的列。

d．分布式数据库。分布式数据库一般是从单机关系数据库扩展而来的，用于存储结构化数据。分布式数据库采用二维表格组织数据，提供结构化查询语言，支持多表关联、嵌套子查询等复杂操作，并提供数据库事务以及并发控制。

典型的系统包括 MySQL 数据库分片集群、Amazon RDS 以及 Microsoft SQL Azure。分布式数据库支持的功能最为丰富，符合用户使用习惯，但可扩展性往往受到限制。当然，这一点并不是绝对的。Google Spanner 的扩展性就达到了全球级，它不仅支持丰富的关系数据库功能，还能扩展到多个数据中心的成千上万台机器。除此之外，阿里巴巴 OceanBase 也是一个支持自动扩展的分布式关系数据库。

2.4.2 虚拟化

（1）虚拟化概述

虚拟化并不是一件新事物，在 20 世纪 40 年代就已经出现了，它的含义随领域和场景而改变，在计算机的发展中一直扮演着重要角色。为了共享早期价格昂贵的大型计算机，IBM 公司在 1965 年设计的 System/360 Model 40 VM 中已经出现了虚拟机概念，即通过分时（time-sharing）技术来共享大型机，允许多个用户同时使用一台大型机运行多个单用户操作系统。其后，为了让程序员不必考虑物理内存的细节，操作系统中出现了虚拟内存技术。随着软件危机的到来，为了实现程序设计语言的跨平台性，出现了 Java 语言虚拟机和微软的公共语言运行库（common language runtime，CLR）。在存储领域，虚拟化更是贯穿其中。但今天我们所熟知的虚拟化往往指的是系统虚拟化，即虚拟化的粒度是整个计算机，也就是虚拟机。

虚拟机的概念虽然早就出现了，但是直到 20 世纪 90 年代，虚拟机技术才开始再次得到重视和发展。随着小型机和微机系统硬件性能的不断进步，PC 的硬件已经能够支撑多个操作系统同时运行。

虚拟化是一个广义的术语，在计算机方面通常是指计算元件在虚拟的基础上而不是真实的基础上运行，是一个为了简化管理、优化资源的解决方案。如同空旷、通透的写字楼，整个楼层没有固定的墙壁，用户可以用同样的成本构建出更加自主适用的办公空间，进而节省成本，发挥空间最大利用率。这种把有限、固定的资源根据不同需求进行重新规划以达到最大利用率的思路，在 IT 领域称为虚拟化技术。虚拟化技术可以扩大硬件的容量、简化软件的重新配置过程。CPU 的虚拟化技术可以单 CPU 模拟多 CPU 并行，允许一个平台同时运行多个操作系统，并且应用程序都可以在相互独立的空间运行而互不影响，从而显著提高计算机的工作效率。

（2）虚拟化的分类

虚拟化是物理资源抽象化后的逻辑表示，它消除了原有物理资源之间的界限，以一种同质化的视角看待资源。

① 根据虚拟化的形式可以分为聚合、拆分和仿真三种虚拟化形式。

a. 聚合虚拟化将多份资源抽象为一份，如磁盘阵列技术（redundant array of inexpensive disks，RAID）和集群。

b. 拆分虚拟化可以通过空间分割、分时和模拟将一份资源抽象为多份，如虚拟机、虚拟内存等。

c. 仿真虚拟化即仿真另一个环境、产品或者功能，就像硬件虚拟化能够提供虚拟硬件和特定的仿真设备。

② 根据虚拟化的对象可以分为存储虚拟化、系统虚拟化和网络虚拟化。

a. 存储虚拟化将物理上分散的存储设备整合为一个统一的逻辑视图，方便用户访问，提高文件管理的效率。存储虚拟化分为基于存储设备的存储虚拟化和基于网络的存储虚拟化两种主要形式。磁盘阵列技术是基于存储设备的存储虚拟化的典型代表，该技术将多块物理磁盘组合成为磁盘阵列，用廉价的硬盘设备组成了一个统一、高性能的容错存储空间。网络附加存储（network attached storage，NAS）和存储区域网格（storage area network，SAN）则是基于网络的存储虚拟化技术的典型代表。网络的存储虚拟化指存储设备和系统通过网络连接起来，用户在访问数据时并不知道其真实的物理位置，管理员能够在单个控制台管理分散在不同位置的异构设备上的数据。

b．系统虚拟化。系统虚拟化目前已得到广泛应用，尤其是在服务器上，可以通过系统虚拟化在一台物理服务器上虚拟出数台相互隔离的虚拟服务器，这些虚拟服务器共享物理服务器上的 CPU、硬盘、I/O 接口、内存等资源，提高了服务器资源的利用率。这种情况也称为"一虚多"。与"一虚多"对应的是"多虚一"，即多台物理服务器虚拟为一台逻辑服务器，多台物理服务器相互协作，共同完成一个任务。除此之外，还有"多虚多"，即先把多台物理服务器虚拟为一台逻辑服务器，然后再将其划分为多个虚拟环境，同时运行多个业务。

c．网络虚拟化，是指将网络的硬件和软件资源整合，向用户提供虚拟网络连接的技术。网络虚拟化通常包括虚拟局域网（virtual LAN，VLAN）和虚拟专用网（virtual private network，VPN）两种方式。在局域网络虚拟化中，多个物理局域网被组合成一个虚拟局域网，或者一个物理局域网被分割为多个虚拟局域网，使得虚拟局域网中的通信类似物理局域网的方式，对用户透明。通过这种方法可以提高大型企业自用网络或者数据中心内部网络的使用效率。虚拟专用网属于广域网的虚拟化，通过抽象化网络连接，使得远程用户可以以虚拟连接的方式随时随地访问组织内部的网络，就像物理连接到网络一样。同时，用户能够快速、安全地访问应用程序和数据。虚拟专用网可以保证外部网络连接的安全性与私密性，目前在大量的办公环境中都有使用，成为移动办公的重要支撑技术。

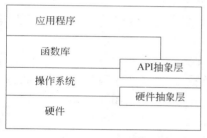

图2.11　计算机系统的各个抽象层次

③ 根据虚拟层次进行分类。分层是计算机体系结构的一个特点，计算机系统的各个抽象层次如图2.11所示。系统中的每一层都为上一层提供一个抽象的接口，提供服务。而上层只需通过接口调用下层提供的服务，不必了解下层的内部结构。虚拟化可以发生在各个层次之间，由下层提供虚拟化接口供上层使用。根据所在层次，虚拟化可以分为四种类型：硬件与操作系统间的虚拟化、操作系统和用户之间的虚拟化、基于库函数的虚拟化和基于编程语言的虚拟化。

（3）云计算与虚拟化

云计算是并行计算、分布式计算、网格计算的发展延伸，它将虚拟化、公共计算、IaaS、PaaS 和 SaaS 等概念加以融合，形成了一个新的框架。云计算的思想和网格计算不同，前者的目标是资源集中管理和分散使用，而网格计算的思想是将分散的资源集中使用。云计算在服务器端集中提供计算资源，为了节约成本，发挥空间的最大利用率，就要借助虚拟化技术构建资源池。

虚拟化技术是云计算的基础和重要组成部分，它为云计算提供自适应、自管理的灵活基础结构。通过虚拟化技术，可以扩大硬件的逻辑容量，简化软件的配置过程。云计算在此基础上为不同用户分配逻辑资源，提供相互隔离、安全可信的工作环境，并实现各种工作模式的快速部署。

虚拟化是一个层次接口抽象、封装和标准化的过程，在封装的过程中虚拟化技术会屏蔽硬件在物理上的差异性，比如型号差别、容量差别、接口差别等。这样，硬件资源经由虚拟化处理后以一种标准化、一致性的操作界面呈现给上层。这样在硬件上部署虚拟化产品后，上层的业务就可以摆脱和硬件细节相耦合的设计。但是，虚拟化不是万能的，它不负责解决计算问题，它往往仅和硬件结合在一起，对本地物理资源进行资源池构建。

总的来说，虚拟化是云计算框架中的重要组成部分，它负责对标准硬件设备进行一致性接口封装和资源分配，具有集中部署、接口统一的优点，在系统结构上对上层隐藏下层的细节，消除上下层之间的过度耦合。

（4）虚拟化技术

虚拟化技术到底是什么？其实广义上来说，虚拟化技术就是通过映射或抽象的方式屏蔽物理设备复杂性，增加一个管理层面，激活一种资源并使之更易于透明控制。它可以有效简化基础设施的管理，提高 IT 资源的利用率和能力。

① 存储虚拟化　存储虚拟化是一种贯穿于整个 IT 环境、用于简化本来可能会相对复杂的底层基础架构的技术。存储虚拟化的思想是将资源的逻辑映像与物理存储分开，从而为系统和管理员提供一幅简化、无缝的资源虚拟视图。

对于用户来说，虚拟化的存储资源就像是一个巨大的"存储池"，用户不会看到具体的磁盘、磁带，也不必关心自己的数据经过哪一条路径通往哪一个具体的存储设备。

从管理的角度来看，虚拟存储池采取集中化的管理，并根据具体的需求把存储资源动态地分配给各个应用。特别值得指出的是，利用虚拟化技术，可以用磁盘阵列模拟磁带库，为应用提供速度像磁盘一样快、容量却像磁带库一样大的存储资源，这就是当今应用越来越广泛的虚拟磁带库（virtual tape library，VTL），该技术在当今企业存储系统中扮演着越来越重要的角色。

将存储作为池子，存储空间如同一个流动的池子里的水一样，可以任意地根据需要进行分配。

② 系统虚拟化　系统虚拟化是指在一台物理计算机系统上虚拟出一台或多台虚拟计算机系统。虚拟计算机系统（简称虚拟机）是指使用虚拟化技术运行在一个隔离环境中的、具有完整硬件功能的逻辑计算机系统，包括操作系统和应用程序。一台虚拟机中可以安装多个不同的操作系统，并且这些操作系统之间相互独立。虚拟机和物理计算机系统可以有不同的指令集架构，这样会使虚拟机上的每一条指令都在物理计算机上模拟执行。显而易见，这会导致性能低下。所以，一般使虚拟机的指令集架构与物理计算机系统相同。这样大部分指令都会在处理器上直接运行，只有那些需要虚拟化的指令才会在虚拟机上运行。

③ 桌面虚拟化　桌面虚拟化是指将计算机的终端系统（也称作桌面）进行虚拟化，以达到桌面使用的安全性和灵活性。可以通过任何设备、在任何地点和任何时间通过网络访问属于用户个人的桌面系统。桌面虚拟化主要有以下几种主流技术：

a. 通过远程登录的方式使用服务器上的桌面。典型的有 Windows 下的 Remote Desktop、Linux 下的 Xserver 和 VNC（Virtual Network Computing）。其特点是所有的软件都运行在服务器端。在服务器端运行的是完整的操作系统，客户端只需运行一个远程的登录界面，登录到服务器，就能够看到桌面，并运行远程的程序。

b. 通过网络服务器的方式，运行改写过的桌面。典型的有 Google 上面的 Office 软件或者浏览器里面的桌面。这些软件通过对原来的桌面软件进行重写，从而能够在浏览器里运行完整的桌面或者程序。由于软件是重写的，并且运行在浏览器中，这就不可避免造成一些功能的缺失。实际上，通过这种方式是可以运行桌面软件的大部分功能的，随着 SaaS 的发展，这种软件的应用范围也会越来越广泛。

c. 通过应用层虚拟化的方式提供桌面虚拟化，通过软件打包的方式，将软件在需要的时候推送到用户的桌面，在不需要的时候收回，可以减少软件许可的使用。

④ 应用虚拟化　应用虚拟化是将应用程序与操作系统解耦合，为应用程序提供了一个虚拟的运行环境。在这个环境中，不仅包括应用程序的可执行文件，还包括它所需要的运行环境。从本质上说，应用虚拟化是把应用对底层的系统和硬件的依赖抽象出来，可以解决版本不兼容的问题。

应用虚拟化的技术原理是基于应用/服务器计算 A/S 架构，采用类似虚拟终端的技术，把应用程序的人机交互逻辑（应用程序界面、键盘及鼠标的操作、音频输入/输出、读卡器、打印输出等）与计算逻辑隔离开来。在用户访问一个服务器虚拟化后的应用时，用户计算机只需要把人机交互逻辑传送到服务器端，服务器端为用户开设独立的会话空间，应用程序的计算逻辑在这个会话空间中运行，把变化后的人机交互逻辑传送给客户端，并且在客户端相应设备上展示出来，从而使用户获得如同运行本地应用程序一样的访问感受。

2.5　云安全

2.5.1　云安全概述

（1）云安全的定义

云安全是指基于云计算商业模式应用的安全软件、硬件、用户、机构、安全云平台的总称。云安全通过网状的大量客户端对网络中软件的行为进行监测，获取互联网中木马、恶意程序的最新信息，并发送到 Server 端进行自动分析和处理，再把病毒和木马的解决方案分发到每一个客户端。

云计算的安全问题无疑是云计算应用中的瓶颈。云计算拥有庞大的计算能力与丰富的计算资源，但越来越多的恶意攻击者正在利用云计算服务实施恶意攻击。对于恶意攻击者，云计算扩展了其攻击能力与攻击范围。首先，云计算的强大计算能力让密码破解变得简单、快速。同时，云计算中的海量资源给了恶意软件更多的传播机会。其次，在云计算内部，云端聚集了大量用户数据，虽然利用虚拟机予以隔离，但对恶意攻击者而言，云端数据依然是极其诱人的"超级大蛋糕"。一旦虚拟防火墙被攻破，就会诱发连锁反应，所有存储在云端的数据都面临被窃取的威胁。最后，数据迁移技术在云端的应用也给恶意攻击者以窃取用户数据的机会。恶意攻击者可以冒充合法数据，进驻云端，挖掘其所处存储区域中前一用户的残留数据痕迹。

云计算在改变信息技术世界的同时也在催发新的安全威胁。云计算给人们带来更多的便利，也给恶意攻击者更多发动攻击的机会。云安全既是一个传统课题，又因为云的特性增加了很多新的挑战。

（2）云安全的产生及原理

在互联网普及前，计算机安全问题基本局限在单机范畴，传统安全厂商也主要做单机版杀毒软件，对付病毒的方法都是依靠"杀毒引擎+特征码"的"事后查杀"模式。反病毒行业目前一直沿用的方法是：发现病毒后，由反病毒公司的工程师解析病毒样本，然后将针对该样本的病毒码上传到病毒库中，用户通过定时或者手动更新病毒库来获得杀毒软件的升级保护。但这样的传统杀毒方式，病毒码更新起来比较麻烦，用户每天升级杀毒软件也比较耗费内存和带宽，很多人对此很反感。此外，日益发展的大量病毒变种，使得标准样本收集、特征码创建以及部署不再能充分发挥效用。

另外，继续使用特征码防护机制面临的最大问题之一，是存在防护时间差的问题。一般来说，从一个病毒出现到被识别、分析、加入病毒特征码库，再到最终传送给用户计算机，通常要花费24~72小时。个人用户和机构用户在等待升级病毒库的这段时间中，他们的终端计算机将会暴露在安全威胁之下，很容易受到攻击。

起初病毒的设计是为了尽可能快速地进行传播，因此很容易找到。随着网络威胁的涌现，恶意软件已经从"爆发"式发展到隐蔽的"睡眠"式感染，让传统的保护技术更加难以探测。对于小规模、特定范围传播的病毒（这是计算机病毒发展的最新趋势），反病毒软件公司可能没有得到病毒样本，因此也无法提供特征代码。那么，对于这些病毒，反病毒软件就无法检测到。即使反病毒软件公司提供特征代码，那也是在病毒传播一段时间之后了，这段时间里，用户也是不被保护的。

从安全防御机构的角度来说，如果依然沿袭以往的反病毒模式，安全机构依靠自身部署的有限地域、有限数量的恶意软件采集能力，无法在小规模爆发的恶意软件变成大规模的破坏前及时地采集、分析并提出处理措施，从而远远落在攻击者的脚步之后。若基于"云安全"的网络协作模式，便能够让每一台客户计算机都变成安全机构的智能恶意软件监测站，利用其主动防御技术及时发现和提交"可疑的恶意软件"，从而组成一个遍及各领域甚至全球的庞大恶意软件监测网络，大幅度提高安全机构的安全信息总量和反应速度，使其基于"特征码比对"或基于"行为模式分析"的解决方案的精确度大幅度提高。

"云计算"实现的安全，或称"云安全"，来源于其"云网络，瘦客户"的新型计算模型。如图2.12所示，云安全模式将大量的计算资源放置在网络中，通过分布处理、并行处理及网格计算经网络接口分享给客户，让庞大的服务器端（即"云端"）承担大规模集中信息采集、处理、计算、存储、分析、检测和监测工作，甚至直接在云内将大部分

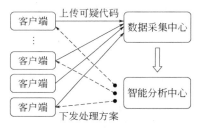

图2.12 云安全模式

流动的攻击行为阻断掉，而只让客户端承担提交"潜在恶意软件"和执行最终的"清除、隔离还是放行"的简单任务。客户端防护软件将不再需要设计得庞大而全面，不再占据系统过多的计算和存储资源。当然，对网络资源的使用是必需的。从客户的角度而言，这种"提供强大靠山"的新型方式大大简化了客户端工作量，使普通客户端告别了原本安全信息不对等的弱势局面，将实时更新的强大入侵监测和分析能力"推送"到了每一台客户计算机。

引入"云计算"架构后，杀毒行业真正实现了从杀毒到防毒的改变。把病毒码放到服务器的"云端"，服务器集群遇到进入用户终端的病毒码时可以自动查杀，这样就可以使用户终端变得很轻松，不用每天升级，也不必再因为杀毒软件而占用内存和带宽。不再等到用户中毒之后解决，而是预防。趋势、熊猫、瑞星、赛门铁克等杀毒厂商目前都在部署自己的云计算机架构，用以组成"云端"的服务器集群从数百台到上万台不等。在未来，用户只要安装了某一款接入"云端"的杀毒软件，在上网时，服务器端就会根据已经预存的海量病毒库来判别恶意网页行为，甚至木马程序，并自动为用户清除。

一旦出现了新的病毒，且服务器"云端"的数据库中此前没有该病毒码，云计算不再依靠某一公司的工程师们加班加点地去分析，而是根据事先设定好的数十项衡量标准对这种网页新行为进行测评，如果发现某一代码行为异常，则立即截断其来回反馈的通道，不让它进

入用户终端，直接在半路上查杀。

（3）云安全的本质

人们常把云计算服务比喻成自来水公司提供的供水服务。原来每个家庭和单位自己挖水井、修水塔，自己负责水的安全问题，比如避免受到污染、防止别人偷水等。从这个比喻已可窥见云计算的本质：云计算只不过是服务方式的改变。自行开发程序服务于本单位和个人，是一种服务方式；委托专业的软件公司开发软件满足自身的需求也是一种服务方式；随时随地享受云中提供的服务，而不关心云的位置和实现途径，是一种到目前为止最高级的服务方式。

从这个比喻当中还可看出云安全的本质：就像天天使用的自来水一样，用户究竟要关心什么安全问题呢？第一，关心自来水公司提供的水是否安全。自来水公司必然会承诺水的质量，并采取相应的措施来保证水的安全。第二，用户本身也要提高水的使用安全性。自来水有多种，有仅供洗浴的热水，有供打扫卫生的中水，有供饮用的水等。比如不能饮用中水，要将水烧开再用而不能直接饮用，这些安全问题都靠用户自己来解决。第三，关于费用的安全问题。用户担心会把别人的水费记到自己的账单上来，担心自来水公司多收钱。

和自来水供应一样，云计算的安全问题也大致分为以下几个方面：第一，云计算的服务供应商，他们的网络是安全的吗？有没有别人闯进去盗用账号？他们提供的存储是安全的吗？会不会造成数据泄密？这些都是需要云计算供应商们解决、向客户承诺的问题。就像自来水公司要按照国家法规生产水一样，也需要国家出台相应的法规来约束云计算服务供应商的行为和技术。第二，客户在使用云计算提供的服务时也要注意，在云计算供应商的安全性和自己数据的安全性之间进行平衡，太重要的数据不要放到云里，而是藏在自己的"保险柜"中，或将其加密后再放到云中，只有自己才能解密数据，将安全性的主动权牢牢掌握在自己手中，而不是依赖于服务供应商的承诺和他们的措施。第三，客户要保管好自己的账户，防止他人盗取账号使用云中的服务而造成损失。

不难看出，云计算所采用的技术和服务同样可以被黑客利用来发送垃圾邮件，或者发起针对下载、数据上传统计、恶意代码监测等的更为高级的恶意程序攻击。所以，云计算的安全技术和传统的安全技术一样：云计算供应商需要采用防火墙来保证不被非法访问；使用杀毒软件保证其内部的机器不被感染；用入侵检测和防御设备防止黑客的入侵；用户采用数据加密、文件内容过滤等措施防止敏感数据存放在相对不安全的云里。

与传统安全不一样的是，随着服务方式的改变，在云计算时代，安全设备和安全措施的部署位置有所不同，安全责任的主体发生了变化。在自家掘井自己饮用的年代，水的安全性由自己负责；在自来水时代，水的安全性由自来水公司做出承诺，客户只须在使用水的过程中注意安全问题即可。原来，用户自己要保证服务的安全性，现在由云计算供应商来保证服务的安全性。

（4）云安全的特点

针对云计算服务模式和资源池的特征，云安全继承了传统信息安全的特点，更凸显了传统信息安全在数据管理、共享虚拟安全、安全管理等方面的问题，同时改变了传统信息安全的服务模式，其特点主要包括以下几个方面。

① 共享虚拟安全　在云计算中心，虚拟化技术是实现资源分配和服务提供的最基础和最核心的技术。通过虚拟化技术，将不同的硬件、软件、网络等资源虚拟为一个巨大的资源池，根据用户的需求，动态提供所需的资源。因此，虚拟化技术的安全性在云中显得格外重要。关于虚拟机的安全，除了传统上虚拟机监督程序的安全性以及虚拟机中恶意软件等造成

的安全问题和隐私泄露之外，虚拟化技术本身的安全问题在云中也显得非常重要，而且这其中许多问题在云计算之前并未得到人们的重视。在云中，一台物理服务器通常会运行多台虚拟机，并为多个用户提供服务。这些用户共享同一物理设备，这就为攻击者提供了发起攻击的可能性。此外，资源的动态分配使得云中虚拟机的迁移成为普遍现象，而针对虚拟机迁移的迁移攻击也成为云中不可忽视的安全问题。需要从多个层面和角度考虑虚拟化的安全，才能够确保云计算平台的虚拟化安全。

②　数据失控挑战　在云计算应用中，用户将数据存放在远程的云计算中心，失去了对数据的物理控制，数据安全与隐私的保护完全由云计算供应商提供。这一特性使得云计算供应商即使声明了其提供的安全性，也无法说服用户完全地信任云。相比于传统的客户/服务器模式，用户对云的依赖性更高，所有操作均放在云端执行。因此，在云计算中，我们面临着如何使用户信任云，如何在不能完全信任的平台仍然进行存储和计算，是否能够检验数据受到了保护，是否正确执行计算任务的问题。云计算中心通常都会向用户声明其提供的安全性，使用户能够放心使用其提供的服务，然而如何验证其是否提供了声明的安全服务是用户能否信任云的关键。因此通过技术手段使用户确信其数据和计算是安全、保密的，对打消用户对云计算安全与隐私问题的顾虑有着极大的帮助。

③　安全即服务模式　云计算作为一种新的模式，虽然带来了一些新的安全威胁，但也为传统信息安全与隐私问题的解决提供了新的途径。在云计算之前，敏感数据大量分散在网络中，许多站点并没有很好的措施保障数据的安全，容易造成数据泄露。而利用云计算强大的计算与存储能力，可以将安全以服务的形式（安全即服务）提供给用户，使用户能够随时使用到更好、更安全的服务。安全即服务可以在反病毒、防火墙、安全检测和数据安全等多个方面为用户提供服务，实现安全服务的专业化、社会化。云安全服务中心可以通过搭建信息安全服务平台，集中对信息安全的相关威胁进行处理，能够及时为用户提供良好的安全保护。

2.5.2　云安全技术

（1）云安全的关键技术

基于信誉的安全技术补充了传统安全技术的不足，通过收集匿名用户使用情况的样本，从而辨别 URI/Web/邮件/文件安全与否。技术的核心集中在如何凭借指定 URI/Web/邮件/文件的部分使用情况信息来辨别该 URI/Web/邮件/文件是否安全。基于信誉的安全技术充分利用多方数据资源，包括由数亿用户计算机提供的匿名数据、软件发行商提供的数据以及在针对大型企业用户发起的数据收集项目中获得的数据。这些数据会持续不断地更新到信誉引擎，以此确定每一 URI/Web/邮件/文件的安全信誉等级，不需要对该URI/Web/邮件/文件进行扫描。从技术实现的角度而言，"云安全"全球化的信息采集和分析模式使其可以采用新的防御模式和技术，主要归纳为以下几点：

①　双向自动反馈机制　"云计算"防恶意软件技术不再需要客户端保留恶意软件特征库，所有的信息都将存于互联网中。当全球任何角落的终端用户连接到互联网后，与"云端"的服务器保持实时联络，当发现异常行为或恶意软件等风险后，将其自动提交到"云端"的服务器群组中，由"云计算"技术进行集中分析和处理。之后，"云计算"技术会生成一份对风险的处理意见，同时对全世界的客户端进行统一分发。客户端可以自动进行阻断拦截、查杀等操作。将恶意软件特征库放置于"云"中，不但可以节省因恶意软件不断泛滥而造成的软硬件资源开支，而且还能获得更加高效的恶意软件防范能力。

② 根据资源的 URL 地址来判断风险程度　"云安全"可以从整个互联网上收集源信息，判断用户的互联网搜索、访问、应用的对象是不是恶意信息。这种模式与病毒代码的比对不同，病毒代码是用特征码进行识别。传统病毒代码分析依靠大量人工，而"云安全"则利用基于历史用户反馈的统计学分析方式，不停地对互联网进行判断。只要全球范围内有 1% 的用户提交需求给"云端"服务器，15 分钟之后，全球的"云安全"库就会对该 URL 的访问行为进行策略控制。

③ Web 信誉服务　借助全球域信誉数据库，Web 信誉服务按照恶意软件行为分析所发现的网站页面、历史位置变化和可疑活动迹象等因素来指定信誉分数，从而追踪网页的可信度。然后通过该技术继续扫描网站并防止用户访问被感染的网站。为了提高准确性，降低误报率，Web 信誉服务为网站的特定网页或链接指定信誉分值，而不是对整个网站进行分类或拦截，因为通常合法网站只有一部分受到攻击。信誉可以随时间而不断变化，通过信誉分值的比对，就可以知道某个网站潜在的风险级别。当用户访问具有潜在风险的网站时，可以及时获得系统提醒或阻止，从而快速地确认目标网站的安全性。通过 Web 信誉服务，可以防范恶意程序源头。由于对"零日攻击"的防范是基于网站的可信度而不是真正的内容，因此能有效预防恶意软件的初始下载，用户进入网络前就能够获得防护能力。

④ 电子邮件信誉服务　电子邮件信誉服务按照已知垃圾邮件来源的信誉数据库检查 IP 地址，同时利用可以实时评估电子邮件发送者信誉的动态服务对 IP 地址进行验证。通过对 IP 地址的行为、活动范围以及历史的不断分析，细化信誉评分。通过分析发送者的 IP 地址，恶意电子邮件在"云"中即被拦截，从而防止僵尸或僵尸网络等 Web 威胁到达网络或用户的计算机。

⑤ 文件信誉服务　文件信誉服务技术可以检查位于端点、服务器或网关处的每个文件的信誉。检查的依据包括已知的良性文件清单和已知的恶性文件清单，即现在所谓的防病毒特征码。高性能的内容分发网络和本地缓冲服务器将确保在检查过程中使延迟时间降到最低。此外，与占用端点空间的传统防病毒特征码文件下载相比，这种方法降低了端点内存和系统消耗。

⑥ 行为关联分析技术　利用行为分析的相关性技术把威胁活动综合联系起来，确定其是否属于恶意行为。按照启发式观点来判断 Web 威胁的单一活动是否实际存在威胁，可以检查有潜在威胁的不同组件之间的相互关系。来自世界各地的研究将补充客户端反馈内容，通过全天候威胁监控和攻击防御，以探测、预防并清除攻击，综合应用各种技术和数据收集方式，包括蜜罐、网络爬行器、反馈以及内部研究，获得关于最新威胁的各种情报。

（2）云安全的策略、方法与实践

云计算安全是云计算供应商和云计算用户共同的责任，但两者之间的界限有些模糊，这个界限直接取决于所应用的云计算模式的类型。云计算有三种云服务模式：IaaS、PaaS、SaaS。这三类云计算服务具有自身特点，且用户对云计算资源的控制能力不同，这使得云服务供应商和云用户各自承担的安全角色、职责也有所不同。在云计算应用中，为了避免服务纠纷，有必要对云服务供应商与用户进行各自的责任划分与界定。

① IaaS 安全策略与实践　IaaS 云服务供应商主要负责为用户提供基础设施服务，如提供包括服务器、存储、网络和管理工具在内的虚拟数据中心，云计算基础设施的可靠性、物理安全、网络安全、信息存储安全、系统安全是其基本职责范畴，也包括虚拟机的入侵检测、完整性保护等；而云计算用户则需要负责其购买的虚拟基础设施以上层面的所有安全问题，

如自身操作系统、应用程序的安全等。

② PaaS 安全策略与实践　PaaS 云服务供应商主要负责为用户提供简化的分布式软件开发、测试和部署环境，云服务供应商除了负责底层基础设施安全外，还需解决应用接口安全、数据与计算可用性等；而云计算用户则需要负责操作系统或应用环境之上的应用服务的安全。

PaaS 云提供给用户的能力是在云基础设施之上部署用户创建或采购的应用，这些应用使用服务商支持的编程语言或开发工具，用户并不管理或控制底层的云基础设施，包括网络、服务器、操作系统或存储等，但是可以控制部署的应用以及应用主机的某个环境配置。

③ SaaS 安全策略与实践　SaaS 云服务供应商需保障其所提供的 SaaS 服务从基础设施到应用层的整体安全；云计算用户则需维护与自身相关的信息安全，如身份认证账号、密码的防泄露等。

SaaS 云提供给用户的能力是使用服务商运行在云基础设施之上的应用，用户使用各种客户端设备通过浏览器来访问应用。

2.5.3　云安全问题及研究

（1）云计算的安全问题

① 云计算资源的滥用　由于通过云计算服务可以用极低的成本轻易取得大量计算资源，于是有黑客利用云计算资源进行滥发垃圾邮件、破解密码及作为僵尸网络控制主机等恶意行为。滥用云计算资源的行为，极有可能造成云服务供应商的网络地址被列入黑名单，导致其他用户无法正常访问云端资源。例如，亚马逊 EC2 云服务曾遭到滥用，而被第三方列入黑名单，导致服务中断。之后，亚马逊改用申请制度，对通过审查的用户解除发信限制。此外，云计算资源遭滥用成为网络犯罪工具后，执法机关介入调查时，为保全证据，有可能导致对其他用户的服务中断。例如，2009 年 4 月，美国 FBI 在得克萨斯州调查一起网络犯罪时，查扣了一家数据中心的计算机设备，导致该数据中心许多用户的服务中断。

② 云计算环境的安全保护　当云服务供应商某一服务或客户网络遭到入侵，导致资料被窃取时，极有可能会影响到同一供应商其他客户的商誉，使得其他客户的终端用户不敢使用该客户提供的服务。此外，云服务供应商拥有许多客户，这些客户可能彼此间有竞争关系，从而引发利用在同一云计算环境之便窃取竞争对手机密资料的问题。

另一个在国内较少被讨论的云安全问题是，在多用户环境中，用户的活动特征亦有可能成为泄密的渠道。2009 年，在 ACM 上发表的一份研究报告指出：在同一物理服务器上，攻击者可以对目标虚拟机发动 SSH 按键时序攻击。

以上安全问题的对策，有赖于云服务供应商对云计算环境中的系统与数据的有效隔离。但不幸的是，大多数的云服务供应商都有免责条款，不保证系统安全，并要求用户自行承担安全维护的责任。

③ 云服务供应商信任问题　传统数据中心的环境中，员工泄密时有所闻，同样的问题也极有可能发生在云计算的环境中。此外，云服务供应商可能同时经营多项业务，在一些业务和计划开拓的市场上甚至可能与客户具有竞争关系，其中可能存在着巨大的利益冲突，这将大幅增加云服务供应商内部员工窃取客户资料的动机。此外，某些云服务供应商对客户知识产权的保护是有所限制的。选择云服务供应商时，除了应避免竞争关系外，亦应审慎阅读云服务供应商提供的合约内容。此外，一些云服务供应商所在国家的法律规定，允许执法机关未经客户授权，直接对数据中心内的资料进行调查，这也是选择云服务供应商时

必须注意的。

④ 双向及多方审计　其实问题①到③都与审计有关。然而，在云计算环境中，涉及供应商与用户间双向审计的问题，远比传统数据中心的审计来得复杂。国内对云计算审计的讨论，很多都集中在用户对云服务供应商的审计。而在云计算环境中，云服务供应商也必须对用户进行审计，以保护其他用户及自身的商誉。此外，在某些安全事故中，审计对象可能涉及多个用户，复杂程度更高。为维护审计结果的公信力，审计行为可能由独立的第三方执行，云服务供应商应记录并维护审计过程所有稽核轨迹。如何有效地进行双向及多方审计，仍是云安全中重要的讨论议题。

⑤ 系统与数据备份　很多人都这样认为：云服务供应商已做好完善的灾备措施，并且具有持续提供服务的能力。事实上，已有许多云服务供应商因网络、安全事故或犯罪调查等原因中断服务。此外，云服务供应商亦有可能因为经营不善而无法继续提供服务。面对诸如此类的安全问题，用户必须考虑数据备份计划。

另外一个值得注意的问题是，当不再使用某一云服务供应商的服务时，如何能确保相关的数据，尤其是备份数据已被完整删除，这是对用户数据隐私保护的极大挑战。这有赖于供应商完善的安全管理及审计制度。

（2）云安全的研究

云计算安全主要研究如何保障云计算应用的安全，包括云计算平台系统安全、用户数据安全存储与隔离、用户接入认证、信息传输安全、网络攻击防护及合规审计等多个层面。

① 网络安全设备、安全基础设施的"云化"　网络安全设备的"云化"是指通过采用云计算的虚拟化和分布式处理技术，实现安全系统资源的虚拟化和池化，有效提高资源利用率，增加安全系统的弹性，提升威胁响应速率和防护处理能力，其研究主体是传统网络信息安全设备厂商。

对于云安全供应商或电信运营商来说，其主要研究领域是如何实现安全基础设施的"云化"从而提升网络安全运营水平，主要研究方向是采用云计算技术及理念新建、整合安全系统等安全基础设施资源，优化安全防护机制。例如通过云计算技术构建的超大规模安全事件、信息采集与处理平台，可实现对海量信息的采集、关联分析，提高全网安全态势把控能力、风险控制能力等。

② 云安全服务　云安全服务是云计算应用的一个分支，主要基于云安全业务平台，为客户提供安全服务。云安全服务可提供比传统安全业务可靠性、性价比更高的弹性安全服务，同时降低了客户使用安全服务的门槛，使用户可根据自身安全需求，按需订购服务内容。云安全业务按其服务模式可分为两类。若该服务直接向客户提供，则属于 SaaS 业务；若作为一种能力开放给第三方或上两层应用，则可归类为 PaaS 业务。

（3）云安全的发展趋势

云安全通过大量客户端对网络中软件的异常行为进行监测，获取互联网中木马、恶意程序的最新信息，将其推送到服务端进行自动分析和处理，再把病毒和木马的解决方案分发到每一个客户端。云安全的策略构想是：使用者越多，每个使用者就越安全，因为如此庞大的用户群，足以覆盖互联网的每个角落，只要某个网站被"挂马"或出现某个新木马病毒，就会立刻被截获。

云安全的发展像一阵风，瑞星、趋势科技、卡巴斯基、McAfee、Symantec、江民科技、Panda、金山、360 安全卫士、卡卡上网安全助手等都推出了云安全解决方案。瑞星基于云安全策略开发的 2009 新品，每天拦截数百万次木马攻击，其中 2009 年 1 月 8 日更是达到了 765 万余次。趋势科技云安全已经在全球建立了五大数据中心，拥有几万部在线服务器。据悉，云安全可以支持平均每天 55 亿条点击查询，每天收集分析 2.5 亿个样本，资料库第一次命中率就可以达到 99%。借助云安全，趋势科技现在每天阻断的病毒感染最高达 1000 万次。

云安全的核心思想是建立一个分布式统计和学习平台，以大规模用户的协同计算来过滤垃圾邮件：首先，用户安装客户端，为收到的每一封邮件计算出一个唯一的"指纹"，通过比对"指纹"可以统计相似邮件的副本数，当副本达到一定数量，就可以判定邮件是垃圾邮件；其次，由于互联网上多台计算机比一台计算机掌握的信息更多，因而可以采用分布式贝叶斯学习算法，在成百上千的客户端机器上实现协同学习过程，收集、分析并共享最新的信息。反垃圾邮件网格体现了真正的网格思想，每个加入系统的用户既是服务的对象，也是完成分布式统计功能的一个信息节点，随着系统规模的不断扩大，系统过滤垃圾邮件的准确性也会随之提高。用大规模统计方法过滤垃圾邮件的做法比用人工智能方法更成熟，不容易出现误判假阳性的情况，实用性很强。反垃圾邮件网格就是利用分布在互联网里的千百万台主机的协同工作构建的一道拦截垃圾邮件的"天网"。反垃圾邮件网格思想提出后，被 IEEE Cluster 2003 国际会议选为杰出网格项目，在 2004 年网格计算国际研讨会上作了专题报告和现场演示，引起较为广泛的关注，受到了网易公司的重视。既然垃圾邮件可以如此处理，病毒、木马等亦然，这与云安全的思想就相距不远了。

2.6　云计算应用

当前，云计算处于爆发式增长期，产业规模不断扩大，技术创新不断涌现，经过十几年的发展，云计算产业的相关技术创新和应用进入快车道，企业上云成为各行各业拥抱数字化转型的重要手段。随着本土化云计算技术产品、解决方案的不断成熟，云计算理念的迅速推广普及，云计算技术正在从互联网行业向传统行业覆盖，在工业互联网的推动下，目前大量的传统企业也开始逐步应用云计算。未来，云计算对传统企业的网络化、智能化改造会起到比较重要的作用。从技术角度看，云计算的应用领域不仅涉及传统的 Web 领域，在物联网、大数据和人工智能等新兴领域也有比较重要的应用，而且在 5G 通信时代，云计算的服务边界还会得到进一步拓展，云计算正在为整个信息技术行业构建起一种全新的计算服务方式。在全栈云和智能云的推动下，云计算也会全面促进大数据和人工智能等技术的实际应用。从产业结构升级的背景看，云计算将全面深入传统产业领域，进一步促进互联网脱虚向实，为传统产业的发展赋能。当前，对于云计算依赖程度比较高的行业领域有装备制造、医疗、教育、出行、金融等领域。未来，在普及应用了 5G 后，农业领域对于云计算的依赖程度也会不断提升。云计算是一个庞大的服务体系，在此体系下可以为多种技术提供实际应用的场景，比如大数据技术和人工智能技术等。从这个角度来看，在未来有大数据和人工智能的地方就会有云计算，云计算必将成为未来中国重要行业领域的主流 IT 应用模式，为重点行业用户的信息化建设与 IT 运维管理工作奠定核心基础。

2.6.1　云计算的应用领域

数字化转型推动云应用从互联网向行业生产渗透，云应用日趋广泛，并且正在从消费互联网向产业互联网渗透。较为简单的云计算技术已经普遍应用于现如今的互联网服务中，最为常见的就是网络搜索引擎和网络邮箱。当前常用的搜索引擎，比如百度，在任何时刻都可以用来搜索任何想要的资源，通过云端共享数据资源。在云计算技术和网络技术的推动下，可以实现实时的邮件收发。其实，云计算技术已经融入现今的社会生活。基于不同的角度进行观察和分析，云计算的应用领域可能会有不同的表达方式。

（1）从应用的行业领域观察

① 医药医疗领域　医药企业与医疗单位一直是国内信息化水平较高的行业用户，在"新医改"政策推动下，医药企业与医疗单位将对自身信息化体系进行优化升级，以适应医改业务调整要求。在此影响下，以"云信息平台"为核心的信息化集中应用模式应运而生，逐步取代各系统分散为主体的应用模式，进而提高医药企业和医疗单位的内部信息共享能力与医疗信息公共平台的整体服务能力。

② 制造领域　随着"后金融危机时代"的到来，制造企业的竞争将日趋激烈，企业在不断进行产品创新、管理改进的同时，也在大力开展内部供应链优化与外部供应链整合工作，进而降低运营成本、缩短产品研发生产周期。未来云计算将在制造企业供应链信息化建设方面得到广泛应用，特别是通过对各类业务系统的有机整合，形成企业云供应链信息平台，加速企业内部"研发—采购—生产—库存—销售"信息一体化进程，进而提升制造企业竞争实力。

③ 金融与能源领域　金融、能源企业一直是国内信息化建设的"领军型"行业用户，未来，石化、保险、银行等行业内企业信息化建设将进入"IT 资源整合集成"阶段，在此期间，需要利用云计算模式，搭建基于 IaaS 的物理集成平台，对各类服务器基础设施应用进行集成，形成能够高度复用与统一管理的 IT 资源池，对外提供统一硬件资源服务，同时在信息系统整合方面，需要建立基于 PaaS 的系统整合平台，实现各异构系统间的互联互通。因此，云计算模式将成为金融、能源等大型企业信息化整合的"关键武器"。

④ 电子政务领域　未来，云计算将助力中国各级政府机构"公共服务平台"建设，各级政府机构正在积极开展"公共服务平台"的建设，努力打造"公共服务型政府"的形象，在此期间，需要通过云计算技术来构建高效运营的技术平台，其中包括利用虚拟化技术建立公共平台服务器集群，利用 PaaS 技术构建公共服务系统等，进而实现公共服务平台内部可靠、稳定的运行，提高平台不间断服务能力。

⑤ 教育科研领域　未来，云计算将为高校与科研单位提供实效化的研发平台。云计算应用已经在清华大学、中科院等单位得到了初步应用，并取得了很好的应用效果。在未来，云计算将在我国高校与科研单位得到广泛的应用普及，各大高校将根据自身研究领域与技术需求建立云计算平台，并对原来各下属研究机构的服务器与存储资源加以整合，提供高效、可复用的云计算平台，为科研与教学工作提供强大的计算机资源，进而大大提高研发工作效率。

（2）从个人生活的应用角度观察

① 智能家居　智能家居就是一个家用的小型物联网，通过各类传感器采集信息，并对采集的数据信息进行分析、反馈，进而实现相应的功能。因此，云计算能够解决智能家居面临的两大关键问题：一是大量数据的存储、针对性地查询分析以及数据计算的问题；二是智能家居的音频和视频信息（如远程视频监控与远程对话等）的海量存储问题。基于云计算的智能家居依靠对家庭数据的全面感知和自主化学习，远超出目前自动指令执行器的智能水平，能提供更多智能化的服务。

② 自动驾驶　汽车以前只是交通工具，是冷冰冰的机器，但今天有了人工智能，它可以分析车主或者乘客的声音及其他生物识别的特征，未来，通过"云+汽车"模式，汽车将变成一个信息、数据的采集工具。车辆将收集的数据信息回传到云端进行深度学习，再通过远程升级为汽车带来新的能力，而汽车也能产生新的数据。数据是驱动汽车的燃料。通过云计算的应用，每辆汽车都能够与路上的其他汽车"交谈"。通过这样的循环，可以打造更安全的自动驾驶，冰冷的机器会变成一个有温度的智能伙伴。

③ 智能交通　将先进的计算机和通信技术与传统的交通运输技术相融合，通过对交通信息进行采集、加工、发布，实现人、车、路之间的信息共享、协同合作，减少交通拥堵和交通事故，降低交通能源消耗和交通污染，建立起一个现代、综合、高效的交通物流服务系统。云计算技术特有的超强计算能力和动态资源调度、按需提供服务等优势以及海量信息集成化管理机制等，都将促进智能交通公共服务平台的建立，为交通向智能化方向发展提供有力支撑。

④ 线上课堂　云计算能够有效地存储海量的教学视频，同时云 CDN（content delivery network，即内容分发网络）服务能够应对国内错综复杂的网络环境，还会为视频安全性问题、在线人数过多导致的卡顿问题提供有效的解决方案。在线课堂的时空不受限、具有智能化应用等优势在 2020 年疫情期间已经得到充分体现。预计疫情之后，在线教育将作为课堂教学的有效补充手段而得到广泛应用。云计算利用科技的力量促进教育资源公平分配，提升了教育的效率和成果。

⑤ 云游戏　一些大型的游戏需要比较高的硬件配置才能流畅运行。云计算的发展为用户解决了这个问题。借助云计算强大的数据处理能力，可将大型游戏或需要高端配置的游戏，在云计算服务器上处理，服务器再将游戏处理结果返回到客户端。用户只需要一个能接收画面的设备和畅通的网络，就可以在这种低配置的设备上运行游戏。只要网络带宽支持，游戏用户就可以用手机和平板电脑运行家用主机级别的大型游戏。

⑥ 直播　直播是当下最热门的媒体形式之一，其技术本质是一种高并发的视频流处理，将主播端录制的视频上传至云服务器，处理后分发给数量庞大的用户终端。在此过程中，需要使用到的云服务包括对象存储、云服务器、CDN、云数据库等。云计算提供的服务可以为直播类企业提供完整的一站式移动解决方案，帮助直播类企业专注于内容的生产与传播，把 IT 基础设施交给专业机构，让企业专注于业务发展。

此外，还有在线办公（在家网络办公）、个人网盘（直接在云计算服务商处购买的个人网盘服务，具有极高的私密性和安全性，不同于现在的网盘）等。

（3）从社会层面的应用角度观察

① 云教育　教育在云技术平台上的开发和应用，被称为"教育云"。云教育从信息技术的应用方面打破了传统教育的垄断和固有边界。通过教育走向信息化，使教育的不同参与者——教师、学生、家长、教育部门等在云技术平台上实现教育、教学、娱乐、沟通等功能。同时，可以通过视频云计算的应用，对学校特色教育课程进行直播和录播，并将信息存储至流媒体存储服务器上，便于长时间和多渠道享受教育成果。

② 云物联　物联网是新一代信息技术浪潮的生力军。物联网通过智能感知、识别技术与普适计算广泛应用于互联网各方面。物联网作为互联网的业务和应用，随着其发展的深入和流量的增加，对数据存储和计算量的要求将带来云计算需求的增加，在物联网的高级阶段，必将需要虚拟云计算技术的进一步应用。

③ 云社交　云社交是一种虚拟社交应用。它以资源分享作为主要目标，将物联网、云计算和移动互联网相结合，通过其交互作用创造新型社交方式。云社交对社会资源进行测试、分类和集成，并向有需求的用户提供相应的服务。用户流量越大，资源集成越多，云社交的价值就越大。当前云社交已经具备了初步模型。

④ 云安全　云安全是云计算在互联网安全领域的应用。云安全融合了并行处理、网络技术、未知病毒处理等新兴技术，通过分布在各领域的客户端对互联网中存在异常的情况进行监测，获取最新病毒程序信息，将信息发送至服务端进行处理并推送最便捷的解决建议。云计算技术使整个互联网变成了终极安全卫士。

⑤ 云政务　云计算应用于政府部门中，为政府部门降低成本、提高效率做出贡献。由于云计算具有集约、共享、高效的特点，所以其应用将为政府部门降低成本。在电子商务延伸至电子政务的背景下，各国政府部门都在着力进行电子政务改革，研究云计算普遍应用的可能性。伴随政府改革的进行，政府部门也开始从自建平台向购买电信运营商的服务发展，这将极大地促进云计算的进一步发展，并为电信运营商带来商机。

⑥ 云存储　云存储是云计算的一个新的发展浪潮。云存储不是某一个具体的存储设备，而是互联网中大量的存储设备通过应用软件共同作用、协同发展，进而带来的数据访问服务。为支持云计算系统运算和处理海量数据，需要配置大量的存储设备，这样云计算系统就自动转化为云存储系统。所以可以得到结论：云存储是在云计算概念之上的延伸。

2.6.2　云计算应用实例分析

在技术实现上，现有的云计算基础架构多使用超大规模的廉价服务器集群，而较少使用性能强劲但价格昂贵的大型服务器。为保证可靠的服务，节点之间的互联一般采用千兆级以太网。同时，为了最大限度地利用"云端"资源和构建完善的应用程序，云计算的底层架构与上层应用多采用"共同设计，协作开发"的策略。此外，云计算还在大量廉价服务器之间使用冗余存储和软件容错技术，确保整个系统的高可靠性和可用性。工业界已经有很多公司提出了其针对云计算的理解，并使用不同的技术来实现自己的云计算平台和应用。

（1）亚马逊公司的云计算 AWS

Amazon 是最早实现商业化云计算的公司。同时，Amazon 还为独立软件开发人员以及开发商提供云计算服务平台。Amazon 的云计算名为 AWS（Amazon Web Services），是亚马逊公司的云计算 IasS 和 PaaS 平台服务，提供广泛的全球计算存储、数据库、分析、应用程序和部署服务，可帮助组织提高工作效率、降低 IT 成本和扩展应用程序。很多大型企业和热门的初创公司都信任这些服务，并通过这些服务为各种工作负载提供技术支持，包括 Web 和移动应用程序、IoT（物联网）、游戏开发、数据处理和存储、归档以及很多其他工作负载。AWS 的基础架构如图 2.13 所示。

AWS 目前主要由四块核心服务组成：

① 简单存储服务（simple storage service，S3）　用于提供高持久性、可可用性的存储。用户可将本地存储迁移到 S3，利用其扩展性和按使用付费的优势，应对业务规模扩大而增加的存储需求，使可伸缩的网络计算更易于开发。

② 弹性云计算服务（elastic compute cloud，EC2）　可为用户提供弹性可变的容量，用户可为服务"按需付费"，开放给外部开发人员使用。

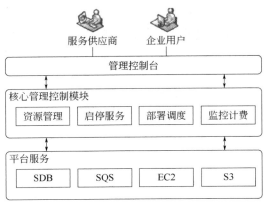

图 2.13   AWS 基础架构

③ 简单消息队列服务（simple queue service，SQS）   提供分布式组件之间的消息传递和存储服务，是一个可靠且可伸缩的消息传递框架，整个队列框架在 Amazon 数据中心的安全环境中运行。利用它可以简便地创建、存储和获取文本消息。SQS 能够跨越多个数据中心冗余地存储消息，支持分布式程序之间的数据传递，而无须考虑消息丢失的问题。

④ 目前尚处于测试阶段的 SimpleDB（SDB）   是一个基于"云"的、快速而简单的数据库，它支持快速可伸缩实时数据集索引和查询功能，并且能够与 EC2 和 S3 很好地协作。SDB 提供数据索引、存储及访问的能力，主要为企业提供排列轮询和数据库服务。

Amazon 将自己的弹性计算云（EC2）建立在公司内部的大规模集群计算的平台上，用户可以通过弹性计算云的用户交互界面去申请在云计算平台上运行的各种服务。通过开源的虚拟机管理程序 Xen 虚拟化技术提供操作系统级的平台支持，用户可以不需要硬件的基础而从"云"中直接获取所需的"计算机"。运行结束后，系统管理程序会根据用户使用资源的状况来计费，即用户只需为自己所使用的计算平台实例付费。通过这种方式，无论是个人还是企业，都可在 Amazon 的基础架构上进行应用软件的开发和交付，而不必配置软件和服务器。

云计算平台为用户和软件开发人员提供了一个虚拟的集群环境。弹性计算云中的每一个实例代表一个正在运行的虚拟机，用户对自己的虚拟机具有完整的访问权限，包括针对此虚拟机操作系统的超级管理权限。服务结束后，系统将按照虚拟机的能力，比如存储容量、处理器速度、流量等进行计费，用户实际上租用的是虚拟的计算能力。弹性计算云这种"按需使用"的模式，使开发者能够享有充分的灵活性，满足了中小规模软件开发人员对集群系统的需求，减小了开发成本和维护负担。同时，也使"云"端的软硬件资源能够动态地"按需调度"，从而减轻了云计算平台供应商的管理负担。

（2）阿里巴巴公司的云计算阿里云

阿里云的飞天大数据平台，是中国唯一自主研发的计算引擎。该平台拥有 EB 级的大数据存储和分析能力、10K 任务分布式部署和监控。采用阿里云技术的淘宝网和 12306 铁路购票网站经受住了"双 11"和春运购票等极限并发场景的挑战。阿里云致力于以在线公共服务的方式，提供安全、可靠的计算和数据处理能力，让计算和人工智能成为普惠科技。2017 年1 月，阿里云成为奥运会全球指定云服务商。据 Gartner 数据，阿里云的市场占有率高达 19.6%。如今，阿里云的产品可谓多种多样。结合阿里云官网的资料，针对建站相关的内容，以下介绍一些阿里云典型的应用场景以及每一种应用场景主要涉及的产品、概念和技术，以便了解要实现的应用会用到什么样的服务和产品。

① 一站式建站　阿里云提供域名和云解析服务，云市场还提供全程建站服务。小型网站只需一台云服务器 ECS 即可。

a. 域名注册：国内域名市场专业域名服务，多种域名供选择；

b. 云解析：提供安全、稳定、极速的域名解析服务，每天超百亿次解析响应；

c. 免费备案：人脸识别，备案多久，云服务器免费送多久；

d. 建站服务：服务全程监管，不满意全额退款；

e. 云服务器：可弹性伸缩、安全稳定、简单易用。

② 随时灵活扩展

a. 网站初始阶段访问量小，应用程序、数据库、文件等所有资源均在一台云服务器上，节省初创成本；

b. 用户使用镜像可免安装快速部署，提供 php、Java、asp、asp.net 等运行环境；

c. 当开始营销推广时，网站流量可能会出现成倍的增幅，使用弹性云服务器可以在几分钟内完成扩容，轻松应对，搭配负载均衡，实现水平扩容；

d. 如果业务存在明显的波峰/波谷，或无法预估流量波动，建议使用弹性伸缩，在业务增长/下降时自动增加/减少云服务器。

③ 加快访问速度

a. 不同地区的用户访问网站出现延时问题时，可使用 CDN 加速，CDN 在国内有数百个节点，海外有数十个节点，覆盖教育网、电信、移动、联通、鹏博士等运营商；

b. 如果网站业务包括视音频点播、大文件下载（如安装包下载），建议使用 CDN 搭配 OSS（operation support system，运营支撑系统）提升回源速度，节约近 2/3 回源带宽成本。

④ 海量图片存储

a. 使用云服务器存储大量图片，存储及带宽成本较高，可以使用 CDN 搭配 OSS，支持直接写入或读取数据，包括流式写入和文件写入两种方式；

b. 如果网站有大量静态资源，可以将站点内容进行动静分离，使用 CDN 结合 OSS 存储海量静态资源，有效提高内容加载速度，轻松实现网站图片、短视频等内容分发；

c. 如果需要对海量图片进行加速分发，可以使用 CDN 搭配 OSS，大幅加速分发，降低成本。

⑤ 应对高并发　阿里云提供负载均衡搭配云服务器，应对任意并发压力，也可以通过开放缓存服务对热点数据进行缓存，在数据层可用 DRDS 实现分库分表。

a. 在 Web 层：自己搭建并维护负载均衡系统成本较高，阿里云提供的负载均衡搭配云服务器，实现水平扩容，理论上可应对任意并发压力，较传统技术更简单易用；

b. 在静态资源方面：高并发带来的访问性能等问题，可以通过 CDN 加速静态文件访问得到解决；

c. 在缓存层：大部分网站访问都遵循二八原则，即 80% 的访问请求最终落在 20% 的数据上，因此，可以使用 OCS 对热点数据进行缓存，减少这些数据的访问路径和数据库的压力；

d. 在数据层：用 RDS 实现读写分离，用 DRDS 实现分库分表，可以轻松解决高并发带来的容量和性能问题。

⑥ 网站防攻击

a. 网站是最容易遭受攻击的应用类型，黑客通过真实服务器发起 DDoS 攻击或者 CC 攻击，很容易就能使网站陷入瘫痪，云盾基础防护免费提供最高 5G 的默认 DDoS 防护能力和应用防护能力；

b. 遭受大流量的 DDoS 攻击后，用户可以通过配置高防 IP，将攻击流量引流到高防 IP，确保源站的稳定可靠；

c. 针对暴力破解等行为，安骑士可在云端处理中心实时对所有插件的数据进行汇总和分析，若匹配到暴力破解行为，则会立即对该 IP 进行拦截，保障服务器不被黑客暴力猜解密码。

⑦ 数据备份

a. 服务器数据备份：云服务器支持手动或自动创建实例的快照，保留某个时间点上的系统数据状态，作为数据备份，或者制作镜像，每个磁盘拥有 64 个快照配额；

b. 静态数据文件备份：OSS 提供三重备份、故障自动恢复能力，极大地保障了数据可靠性；

c. 数据库备份：阿里云的云数据库 RDS 提供自动和手动两种备份方式，每天自动备份数据并上传至对象存储 OSS，提高数据容灾能力的同时，可有效降低磁盘空间占用。

⑧ 搜索/推荐

a. 自己搭建、优化搜索引擎应用需要较高的技术成本，开放搜索服务将专业搜索技术简单化、低门槛化和低成本化；

b. 如果需要搭建自己的个性化推荐系统，实现"千人千面"的精准营销，可以使用推荐引擎结合 MaxCompute，实时预测用户对物品的偏好，定制个性化推荐算法，助力企业实现商业目标。

⑨ 网站迁移

a. 备案转入：如果想将已备案的网站迁入阿里云，仅需 6 步就可免费实现；

b. 数据库迁移：如果要将本地数据库迁移到阿里云上，可以使用 DTS 的增量迁移功能，不影响本地业务继续提供服务，从而最大程度缩短数据迁移期间应用停服时间；

c. 静态文件迁移：Ossimport2 可以将本地或第三方云存储服务上的文件同步到对象存储 OSS 上，支持多种文件迁移方式；

d. 云市场提供的网站迁移服务，可以帮助用户省心省力地实现迁移。

⑩ 可视化分析

a. 个性化广告推广可以大幅提高推广销量，MaxCompute 可以完成更为复杂的机器学习、数据挖掘等分析，帮助用户实现个性化推荐等广告推广场景，此外还可以满足 BI 报表等需求；

b. 数据可视化（DataV）可以帮助非专业的工程师通过图形化的界面轻松搭建专业水准的可视化应用，满足日常业务监控、调度、会展演示等多场景使用需求。

⑪ 服务全球客户　建议购买阿里云服务器 ECS 的海外节点部署业务，不同地区的用户访问网站出现延时问题时，可使用 CDN 加速，CDN 在国内和海外有较多节点。客户可能位于世界上任何地方，使用阿里云可以在每一个地理区域拥有一处托管网站的数据中心，包括美国西部、中东、亚太。

⑫ 网站搭建　可将业务部署在阿里云服务器上，建站过程中，阿里云市场也提供多款优质精美的网站模板，几分钟即可轻松建站。同时也可联系专业建站团队，定制个性化网站。

（3）东南大学的云计算平台

东南大学云计算平台的一个典型应用是 AMS-02（alpha magnetic spectrometer 02，即阿尔法磁谱仪 2 号）海量数据处理。AMS-02 实验是由诺贝尔物理学奖获得者丁肇中教授领导的，由美、俄、德、法、中等 15 个国家和地区共 800 多名科学家参加的大型国际合作项目，其目的是寻找由反物质所组成的宇宙和暗物质的来源以及测量宇宙线的来源。AMS-02 探测器于 2011 年 5 月 16 日搭乘美国"奋进号"航天飞机升空至国际空间站，将在国际空间站上运行 10～18 年，其间大量的原始数据将传送到设立在瑞士欧洲核子研究组织 CERN 和中国东南大学的地面数据处理中心 SOC，由地面数据处理中心对其进行传输、存储、处理、计算和分析。

东南大学对 AMS-02 海量数据处理的前期理论工作主要集中于网格环境下的自适应任务调度、分布式资源发现以及副本管理等方面。然而随着 AMS-02 探测器的升空和运行，AMS-02 实验对实际处理平台提出了更高的要求：首先，AMS-02 实验相关的数据文件规模急剧增加，需要更大规模、更加高效的数据处理平台的支持；其次，该平台需要提供数据访问服务，以满足世界各地的科学家分析海量科学数据的需求。

为了满足 AMS-02 海量数据处理应用的需求，东南大学构建了相应的云计算平台。如图 2.14 所示，该平台提供了 IaaS、PaaS 和 SaaS 层的服务。IaaS 层的基础设施由 3500 颗 CPU 内核和容量为 500TB 的磁盘阵列构成，提供虚拟机和物理机的按需分配。在 PaaS 层，数据分析处理平台和应用开发环境为大规模数据分析处理应用提供编程接口。在 SaaS 层，以服务的形式部署云计算应用程序，便于用户访问与使用。

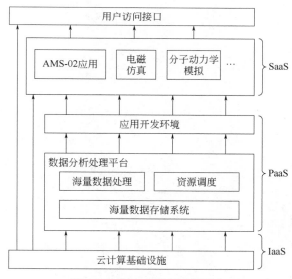

图 2.14 东南大学云计算平台

东南大学云计算平台提供了如下支持：

a．云计算平台可根据 AMS-02 实验的需求，为其分配独占的计算集群，并自动配置运行环境（如操作系统、科学计算函数库等）。利用资源隔离技术，既保证 AMS-02 应用不会受到其他应用的影响，又为 AMS-02 海量数据处理应用中执行程序的更新和调试带来便利。

b．世界各国物理学家可通过访问部署于 SaaS 层的 AMS-02 应用服务，得到所需的原始科学数据和处理分析结果，以充分实现数据共享和协同工作。

c．随着 AMS-02 实验的不断进行，待处理的数据量及数据处理的难度会大幅增加。此时相应的云计算应用开发环境将为 AMS-02 数据分析处理程序提供编程接口，在提供大规模计算和数据存储能力的同时，降低了海量数据处理的难度。

除了 AMS-02 实验之外，东南大学云计算平台针对不同学科院系的应用需求，还分别部署了电磁仿真、分子动力学模拟等科学计算应用。

复习参考题

在线试题

微信扫一扫
获取在线学习指导

第3章 大数据

大数据（big date）时代已经到来，大数据技术也已经应用到各行各业。特别是随着移动互联网的发展，大数据技术被视为硬件、软件、网络之外的第四种计算资源，已经渗透到了生活的方方面面。随着各类大数据应用的兴起，大数据的采集、存储、建模及计算处理已成为分布式计算领域的热门研究课题，已引起业界极大的兴趣和关注。

3.1 大数据概述

亚马逊大数据科学家 John Rauser 认为大数据是数据量超过任何一台计算机处理能力的数据。

麦肯锡全球研究所给出的定义是：大数据是一种规模大到在获取、存储、管理、分析方面大大超出了传统数据库软件工具能力范围的数据集合，具有海量的数据规模、快速的数据流转、多样的数据类型和价值密度低四大特征。

知名研究机构高德纳（Gartner）对大数据的定义是：需要新处理模式才能处理的，具有更强的决策力、洞察发现力和流程优化能力的海量、高增长率和多样化的信息资产。

维基百科对大数据的定义则简单明了：大数据是指利用常用软件工具捕获、管理和处理数据所耗时间超过可容忍时间的数据集。即大数据是一个体量特别大、数据类别特别多的数据集，并且这样的数据集无法用传统数据库工具对其内容进行抓取、管理和处理。

大数据技术的战略意义不在于掌握庞大的数据信息，而在于对这些含有意义的数据进行专业化处理。换言之，如果把大数据比作一种产业，那么这种产业实现盈利的关键，在于提高对数据的"加工能力"，通过"加工"实现数据的"增值"。

从技术上看，大数据与云计算的关系就像一枚硬币的正反面，密不可分。大数据必然无法用单台计算机进行处理，必须采用分布式架构。它的特色在于对海量数据进行分布式数据挖掘。但它必须依托云计算的分布式处理、分布式数据库和云存储、虚拟化技术。

3.1.1 大数据兴起的背景

（1）信息科技进步

现代信息技术产业已经拥有 70 多年的历史。20 世纪末，随着互联网的兴起，网络技术快速发展，越来越多的人能够接触到网络并使用网络。近几年，随着手机及其他智能设备的广泛应用，网络在线人数激增，人们的生活已经被数字信息所包围，而这些所谓的数字信息就是通常所说的"数据"，可以将其称为大数据浪潮。也可以说，智能化设备的不断普及是大数据迅速增长的重要因素。

智能设备的普及、物联网的广泛应用、存储设备性能的提高、网络带宽的不断增长都是信息科技进步带来的结果，它们为大数据的产生提供了存储和流通的物质基础。

（2）云计算技术兴起

云计算技术是互联网行业的一项新兴技术，它的出现使互联网行业发生了巨大的变革。现在国内各大互联网公司、电信运营商、银行乃至政府都建立了各自的数据中心，云计算技术在各行各业得到普及，并进一步占据优势地位。

云空间是数据存储的一种新模式，云计算技术将原本分散的数据集中在数据中心，为庞大数据的处理和分析提供了可能，可以说云计算为大数据庞大的数据存储和分散的用户访问提供了必需的空间和途径，是大数据诞生的技术基础。

（3）数据资源化趋势

根据产生的来源，大数据可以分为消费大数据和工业大数据。

消费大数据是人们日常生活产生的大众数据，虽然只是人们在互联网上留下的印记，但各大互联网公司早已开始积累和争夺数据。谷歌依靠世界上最大的网页数据库，充分挖掘数据资产的潜在价值，打破了微软公司的垄断；脸书（Facebook）基于人际关系数据库，推出了 Graph Search 搜索引擎；在国内，阿里巴巴和京东两家电商平台也利用数据评估其他平台的战略动向、促销策略等。

在工业大数据方面，众多传统制造企业利用大数据成功实现数字转型，随着"智能制造"快速普及，工业与互联网深度融合创新，工业大数据技术及应用将成为未来提升制造业生产力、竞争力、创新能力的关键要素。

3.1.2 大数据的特性

大数据与传统意义的海量数据是有区别的，其基本特征可以用四个"v"来总结：volume（数据规模大）、variety（数据类型繁多）、velocity（处理速度快）、value（价值密度低）。

① volume 当前，典型个人计算机硬盘的容量为 TB（2^{40} 字节）量级，而大数据的体量已经从 TB 级别跃升到 PB（2^{50} 字节）级别，一些大企业的数据量甚至已经接近 EB（2^{60} 字节）量级。全球在 2010 年正式进入 ZB（2^{70} 字节）时代，2019 年全球拥有的数据量已超过 41ZB。

② variety 相对于以往便于存储的、以文本为主的结构化数据，大数据中非结构化数据越来越多，包括网络日志、音频、视频、图片、地理位置信息等，这些类型繁多的数据对数据的处理能力提出了更高要求。

③ velocity 这是大数据区分于传统数据挖掘的最显著特征。大数据对处理速度是有要求的，一般要在秒级时间范围内给出分析结果，时间太长就失去价值了，这种特征被称为秒级定律。

④ value 价值密度与数据总量成反比。以视频为例，一部 1 小时的视频，在连续的监控中，有用数据可能仅有一两秒。当然，只要合理利用数据并对其进行正确、准确的分析，将会得到很高的价值回报。

需要注意的是，有些人认为大数据的特性还有第五个"v"，即 veracity(真实性)。

3.1.3 大数据技术架构

大数据技术是一系列技术的总称，它是集合了数据采集与传输、数据存储、数据处理与分析、数据挖掘、数据可视化等技术的一个庞大而复杂的技术体系。

大数据的数据来源广泛，应用需求和数据类型都不尽相同，但是最基本的处理流程是一致的。整个大数据的处理流程可以总结为：在合适工具的辅助下，对广泛异构的数据源进行抽取和集成，将结果按照一定的标准统一存储，然后利用合适的数据分析技术对存储的数据进行分析，从中提取有益的知识，并利用恰当的方式将结果展现给终端用户。总体技术架构如图 3.1 所示。

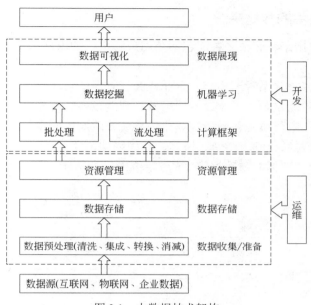

图 3.1   大数据技术架构

3.2   大数据采集

大数据采集是指从传感器和智能设备、企业在线系统、企业离线系统、社交网络和互联网平台等获取数据的过程。数据包括 RFID（无线射频识别）数据、传感器数据、用户行为数据、社交网络交互数据及移动互联网数据等各种类型的结构化、半结构化及非结构化的海量数据。

3.2.1   数据采集与大数据采集的区别

在大数据体系中，数据可以分为业务数据、行业数据、内容数据、线上行为数据和线下行为数据五种。其中，业务数据一般包括：消费者数据、客户关系数据、库存数据、账目数据等；行业数据一般包括：车流量数据、能耗数据、PM$_{2.5}$ 数据等；内容数据一般包括：应用日志、电子文档、机器数据、语音数据、社交媒体数据等；线上行为数据一般包括：页面数据、交互数据、表单数据、会话数据、反馈数据等；线下行为数据一般包括：车辆位置和轨迹、用户位置和轨迹、动物位置和轨迹等。

传统数据分为业务数据和行业数据，没有考虑内容数据、线上行为数据和线下行为数据等三类。所以大数据采集和传统的数据采集还是有区别的。传统的数据采集来源单一，需要存储、管理和分析的数据量相对较小，一般采用关系型数据库和并行数据仓库即可处理。传统的并行数据库处理技术追求高度一致性和容错性，这种技术难以保证数据的可用性和扩展性。

大数据采集的数据来源广泛，数据量巨大，数据类型丰富，并且产生的速度快，传统的数据采集方法完全无法胜任。所以，大数据采集技术面临着许多技术挑战，一方面需要保证数据采集的可靠性和高效性，同时还要避免重复数据。

3.2.2 大数据采集的数据来源

大数据采集的数据来源有很多种，包括公司或者机构的内部来源和外部来源。主要来源可以分为以下几类。

① 企业系统：客户关系管理系统、企业资源计划系统、库存系统、销售系统等。

② 机器系统：智能仪表、工业设备传感器、智能设备、视频监控系统等。

③ 互联网系统：电商系统、服务行业业务系统、政府监管系统等。

④ 社交系统：微信、QQ、微博、博客、新闻网站、朋友圈等。

在大数据体系中，数据源与数据类型的关系如图 3.2 所示。

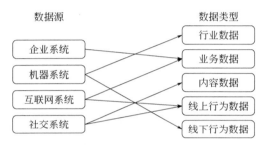

图 3.2　数据源与数据类型的关系

3.2.3 数据采集的技术方法

大数据的采集是指利用多个数据库或存储系统来接收发自客户端（Web、App 或者传感器形式等）的数据。大数据采集过程的主要特点和挑战是并发数高，因为同时可能会有成千上万的用户在进行访问和操作。例如，火车票售票网站和电商网站的并发访问量在峰值时可达到上百万，所以需要在采集端部署大量数据库才能对其进行支撑，同时还要考虑这些数据库之间的负载均衡和分片设计。

根据数据源的不同，大数据采集方法也不相同。但是为了能够满足大数据采集的需要，大数据采集时一般选择分布式并行处理模式或基于内存的流式处理模式。

针对四种不同的数据源，大数据采集方法有以下几大类。

（1）数据库采集

传统企业会使用传统的关系型数据库 MySQL 和 Oracle 等来存储数据。随着大数据时代的到来，Redis、MongoDB 和 HBase 等 NoSQL 数据库也常用于数据的采集。企业通过在采集端部署大量数据库，并在这些数据库之间进行负载均衡和分片，来完成大数据采集工作。

（2）系统日志采集

系统日志采集主要是收集公司业务平台日常产生的大量日志数据，供离线和在线的大数据分析系统使用。高可用性、高可靠性、可扩展性是日志收集系统所具有的基本特征。

目前使用最广泛的、用于系统日志采集的海量数据采集工具有 Hadoop 的 Chukwa、Apache Flume，Facebook 的 Scribe 和 LinkedIn 的 Kafka 等。

以上工具均采用分布式架构，能满足每秒数百兆字节的日志数据采集和传输需求。

（3）网络数据采集

网络数据采集是指通过网络爬虫或网站公开 API 等方式从网站上获取数据信息的过程。

网络爬虫会从一个或若干个初始网页的 URL 开始，获得各个网页上的内容，并且在抓取网页的过程中，不断从当前页面上抽取新的 URL 放入队列，直到满足设置的停止条件为止。这样可将非结构化数据、半结构化数据从网页中提取出来，存储在本地的存储系统中。

（4）感知设备数据采集

感知设备数据采集是指通过传感器、摄像头和其他智能终端自动采集信号、图片或录像来获取数据。

大数据智能感知系统需要实现对结构化、半结构化、非结构化数据的智能化识别、定位、跟踪、接入、传输、信号转换、监控、初步处理和管理等。其关键技术包括针对大数据源的智能识别、感知、适配、传输、接入等。

3.3 大数据预处理

数据预处理（data preprocessing）是指对所收集的数据进行分类或分组前所做的审核、筛选、排序等必要的处理。现实世界中，数据大体上都是不完整、不一致的"脏数据"，无法直接进行数据挖掘或挖掘结果不尽如人意。为了提高数据挖掘的质量，产生了数据预处理技术。这些技术在数据挖掘之前使用，大大提高了数据挖掘模式的质量，降低了实际挖掘所需要的时间。

数据预处理的数据审核主要是从原始数据完整性和准确性两个方面去审核。完整性审核主要是检查应调查的单位或个体是否有遗漏，所有的调查项目或指标是否填写齐全。准确性审核主要包括两个方面：一是检查数据资料是否真实地反映了客观实际情况，内容是否符合实际；二是检查数据是否有错误，计算是否正确等。

当审核过程中发现的错误不能予以纠正，或者有些数据不符合调查的要求而又无法弥补时，就需要对数据进行筛选。数据筛选包括两方面的内容：一是将某些不符合要求的数据或有明显错误的数据予以剔除；二是将符合某种特定条件的数据筛选出来，对不符合特定条件的数据予以剔除。数据筛选在市场调查、经济分析、管理决策中是十分重要的。

数据排序是按照一定顺序将数据进行排列，以便研究者通过浏览数据发现一些明显的特征或趋势，找到解决问题的线索。除此之外，排序还有助于数据的检查纠错，为重新归类或分组等提供依据。在某些场合，排序本身就是分析的目的之一。排序可借助计算机很容易地完成。

数据预处理方法很多，主要包括数据清洗（data cleaning）、数据集成（data integration）、数据转换（data transformation）和数据消减（data reduction）等。这些数据预处理方法并不是相互独立的，而是相互关联的。例如，消除数据冗余既可以看成是一种形式的数据清洗，也可以认为是一种数据消减。

3.3.1 数据清洗

现实世界的数据常常是不完全、有噪声、不一致的，数据清洗过程包括缺失数据处理、噪声数据处理以及不一致数据处理。

（1）缺失数据处理

假设在分析一个商场的销售数据时，发现有多个记录中的属性值为空，如顾客的收入属性，对于缺失的属性值，可以采用以下方法进行缺失数据处理。

① 删除该条记录　如果样本数很多，而出现缺失属性值的样本在整个样本中所占比例相对较小，这种情况下，可以将出现缺失属性值的样本直接丢弃。这是一种很常用的策略。

② 手工填补遗漏值　有时也会对出现缺失属性值的样本进行手工填补遗漏值。当然这种方法比较耗时，而且对于存在许多遗漏情况的大规模数据集而言可行性较差。

③ 利用默认值填补遗漏值　对一个属性的所有缺失属性值，均利用一个事先确定好的值来填补，如都用"OK"来填补。但当一个属性的缺失值较多时，若采用这种方法，就可能误导挖掘进程。

因此这种方法虽然简单，但并不推荐使用，或使用时需要仔细分析填补后的情况，以尽量避免对最终挖掘结果产生较大误差。

④ 利用均值填补遗漏值　计算一个属性值的平均值，并用此值填补该属性所有缺失的值。例如，若顾客的平均收入为10000元，则用此值填补"顾客收入"属性中所有被遗漏的值。

⑤ 利用同类别均值填补遗漏值　这种方法尤其适合在进行分类挖掘时使用。

例如，若要对商场顾客按信用风险进行分类挖掘，就可以用在同一信用风险类别（如良好）下的"顾客收入"属性的平均值来填补所有在同一信用风险类别下"顾客收入"属性的遗漏值。

⑥ 利用最可能的值填补遗漏值　可以利用回归分析、贝叶斯计算公式或决策树推断出该条记录特定属性的最大可能取值。例如，利用数据集中其他顾客的属性值，可以构造一个决策树来预测"顾客收入"属性的遗漏值。

此种方法较常用，与其他方法相比，它最大程度地利用了当前数据所包含的信息来帮助预测所遗漏的数据。

（2）噪声数据处理

噪声数据是指数据中存在错误或异常（偏离期望值）的数据。任何不可被源程序读取和运用的数据，不管是已经接收、存储的还是改变的，都被称为噪声。引起噪声数据的原因可能是硬件故障、编程错误、语音或光学字符识别程序（OCR）识别出错等。这些噪声数据会对数据分析挖掘造成干扰。对于噪声数据的处理可以采用以下方法。

① 分箱（binning）　分箱是一种简单常用的预处理方法，通过考察相邻数据来确定最终值。所谓"分箱"，实际上就是按照属性值划分的子区间，如果一个属性值处于某个子区间范围内，就称把该属性值放进这个子区间所代表的"箱子"内。把待处理的数据（某列属性值）按照一定的规则放进一些箱子中，考察每一个箱子中的数据并采用某种方法分别对各个箱子中的数据进行处理。

在采用分箱技术时，需要确定的两个主要问题是如何分箱及如何对每个箱子中的数据进行平滑处理。数据平滑方法，根据指标的不同可以分为：

a. 箱均值平滑：用每个箱中数据的平均值替换箱中每一个值。

b. 箱中位数平滑：用每个箱中数据的中位数值替换箱中每一个值。

c. 箱边界平滑：定义箱中的最大值和最小值为边界值，用最近的那个边界值替换箱中每一个值。

分箱的方法有四种：等深分箱法、等宽分箱法、用户自定义区间法和最小熵法。

下面通过一个例子解释等深分箱和等宽分箱。

例如：客户收入属性 income 排序后的值（元）分别为 800，1000，1200，1500，1500，1800，2000，2300，2500，2800，3000，3500，4000，4500，4800，5000。

a. 等深分箱法：将数据集按记录行数分箱，每箱具有相同的记录数，每箱记录数称为箱子的深度。这是最简单的一种分箱方法，每个箱子的深度（箱内数据的个数）统一。

统一权重：设定权重（箱子深度）为 4，分箱后结果如下。

箱 1：800，1000，1200，1500。

箱 2：1500，1800，2000，2300。

箱 3：2500，2800，3000，3500。

箱 4：4000，4500，4800，5000。

用箱均值平滑：

箱 1：1125，1125，1125，1125。

箱 2：1900，1900，1900，1900。

箱 3：2950，2950，2950，2950。

箱 4：4575，4575，4575，4575。

用箱边界平滑：

箱 1：800，800，1500，1500。

箱 2：1500，1500，2300，2300。

箱 3：2500，2500，3500，3500。

箱 4：4000，4000，5000，5000。

b. 等宽分箱法：使数据集在整个属性值的区间上平均分布，即每个箱的区间范围是一个常量，称为箱子宽度。

统一区间：设定区间范围（箱子宽度）为 1000 元，分箱后结果如下。

箱 1：800，1000，1200，1500，1500，1800。

箱 2：2000，2300，2500，2800，3000。

箱 3：3500，4000，4500。

箱 4：4800，5000。

② 聚类分析方法　通过聚类分析方法可发现异常数据。相似或相邻近的数据聚合在一起形成了各个聚类集合，而那些位于这些聚类集合之外的数据对象，自然就被认为是异常数据。基于聚类分析方法的异常数据监测如图 3.3 所示。

③ 人机结合检查方法　通过人机结合检查方法，也可以发现异常数据。例如，利用基于信息论的方法可识别手写符号库中的异常模式，所识别出的异常模式可输出到一个列表中，然后由人对这一列表中的各异常模式进行检查，并最终确认无用的模式（真正异常的模式）。这种人机结合检查方法比手工方法的手写符号库检查效率要高许多。

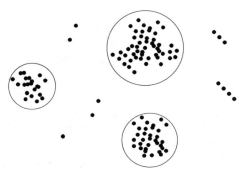

图 3.3　基于聚类分析方法的异常数据监测

④ 回归方法　可以用一个函数拟合数据来平滑数据，这种技术称为回归。即让数据适合一个函数来平滑数据，通过建立数学模型来预测下一个数值，通常包括线性回归和非线性回归。

a．线性回归涉及找出拟合两个属性（或变量）的"最佳"直线，使得一个属性可以用来预测另一个。

b．非线性回归是线性回归的扩充，其中涉及的属性多于两个，并且数据拟合后得到一个多维曲面。

利用回归分析方法所获得的拟合函数，能够平滑数据及除去其中的噪声。

许多数据平滑方法，同时也是数据消减方法，例如，以上描述的分箱方法可以消减一个属性中的不同取值，这也就意味着分箱方法可以实现数据消减处理。

（3）不一致数据处理

现实世界的数据库常出现数据记录内容不一致的问题，对于其中的一些数据，可以利用它们与外部的关联，人工解决这种问题。

例如，数据录入错误一般可以通过与原稿进行对比来加以纠正。此外还有一些方法可以纠正使用编码时所发生的不一致问题。使用知识工程工具也可以发现违反数据约束条件的情况。

由于同一属性在不同数据库中的取名不规范，在进行数据集成时，常常导致不一致情况的发生。

3.3.2　数据集成

数据处理常常涉及数据集成操作。大数据采集时会采集到来自数据库、数据立方、普通文件等多种数据源的数据，所谓的数据集成过程，就是为了给数据处理工作提供完整的数据基础，将这些数据结合在一起并形成一个统一数据集合的过程。

在数据集成过程中，需要考虑解决以下几个问题。

（1）实体识别问题

模式集成就是解决如何使来自多个数据源的现实世界的实体相互匹配的问题，这其中就涉及实体识别问题。例如，确定一个数据库中的"STUDENT_ID"与另一个数据库中的"STUDENT_ NUMBER"是否表示同一实体。

数据库与数据仓库通常包含元数据，这些元数据可以避免在模式集成时发生错误。

（2）冗余问题

冗余问题是数据集成中经常发生的另一个问题。若一个属性可以从其他属性中推演出来，那这个属性就是冗余属性。

例如，学生数据表中的年龄属性就是冗余属性，因为它可以根据身份证号属性计算出来。此外，属性命名的不一致也会导致集成后的数据集出现数据冗余问题。

利用相关分析可以发现一些数据冗余情况。

例如，给定两个属性 A 和 B，则根据这两个属性的数值可分析出这两个属性间的相互关系。

① 如果两个属性之间的关联值 $r>0$，则说明两个属性之间是正关联，也就是说，若 A 增加，B 也增加。r 值越大，属性 A、B 的正关联关系越紧密。

② 如果属性之间的关联值 $r=0$，则说明属性 A、B 相互独立，两者之间没有关系。

③ 如果属性之间的关联值 $r<0$，则说明属性 A、B 之间是负关联，也就是说，若 A 增加，B 就减少。r 的绝对值越大，属性 A、B 的负关联关系越紧密。

（3）数据值冲突检测与消除问题

在现实世界实体中，来自不同数据源的属性值或许不同。产生这种问题的原因可能是表示、比例尺度或编码等的差异。

例如，质量属性在一个系统中采用公制，而在另一个系统中却采用英制；价格属性在不同地点采用不同的货币单位。这些语义的差异给数据集成带来许多问题。

3.3.3 数据转换

数据转换就是将数据进行转换或归并，从而构成一个适合数据处理的描述形式。数据转换包含以下处理内容。

（1）平滑处理

平滑处理可除去数据中的噪声，主要技术方法有分箱方法、聚类分析方法和回归方法。

（2）合计处理

合计处理是对数据进行总结或合计操作。例如，每天的数据经过合计操作可以获得每月或每年的总额。这一操作常用于构造数据立方或对数据进行多粒度的分析。

（3）数据泛化处理

数据泛化处理是用更抽象（更高层次）的概念来取代低层次或数据层的数据对象。

例如，街道属性可以泛化到更高层次的概念，如城市、国家；数值型的属性，如年龄属性，可以映射到更高层次的概念，如青年、中年和老年。

（4）规格化处理

规格化处理就是将一个属性取值范围投射到一个特定范围之内，以消除数值型属性因大小不一而造成的挖掘结果偏差，常常用于神经网络、基于距离计算的最近邻分类和聚类挖掘的数据预处理。

对于神经网络，采用规格化后的数据不仅有助于确保学习结果的正确性，而且会提高学习的效率。对于基于距离计算的挖掘，规格化处理可以消除因属性取值范围不同而影响挖掘结果公正性的问题。

下面介绍常用的两种规格化方法。

① 最大最小规格化方法　该方法是对初始数据进行一种线性转换。

例如，假设"顾客收入"属性的最大值和最小值分别是 98000 元和 12000 元，利用最大最小规格化方法将"顾客收入"属性的值映射到 0~1 的范围内。则"顾客收入"属性的值为

73600 元时，对应的转换结果为

$$[(73600-12000)/(98000-12000)](1.0-0.0)+0.0=0.716$$

即

$$\frac{\text{待转换属性值}-\text{属性最小值}}{\text{属性最大值}-\text{属性最小值}}\times（\text{映射区间最大值}-\text{映射区间最小值}）+\text{映射区间最小值}=\text{转换结果}$$

② 零均值规格化方法　该方法是指根据一个属性的均值和方差来对该属性的值进行规格化。

假定属性"顾客收入"的均值和方差分别为 54000 元和 16000 元，则"顾客收入"属性的值为 73600 元时，对应的转换结果为

$$(73600-54000)/16000 = 1.225$$

即

$$（\text{待转换属性值}-\text{属性平均值}）/\text{属性方差}=\text{转换结果}$$

（5）属性构造处理

属性构造处理是指根据已有属性集构造新的属性，以帮助数据处理过程。

属性构造方法可以利用已有属性集构造出新的属性，并将其加入现有属性集合中，以挖掘更深层次的模式知识，提高挖掘结果准确性。

例如，根据宽、高属性，可以构造一个新属性——面积。构造合适的属性能够减少学习构造决策树时出现的碎块情况。此外，属性结合可以帮助发现所遗漏的属性间的相互联系，而这在数据挖掘过程中是十分重要的。

3.3.4　数据消减

对大规模数据进行复杂的数据分析，通常需要耗费大量的时间，这时就需要数据消减技术了。

数据消减技术的主要目的是从原有巨大数据集中获得一个精简的数据集，并使这一精简数据集保持原有数据集的完整性。这样在精简数据集上进行数据挖掘就会提高效率，并且能够保证挖掘出来的结果与使用原有数据集所获得的结果基本相同。数据消减的主要策略见表 3.1。

表 3.1　数据消减的主要策略

策略名称	说明
数据立方合计	这类合计操作主要用于构造数据立方（数据仓库操作）
维数消减	主要用于检测和消除无关、弱相关或冗余的属性或维（数据仓库中属性）
数据压缩	利用编码技术压缩数据集的大小
数据块消减	利用更简单的数据表达形式，如参数模型、非参数模型（聚类、采样、直方图等）来取代原有的数据
离散化与概念层次生成	所谓离散化就是利用取值范围或更高层次概念来替换初始数据。利用概念层次可以帮助挖掘不同抽象层次的模式知识

（1）数据立方合计

图 3.4 展示了在三个维度上对某公司原始销售数据进行合计所获得的数据立方。它从时间（年代）、公司分支以及商品类型三个角（维）度描述了相应（时空）的销售额（对应一个小立方块）。

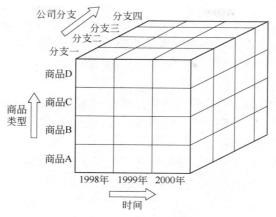

图 3.4　数据立方合计描述

每个属性都可对应一个概念层次树，以进行多抽象层次的数据分析。例如，一个分支属性的（概念）层次树，可以提升到更高一层的区域概念，这样就可以将多个同一区域的分支合并到一起。

在最低层次所建立的数据立方称为基立方，而最高抽象层次对应的数据立方称为顶立方。顶立方代表整个公司三年中，所有分支、所有类型商品的销售总额。显然每一层次的数据立方都是对低一层数据的进一步抽象，因此它也是一种有效的数据消减。

（2）维数消减

数据集可能包含成百上千的属性，而这些属性中的许多属性是与挖掘任务无关的或冗余的。例如，挖掘顾客是否会在商场购买电视机的分类规则时，顾客的电话号码很可能与挖掘任务无关。但如果利用人类专家来帮助挑选有用的属性，则又费时又费力，特别是当数据内涵并不十分清楚的时候。无论是漏掉相关属性，还是选择了无关属性参加数据挖掘工作，都将严重影响数据挖掘最终结果的正确性和有效性。此外，多余或无关的属性也将影响数据挖掘的挖掘效率。

维数消减就是通过消除多余和无关的属性，从而有效消减数据集的规模。

这里通常采用属性子集选择方法。属性子集选择方法的目标就是寻找出最小的属性子集并确保新数据子集的概率分布尽可能接近原来数据集的概率分布。利用筛选后的属性集进行数据挖掘，由于使用了较少的属性，从而使得用户更容易理解挖掘结果。

（3）**数据压缩**

数据压缩就是利用数据编码或数据转换，将原来的数据集合压缩为一个较小规模的数据集合。若仅根据压缩后的数据集就可以恢复原来的数据集，那么就认为这一压缩是无损的，否则就称为有损的。在数据挖掘领域，常使用的两种数据压缩方法均是有损的，它们是离散小波变换和主要素分析。

① 离散小波变换　离散小波变换是一种线性信号处理技术，该方法可以将一个数据向量转换为另一个数据向量（为小波相关系数），且两个向量具有相同长度。可以舍弃后者中的一些小波相关系数。

这一方法可以在保留数据主要特征的情况下除去数据中的噪声，因此该方法可以有效地进行数据清洗。此外，在给定一组小波相关系数的情况下，利用离散小波变换的逆运算，还可以近似恢复原来的数据。

② 主要素分析　主要素分析是一种进行数据压缩的常用方法。假设需要压缩的数据由 N 个数据行（向量）组成，共有 k 个维度（属性或特征）。该方法是从 k 个维度中寻找出 c 个共轭向量（$c \ll N$），从而实现对初始数据的有效压缩。

主要素分析方法的主要处理步骤如下：

a．对输入数据进行规格化，以确保各属性的数据取值均落入相同的数值范围。

b．根据已规格化的数据计算 c 个共轭向量，这 c 个共轭向量就是主要素，而所输入的数据均可以表示为这 c 个共轭向量的线性组合。

c．对 c 个共轭向量按其重要性（计算所得变化量）进行递减排序。

d．根据所给定的用户阈值，消去重要性较低的共轭向量，以便最终获得消减后的数据集合。此外，利用最主要的主要素也可以更好地近似恢复原来的数据。

主要素分析方法的计算量不大，并且可以用于取值有序或无序的属性，同时也能处理稀疏或异常数据。该方法还可以将多于二维的数据通过处理降为二维数据。与离散小波变换方法相比，主要素分析方法能较好地处理稀疏数据，而离散小波变换则更适合对高维数据进行处理变换。

（4）**数据块消减**

数据块消减方法主要包括参数与非参数两种基本方法。所谓参数方法就是利用一个模型来获得原来的数据，因此只需要存储模型的参数即可。例如，线性回归模型就可以根据一组变量预测计算另一个变量。非参数方法存储的是利用直方图、聚类或取样而获得的消减后的数据集。下面介绍几种主要的数据块消减方法。

① 回归与线性对数模型　回归与线性对数模型可用于拟合所给定的数据集。线性回归方法是利用一条直线模型对数据进行拟合的，可以是基于一个自变量的，也可以是基于多个自变量的。

线性对数模型则用于拟合多维离散概率分布。如果给定 n 维（例如，用 n 个属性描述）元组的集合，则可以把每个元组看作 n 维空间的点。

对于离散属性集，可以使用线性对数模型，基于维组合的一个较小子集，来估计多维空间中每个点的概率。这使得高维数据空间可以由较低维空间构造，因此，线性对数模型也可以用于维归约和数据平滑。

回归与线性对数模型均可用于稀疏数据及异常数据的处理。但是回归模型对异常数据的处理结果要好许多。应用回归方法处理高维数据时，计算复杂度较大，而线性对数模型则具有较好的可扩展性。

② 直方图　直方图是利用分箱方法对数据分布情况进行近似的，它是一种常用的数据消减方法。属性 A 的直方图就是根据属性 A 的数据分布将其划分为若干不相交的子集（箱）的。这些子集沿水平轴显示，其高度（或面积）与该箱所代表的数值平均（出现）频率成正比。若每个箱仅代表一对属性值/频率，则这个箱就称为单箱。通常一个箱代表某个属性的一段连续值。

③ 聚类　聚类技术将数据行视为对象。聚类分析所获得的组或类具有以下性质：同一组或类中的对象彼此相似，而不同组或类中的对象彼此不相似。

通常利用多维空间中的距离来表示相似性。一个组或类的"质量"可以用其所含对象间的最大距离（称为半径）来衡量，也可以用中心距离，即将组或类中各对象与中心点距离的平均值作为组或类的"质量"。

在数据消减中，数据的聚类表示可用于替换原来的数据。当然这一技术的有效性依赖于实际数据的内在规律。在处理带有较强噪声的数据时，采用数据聚类方法是非常有效的。

④ 采样　可以利用一小部分数据（子集）来代表一个大数据集，因此采样方法可以作为数据消减的技术方法之一。

假设一个大数据集为 D，其中包括 N 个数据行。几种主要的采样方法如下。

a. 无替换简单随机采样方法，简称 SRSWOR 方法。该方法从 N 个数据行中随机（每一数据行被选中的概率为 $1/N$）抽取出 n 个数据行，以构成由 n 个数据行组成的采样数据子集，如图 3.5 所示。

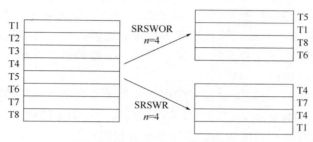

图 3.5　两种随机采样方法示意

b. 有替换简单随机采样方法，简称 SRSWR 方法。该方法是从 N 个数据行中每次随机抽取一个数据行，但该数据行被选中后仍将留在大数据集 D 中，最后获得的由 n 个数据行组成的采样数据子集中可能会出现相同的数据行，如图 3.5 所示。

c. 聚类采样方法。该方法首先将大数据集 D 划分为 M 个不相交的类，然后再分别从这 M 个类中随机抽取数据，这样就可以最终获得聚类采样数据子集。

d. 分层采样方法。该方法首先将大数据集划分为若干不相交的层，然后再分别从这些层中随机抽取数据对象，从而获得具有代表性的分层采样数据子集。

例如，可以对一个顾客数据集按照年龄进行分层，然后再在每个年龄组中进行随机选择，从而确保最终获得的分层采样数据子集中的年龄分布具有代表性，如图 3.6 所示。

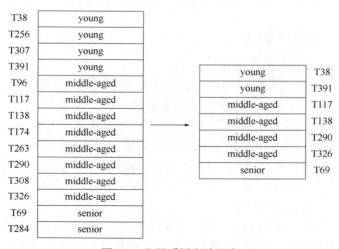

图 3.6　分层采样方法示意

3.4 大数据存储

大数据存储是将这些数据集持久化地保存在计算机中。随着结构化数据量和非结构化数据量的持续增长以及分析数据来源的多样化,轻量型数据库无法满足存储、数据挖掘和分析操作的需求,通常使用分布式系统、NoSQL 数据库、云数据库等。

3.4.1 大数据的存储方式

(1)分布式系统

分布式系统包含多个自主的处理单元,通过计算机网络互连来协作完成分配的任务,其分而治之的策略能够更好地处理大规模数据分析问题。分布式系统主要包含以下两类。

① 分布式文件系统:存储管理需要多种技术的协同工作,其中文件系统为其提供最底层存储能力的支持。分布式文件系统 HDFS 是一个高度容错性系统,适用于批量处理,能够提供高吞吐量的数据访问。

② 分布式键值系统:分布式键值系统用于存储关系简单的半结构化数据。典型的分布式键值系统是 Amazon Dynamo,获得广泛应用和关注的对象存储技术(Object Storage)也可以视为键值系统,其存储和管理的是对象而不是数据块。

(2)NoSQL 数据库

关系型数据库已经无法满足 Web 2.0 的需求,主要表现为:无法满足海量数据的管理需求,无法满足数据高并发的需求,高可扩展性和高可用性的功能太低。NoSQL 应运而生。

NoSQL 数据库的优势:可以支持超大规模数据存储,灵活的数据模型可以很好地支持Web 2.0 的应用,具有强大的横向扩展能力等。典型的 NoSQL 数据库包含以下几种:键值数据库、列族数据库、文档数据库和图形数据库。

(3)云数据库

云数据库是基于云计算技术发展的一种共享基础架构的方法,是部署和虚拟化在云计算环境中的数据库。云数据库并非一种全新的数据库技术,而只是以服务的方式提供数据库功能。云数据库所采用的数据模型可以是关系数据库所使用的关系模型(微软的 SQL Azure 云数据库都采用了关系模型)。同一个公司也可以提供采用不同数据模型的多种云数据库服务。

3.4.2 大数据存储技术路线

(1)MPP 架构的新型数据库集群

采用 MPP(massively parallel processing)架构的新型数据库集群,重点面向行业大数据,采用 Shared Nothing 架构,通过列存储、粗粒度索引等多项大数据处理技术,结合 MPP 架构高效的分布式计算模式,完成对分析类应用的支撑,运行环境多为低成本 PC Server,具有高性能和高扩展性的特点,在企业分析类应用领域获得了极其广泛的应用。

这类 MPP 产品可以有效支撑 PB 级别的结构化数据分析,这是传统数据库技术无法胜任的。对于企业新一代的数据仓库和结构化数据分析,目前 MPP 数据库是最佳选择。

(2)基于 Hadoop 的技术扩展

基于 Hadoop 的技术扩展和封装,围绕 Hadoop 衍生出相关的大数据技术,以应对传统关系型数据库难以处理的数据和场景。例如,针对非结构化数据的存储和计算等,可以充分利用 Hadoop 开源的优势。伴随着相关技术的不断进步，其应用场景也将逐步扩大，目前最为典型的应用场景就是通过扩展和封装 Hadoop 来实现对互联网大数据的存储、分析。对于非结构/半结构化数据处理、复杂的 ETL（extract-transform-load）流程、复杂的数据挖掘和计算模型，Hadoop 平台更擅长。

（3）大数据一体机

大数据一体机是一种专为大数据的分析处理而设计的软、硬件结合的产品，由一组集成的服务器、存储设备、操作系统、数据库管理系统以及为数据查询、处理、分析而特别预先安装及优化的软件组成，高性能大数据一体机具有良好的稳定性和纵向扩展性。

3.5　大数据处理技术

本节将对大数据技术的基本概念进行简单介绍，包括分布式计算、服务器集群和 Google 的三项大数据技术。

3.5.1　分布式计算

关于如何处理大数据，计算机科学界有两大方向。第一个方向是集中式计算，就是通过不断增加处理器的数量来增强单台计算机的计算能力，从而提高处理数据的速度。第二个方向是分布式计算，就是把一组计算机通过网络相互连接组成分散系统，然后将需要处理的大量数据分散成多个部分，交由分散系统内的计算机组同时计算，最后将这些计算结果合并，得到最终的结果。

尽管分散系统内的单个计算机的计算能力不强，但是由于每台计算机只计算一部分数据，并且多台计算机同时计算，所以就分散系统而言，处理数据的速度会远高于单台计算机。

过去，分布式计算理论比较复杂，技术实现比较困难，因此在处理大数据方面，集中式计算一直是主流解决方案。IBM 的大型机就是集中式计算的典型硬件，很多银行和政府机构都用它处理大数据。不过，对于当时的互联网公司来说，IBM 的大型机的价格过于昂贵。因此，互联网公司把研究方向放在了可以使用廉价计算机的分布式计算上。

3.5.2　服务器集群

服务器集群是一种提升服务器整体计算能力的解决方案。它是由互相连接在一起的服务器群组成的并行式或分布式系统。服务器集群中的服务器运行同一个计算任务，因此，从外部看，这群服务器表现为一台虚拟的服务器，对外提供统一的服务。尽管单台服务器的运算能力有限，但是将成百上千台服务器组成服务器集群后，整个系统就具备了强大的运算能力，可以支持大数据分析的运算负荷。Google、Amazon、阿里巴巴计算中心的服务器集群都达到了 5000 台服务器的规模。

3.5.3　Google 的三项大数据技术

2003—2004 年间，Google 发表了 MapReduce、GFS（Google File System）和 BigTable 三篇相关技术论文，提出了一套全新的分布式计算理论。MapReduce 是分布式计算框架，GFS 是分布式文件系统，BigTable 是基于 GFS 的数据存储系统，这三大组件组成了 Google 的分布式计算模型。

Google 的分布式计算模型相比于传统的分布式计算模型，有三大优势：

① 简化了传统的分布式计算理论，降低了技术实现的难度，可以进行实际的应用。

② 可以应用在廉价的计算设备上，只需增加计算设备的数量，就可以提升整体的计算能力，应用成本十分低廉。

③ 被应用在 Google 的计算中心，取得了很好的效果，有了实际应用的证明。

Google 在搜索引擎上所获得的巨大成功，很大程度上是由于采用了先进的大数据管理和处理技术。Google 的搜索引擎是针对搜索引擎面临的日益膨胀的海量数据存储、处理问题而设计的。

众所周知，Google 存储着世界上最庞大的信息量（数千亿个网页、数百亿张图片）的数据。但是，Google 并未拥有任何超级计算机来处理各种数据和搜索，也未使用 EMC 磁盘阵列等高端存储设备来保存大量的数据。2006 年，Google 大约有 45 万台服务器，到 2010 年，增加到了 100 万台，截至 2018 年，已经达到上千万台，并且还在不断增长中。这些数量巨大的服务器都不是昂贵的高端专业服务器，而是非常普通的 PC 级服务器，并且采用的是 PC 级主板。

Google 提出了一整套基于分布式并行集群方式的基础架构技术，该技术利用软件的能力来处理集群中经常发生的节点失效问题。Google 使用的大数据平台主要包括三个相互独立又紧密结合在一起的系统：Google 文件系统（Google File System，GFS），针对 Google 应用程序的特点提出的 MapReduce 编程模式以及大规模分布式数据库 BigTable。

（1）GFS

一般的数据检索都是使用数据库系统，但是 Google 拥有全球上百亿个 Web 文档，如果用常规数据库系统检索，数据量达到 TB 量级后速度就非常慢了。正是为了解决这个问题，Google 构建出了 GFS。

GFS 是一个大型的分布式文件系统，为 Google 大数据处理系统提供海量存储，并且与 MapReduce 和 BigTable 等技术结合得十分紧密，处于系统的底层。它的设计受到 Google 特殊的应用负载和技术环境的影响。相对于传统的分布式文件系统，为了达到成本、可靠性和性能的最佳平衡，GFS 从多个方面进行了简化。

GFS 使用廉价的商用机器构建分布式文件系统，将容错的任务交由文件系统来完成，利用软件的方法解决系统可靠性问题，这样可以使存储的成本大幅下降。

由于 GFS 中服务器数目众多，在 GFS 中，服务器死机现象经常发生，一般不应当将其视为异常现象。所以，如何在频繁的故障中确保数据存储的安全，保证提供不间断的数据存储服务是 GFS 最核心的问题。

GFS 的独特之处在于它采用了多种方法，从多个角度，使用不同的容错措施来确保整个系统的可靠性。GFS 的系统架构如图 3.7 所示，主要由一个 Master Server（主服务器）和多个 Chunk Server（数据块服务器）组成。Master Server 主要负责维护系统中的名字空间、访问控制信息、从文件到块的映射及块的当前位置等元数据，并与 Chunk Server 通信。Chunk Server 负责具体的存储工作。数据以文件的形式存储在 Chunk Server 上。Client 是应用程序访问 GFS 的接口。

Master Server 的所有信息都存储在内存里，启动时信息从 Chunk Server 中获取。这样不但提高了 Master Server 的性能和吞吐量，也有利于 Master Server 宕机后把后备服务器切换成 Master Server。

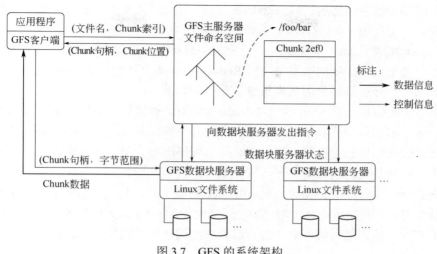

图 3.7　GFS 的系统架构

GFS 的系统架构设计有如下两大优势：

① Client 和 Master Server 之间只有控制流，没有数据流，因此降低了 Master Server 的负载。

② 由于 Client 与 Chunk Server 之间直接传输数据流，并且文件被分成多个 Chunk 进行分布式存储，因此 Client 可以同时并行访问多个 Chunk Server，从而让系统的 I/O 并行度提高。

Google 通过减少 Client 与 Master Server 的交互来解决 Master Server 的性能瓶颈问题。Client 直接与 Chunk Server 进行通信，Master Server 仅提供查询数据块所在的 Chunk Server 的详细位置的功能。数据块设计成 64MB，也是为了让客户端和 Master Server 的交互减少，让主要数据流量在客户端程序和 Chunk Server 之间直接交互。总之，GFS 具有以下特点。

① 采用中心服务器模式，带来以下优势：

a. 可以方便地增加 Chunk Server。

b. Master Server 可以掌握系统内所有 Chunk Server 的情况，方便进行负载均衡。

c. 不存在元数据的一致性问题。

② 不缓存数据，具有以下特点：

a. 文件操作大部分是流式读/写，不存在大量重复的读/写，因此即使使用缓存，对系统性能的提高也不大。

b. Chunk Server 上的数据存储在本地文件系统上，即使真的出现频繁存取的情况，本地文件系统的缓存也可以支持。

c. 若建立系统缓存，那么缓存中的数据与 Chunk Server 中的数据的一致性很难保证。

Chunk Server 在硬盘上存储实际数据。Google 把每个 Chunk 数据块的大小设计成 64MB，每个 Chunk 被复制成三个副本放到不同的 Chunk Server 中，以创建冗余来避免服务器崩溃。如果某个 Chunk Server 发生故障，Master Server 便把数据备份到一个新的地方。

（2）MapReduce

GFS 解决了 Google 海量数据的存储问题，MapReduce 则解决如何从这些海量数据中快速计算并获取期望结果的问题。MapReduce 是由 Google 开发的、针对大规模群组中海量数据处理的分布式编程模型。

MapReduce 实现了 Map 和 Reduce 两个功能。Map 把一个函数应用于集合中的所有成员，然后返回一个基于这个处理的结果集，而 Reduce 则对两个或更多个 Map 通过多个线程、进程或者独立系统并行执行得到的结果集进行分类和归纳。

用户只需要提供自己的 Map 函数及 Reduce 函数，就可以在集群上进行大规模的分布式数据处理。这一编程环境能够使程序设计人员编写大规模并行应用程序时不再考虑集群的并发性、分布性、可靠性和可扩展性等问题。应用程序编写人员只需要将精力放在应用程序本身上，关于集群的处理问题则交由平台来完成。

与传统的分布式程序设计相比，MapReduce 封装了并行处理、容错处理、本地化计算、负载均衡等细节，具有简单而强大的接口。正是由于 MapReduce 具有函数式编程语言和矢量编程语言的共性，使得这种编程模式特别适合非结构化和结构化海量数据的搜索、挖掘、分析等应用。

（3）BigTable

BigTable 是 Google 设计的分布式数据存储系统，是用来处理海量数据的一种非关系型数据库。BigTable 是一个稀疏的、分布式的、持久化存储的多维度排序映射表。BigTable 的设计目的是能够可靠地处理 PB 级别的数据，并且能够将其部署到上千台机器上。Google 设计 BigTable 的动机主要有以下三个方面。

① 需要存储的数据种类繁多。Google 目前向公众开放的服务很多，需要处理的数据类型也非常多，包括 URL、网页内容和用户的个性化设置等数据。

② 海量的服务请求。Google 运行着目前世界上最繁忙的系统，它处理的客户服务请求数量是普通的系统根本无法承受的。

③ 商用数据库无法满足 Google 的需求。一方面，传统的商用数据库的设计着眼点在于通用性，Google 的严格服务要求根本无法得到满足，而且在数量庞大的服务器上根本无法成功部署传统的商用数据库。另一方面，对于底层系统的完全掌控会给后期的系统维护和升级带来极大的便利。

在仔细考察了 Google 的日常需求后，BigTable 开发团队确定了 BigTable 设计所需达到的几个基本目标。

① 广泛的适用性。需要满足一系列 Google 产品而并非特定产品的存储要求。

② 强大的可扩展性。根据需要随时可以加入或撤销服务器。

③ 高可用性。确保几乎所有的情况下系统都可用。对于客户来说，有时候即使短暂的服务中断也是不能忍受的。

④ 简单性。底层系统的简单性既可以减少系统出错的概率，也为上层应用的开发带来了便利。

BigTable 完全实现了上述目标，已经在超过 60 个 Google 的产品和项目上得到了应用，包括 Google Analytics、Google Finance、Orkut、Personalized Search、Writely 和 Google Earth 等。

以上这些产品对 BigTable 提出了迥异的需求，有的需要高吞吐量的批处理，有的则需要及时响应，快速返回数据给最终用户。它们使用的 BigTable 集群的配置也有很大的差异，有的集群只需要几台服务器，而有的则需要上千台服务器。

3.6　大数据挖掘与分析

如果想要使大数据产生价值，那么对它的处理过程无疑是非常重要的，其中大数据挖掘和大数据分析是最重要的两部分。

大数据挖掘是从大量的、不完全的、有噪声的、模糊的、随机的数据中提取隐含在其中的、人们事先不知道的但又是潜在有用的信息和知识的过程。通过对大数据高度自动化地分析，做出归纳性的推理，从中挖掘出潜在的模式，可以帮助企业、商家、用户调整市场政策、减少风险、理性面对市场，并做出正确的决策。

大数据分析是指用适当的统计分析方法对收集来的大量数据进行分析，提取有用信息和结论，对数据加以详细研究和概括总结的过程。这一过程也是质量管理体系的支持过程。在实际应用中，大数据分析可帮助人们做出判断，以便采取适当行动。

按照大数据分析的流程，大数据挖掘工作较数据分析工作靠前些，二者又有重合的地方。大数据挖掘侧重于数据的清洗和梳理。大数据分析处于数据处理的末端，是最后阶段。大数据分析和大数据挖掘的分界、概念比较模糊，二者很难区分。

3.6.1　大数据挖掘

目前，在很多领域，尤其是在商业领域，如银行、电信、电商等，大数据挖掘可以解决很多问题，包括市场营销策略制定、背景分析、企业管理危机处理等。大数据挖掘常用的方法有分类、回归分析、聚类、关联规则、神经网络方法、Web 数据挖掘等。这些方法从不同的角度对数据进行挖掘。

① 分类　分类是找出数据库中的一组数据对象的共同特点并按照分类模式将其划分为不同的类，其目的是通过分类模型，将数据库中的数据项映射到某个给定的类别中。如淘宝商铺将用户一段时间内的购买情况划分成不同的类，根据情况向用户推荐关联类的商品，从而增加商铺的销售量。

② 回归分析　回归分析反映了数据库中数据属性值的特性，通过函数表达数据映射的关系来发现属性值之间的依赖关系，可以应用到数据序列的预测及相关关系的研究中。在市场营销中，回归分析可以被应用到各个方面，如通过对本季度销售的回归分析，对下一季度的销售趋势做出预测并做出针对性的营销改变。

③ 聚类　聚类类似于分类，但与分类的目的不同，它针对数据的相似性和差异性，将一组数据分为几个类别。属于同一类别的数据间的相似性很高，但不同类别之间数据的相似性很低，跨类的数据关联性很低。

④ 关联规则　关联规则是隐藏在数据项之间的关联或相互关系，可以根据一个数据项的出现推导出其他数据项的出现。关联规则的挖掘过程主要包括两个阶段：第一阶段，从海量原始数据中找出所有的高频项目组；第二阶段，从这些高频项目组中产生关联规则。关联规则挖掘技术已经被广泛应用于金融行业中，用以预测客户的需求。例如，各银行在自己的 ATM 机上，通过捆绑客户可能感兴趣的信息，使用户了解并获取相应信息来改善自身的营销。

⑤ 神经网络方法　神经网络作为一种先进的人工智能技术，因其具备自行处理、分布存储和高度容错等特性，非常适合处理非线性以及那些以模糊、不完整、不严密的知识或数据为特征的问题，它的这一特点十分适合解决数据挖掘的问题。典型的神经网络模型主要分

为三大类：第一类是用于分类预测和模式识别的前馈式神经网络模型，其主要代表为函数型网络、感知机；第二类是用于联想记忆和优化算法的反馈式神经网络模型，以 Hopfield 的离散模型和连续模型为代表；第三类是用于聚类的自组织映射方法，以 ART 模型为代表。虽然神经网络有多种模型及算法，但在特定领域的数据挖掘中，使用何种模型及算法并没有统一的规则，而且人们很难理解网络的学习及决策过程。

⑥ Web 数据挖掘　Web 数据挖掘是一项综合性技术，指 Web 从文档结构和使用的集合 C 中发现隐含的模式 P，如果将 C 视为输入，P 视为输出，那么 Web 挖掘过程就可以视为从输入到输出的一个映射过程。

当前，越来越多的 Web 数据都是以数据流的形式出现的，因此对 Web 数据挖掘就具有很重要的意义。目前常用的 Web 数据挖掘算法有：PageRank 算法、HITS 算法以及 LOGSOM 算法。这三种算法中提到的用户都是笼统的用户，并没有区分用户的个体。

3.6.2　大数据分析

大数据分析与传统统计分析的区别是：首先数据分析时不再进行抽样，而是采用全样本；其次是分析方法，不再采用传统的假设检验。大数据的应用减少了人类处理数据时主观假设的影响，完全依靠数据之间的相关性来阐述。大数据分析包括以下六个基本方面。

① 可视化分析　不管是对数据分析专家还是普通用户，数据可视化都是数据分析工具最基本的要求。可视化可以直观地展示数据，让数据自己说话，让观众听到结果。

② 数据挖掘算法　可视化是给人看的，而数据挖掘是给机器看的。集群、分割、孤立点分析以及其他的算法让用户深入数据内部，挖掘价值。这些算法不仅要解决处理大数据的量的问题，也要解决处理大数据的速度的问题。

③ 预测性分析能力　数据挖掘可以让分析员更好地理解数据，而预测性分析可以让分析员根据可视化分析和数据挖掘的结果做出一些预测性的判断。

④ 语义引擎　由于非结构化数据的多样性带来了数据分析的新挑战，用户需要一系列的工具去解析、提取、分析数据，因而语义引擎需要被设计成能够从"文档"中智能提取信息。

⑤ 数据质量和数据管理　数据质量和数据管理是一些管理方面的最佳实践。通过标准化的流程和工具对数据进行处理，可以保证一个预先定义好的、高质量的分析结果。

⑥ 数据存储和数据仓库　数据仓库是为了便于多维分析和多角度展示数据，按特定模式进行存储所建立起来的关系型数据库。在商业智能系统的设计中，数据仓库的构建是关键，是商业智能系统的基础，承担对业务系统数据整合的任务，为商业智能系统提供数据抽取、转换和加载（ETL）服务，并按主题对数据进行查询和访问，为联机大数据分析和大数据挖掘提供数据平台。

3.7　Hadoop 架构

3.7.1　什么是 Hadoop

Hadoop 是一个由 Apache 基金会开发的分布式系统基础架构。用户可以在不了解分布式底层细节的情况下，开发分布式程序，充分利用集群的优势对海量数据进行高速运算和存储。Hadoop 的标志如图 3.8 所示。

图 3.8　Hadoop 的标志

Hadoop 框架最核心的设计就是 HDFS 和 MapReduce。HDFS（Hadoop Distributed File System）组件实现了一个分布式文件系统。HDFS 有高容错性的特点，部署在硬件上，提供高吞吐量来访问应用程序的数据，适合那些有着超大数据集的应用程序。HDFS 放宽了可移植性操作系统接口的要求，可以以流的形式访问文件系统中的数据。HDFS 为海量的数据提供了存储服务。MapReduce 是一种计算模型，用以进行海量数据的计算。其中 Map 对数据集上的独立元素进行指定的操作，生成"键-值"形式的中间结果。Reduce 则对中间结果中相同"键"的所有"值"进行规约，以得到最终结果。MapReduce 这样的功能划分，非常适合在大量计算机组成的分布式并行环境里进行数据处理。

3.7.2　Hadoop 的发展历史

2002 年，Hadoop 雏形始于 Apache 的 Nutch 项目，是 Apache Lucene 的子项目之一。Nutch 是一个开源 Java 实现的搜索引擎，包括全文搜索和 Web 爬虫。

2003 年，Google 在 OSDI（Operating System Design and Implementation）会议上公开发表了题为 *MapReduce: Simplified Data Processing on Large Clusters*（《MapReduce：简化大规模集群上的数据处理》）的技术学术论文——谷歌文件系统 GFS。

2004 年，Nutch 的创始人 Doug Cutting 基于 Google 的 GFS 论文实现了分布式文件存储系统 NDFS（Nutch Distributed File System），用以支持 Nutch 引擎的主要算法。

2006 年，由于 NDFS 和 MapReduce 在 Nutch 引擎中已有良好的应用，所以它们被分离出来，成为一套完整而独立的软件，并被命名为 Hadoop。到了 2008 年年初，Hadoop 已成为 Apache 的顶级项目，包含众多子项目，被应用到包括 Yahoo 在内的很多互联网公司。

Hadoop 这个名字不是一个缩写，而是一个虚构的名字。该项目的创建者 Doug Cutting 这样解释 Hadoop 的由来：Hadoop 是他的孩子给一个棕黄色的大象玩具起的名字，简短、容易发音和拼写，没有太多的意义。

3.7.3　Hadoop 的优势及应用领域

（1）Hadoop 的设计理念和优势

① 分而治之　将一个大任务分为多个子任务独立执行，最后再汇总子任务的结果。非常有利于提升计算的性能、容错性等。

② 本地计算　系统会尽量让程序和数据在一起，以提高计算性能。

③ 分布式存储　将数据分片后进行分布式存储（对多片有多副本），非常有利于提升数据的安全性和数据处理能力等。

④ 弹性扩展　不管是计算还是存储，都有极佳的横向扩展能力。

⑤ 高容错性　在数据存储有多副本的情况下，某个副本故障并不会影响系统运行，系统也会自动、立即恢复副本。

⑥ 方便　Hadoop 可以运行在一般商业机器构成的大型集群上，或者是亚马逊弹性计算云上，或者阿里云等云计算服务上。

⑦ 弹性　Hadoop 通过增加集群节点，可以线性地扩展以处理更大的数据集。同时，在集群负载下降时，也可以减少节点以提高资源使用效率。

⑧ 健壮　Hadoop 在设计之初就将故障检查和自动恢复作为一个设计目标，它可以从容处理通用计算平台上出现的硬件失效的情况。

⑨ 简单　Hadoop 允许用户快速编写出高效的并行分布式代码。

（2）Hadoop 的应用领域

① 移动数据　Cloudera 为 70%的美国智能手机提供服务。通过无线方式存储和处理移动数据，有关市场份额可以帮助他们锁定客户，这些都是由 Hadoop 技术来支撑的。

② 电子商务　eBay 作为一个主要的 Hadoop 用户，成功经营着大型零售卖场来帮助数百万商人销售物品，在使用了 Hadoop 后，仅 90 天内就增加了 3%的净利润。

③ 在线旅游　Hadoop 架构正在为约 80%的全球在线旅游预订服务。

④ 诈骗检测　利用 Hadoop 来存储所有客户的交易数据，包括一些非结构化数据，能够帮助机构发现客户的异常活动，预防欺诈行为。

⑤ 医疗保健　Apixio 利用 Hadoop 平台开发了语义分析服务，可以针对病人的健康状况提供医生、护士及其他相关人士的回答。Apixio 试图通过对医疗记录进行先进的技术分析，用一个简单的、基于云计算的搜索引擎来帮助医生迅速了解病人相关病史，挽救生命。

⑥ 能源开采　Chevron 公司采用 Hadoop 对数据进行排序和整理，而这些数据全部都是海洋深处地震时产生的数据，其背后有可能意味着石油储量。

⑦ 基础设施管理　NetApp 公司收集设备日志，并将它们存储在 Hadoop 中。Esty 每晚都要在以 Elastic MapReduce Hadoop Service 为基础的亚马逊云计算平台上运行数十种 Hadoop 工作流程。根据一些详细技术报告可知，其运行差不多 5000 次 Hadoop job 分析来自内部的运行数据和外部的活动数据，如用户行为变化等。

⑧ 图像处理　一家创业型企业 Skybox Imaging，利用 Hadoop 存储和处理来自卫星捕捉的高分辨率图像，并尝试将这些信息及图像与地理格局的变化相对应。

⑨ IT 安全　企业通过使用 Hadoop 处理机器产生的数据，以识别恶意软件和网络攻击模式。IPTrust 通过使用 Hadoop 来指定 IP 地址的名誉得分（在 0～1 之间），从而使其他安全产品可以判断是否接受来自这些来源的通信，IBM 和 HP 都使用 IPTrust 的安全产品。

3.7.4　Hadoop 的组成

（1）Hadoop 的核心组件

Hadoop 的核心组件有 HDFS、MapReduce 等，具体如图 3.9 所示。

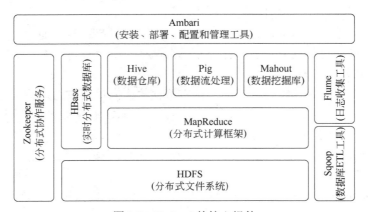

图 3.9　Hadoop 的核心组件

（2）Hadoop 服务分类

Hadoop 服务的主要分类见表 3.2。

表 3.2　Hadoop 服务分类

分类	服务名	说明
存储	HDFS	Hadoop 分布式文件系统，是 Hadoop 项目的核心子项目，设计思想来源于 Google 的 GFS。具有高容错性、高吞吐量的特点，适合存储超大文件，不适合存储小文件
	HBase	实时分布式数据库，是一种分布式、面向列的数据库。利用 HDFS 持久化数据存储，使用 Zookeeper 协同服务；容量巨大，可以用百亿行、百万列，支持独立索引，具有稀疏性、高可用性等特性
	Accumulo	可靠、可伸缩、高能的排序分布式键值存储解决方案。基于单元访问控制以及可定制的服务端处理，应用 Google BigTable 设计思路，基于 Apache Hadoop、Zookeeper 和 Thrift 构建
计算	MapReduce	分布式计算框架，主要用于离线计算、计算密集型应用。设计思想是分而治之：将一个大任务分成多个独立的小任务，最后汇总各个小任务的结果
	Spark	迭代计算框架，基于内存计算。高性能，比 MR 快 10～100 倍，通用支持批处理、SQL 查询、机器学习、图计算等
	Storm	Hadoop 流处理框架，效率非常高，可以保证每条信息都能被处理，实践应用较多
	Tez	MapReduce 程序性能优化器。将 MR 程序转化为有向无环图，大大提升性能，帮助 MR 克服迭代计算和交互式计算方面的不足
数据处理	Sqoop	Hadoop 和关系型数据库之间进行批量数据转移的工具。只有命令行，没有图形化界面
	Flume	一个高可用性、高可靠性、分布式的海量日志采集、聚合和传输的系统。多种数据源、多种数据目的地，当节点出现故障时，日志能够被传送到其他节点上而不会丢失
	Kafka	一种高吞吐量的分布式发布订阅消息系统。通过磁盘数据结构保持消息的持久高吞吐量，支持通过 Kafka 服务器和消费机集群来区分消息，支持 Hadoop 并行数据加载
	Hive	基于 Hadoop 的数据仓库工具，可以将结构化的数据文件映射为一张数据库表，并提供简单的类 SQL 查询功能。采用 HiveQL 语言，与大部分 SQL 语法兼容，但并不完全支持 SQL 标准。易于数据抽取、转换和加载，支持多样性的数据存储格式
系统服务	YARN	一种新的 Hadoop 资源管理器，它是一个通用资源管理系统，可为上层应用提供统一的资源管理和调度，它的引入为集群在利用率、资源统一管理和数据共享方面带来了巨大好处
	Zookeeper	分布式协作服务，保证集群的一致性。提供配置维护、名字服务、分布式同步和组服务等功能
	Slider	将已存在服务部署在 YARN 集群上，而不用修改已存在服务
	Oozie	工作流管理平面，可管理 MR、Hive、Sqoop 等服务。它带有一个 Web 界面，在界面上只可查看工作流，工作流的创建等还需要命令行

3.7.5　Hadoop 与传统数据库之间的关系

企业迅速增长的结构化和非结构化数据的管理需求，是推动企业使用 Hadoop 技术的重要因素。但是 Hadoop 还不能取代现有的所有技术，现在越来越多的状况是 Hadoop 与 RDBMS 一起工作。Hadoop 与 RDBMS（传统关系型数据库）的比较，其实也就是 MapReduce 与 RDBMS 的比较。

RDBMS 是指对应于一个关系模型的所有关系的集合。关系型数据库系统实现了关系模型，并用它来处理数据。关系模型在表中将信息与字段关联起来（也就是 schemas），从而存储数据。这种数据库管理系统需要结构（例如表）在存储数据之前被定义出来。有了表，每一列（字段）都存储一个不同类型（数据类型）的信息。数据库中的每个记录，都有自己唯一的 key，作为属于某一表的一行，行中的每一个信息都对应了表中的一列，所有的关系一起构成了关系模型。

RDBMS 有如下特点：

① 容易理解：二维表结构是非常贴近逻辑世界的，关系模型相对于网状、层次等其他模型来说更容易理解；

② 使用方便：通用的 SQL 语言使得操作关系型数据库非常方便；

③ 易于维护：丰富的完整性（实体完整性、参照完整性和用户定义的完整性）大大降低了数据冗余和数据不一致的概率；

④ SQL：支持 SQL，可用于复杂的查询。

RDBMS 和 MapReduce 对比分析如下：

① 数据大小：RDBMS 适合处理 GB 级别的数据，数据量超过这个范围，性能会急剧下降；MapReduce 可以处理 PB 级别的数据，没有数据量的限制。

② 访问方式：RDBMS 支持交互处理和批处理；MapReduce 仅支持批处理。

③ 更新：RDBMS 支持多次读写；MapReduce 支持一次写、多次读。

④ 收缩性：RDBMS 是非线性扩展的；MapReduce 支持线性扩展。

总的来说，MapReduce 适合海量数据的批处理，可以利用其并行计算的能力，而 RDBMS 适合少量数据实时的复杂查询。在实际工作中，MapReduce 一般与 RDBMS 结合使用，比如利用 MapReduce 对海量日志进行统计分析，最后统计结果的数据量一般比较小，一般会放入 RDBMS 做实时查询。

3.7.6 Hadoop 的应用实例

图 3.10 从大数据处理流程的角度展示了 Hadoop 的整体架构。

① 数据采集通过定制开发采集程序，或使用开源框架 Flume 实现；

② 数据预处理通过定制开发 MapReduce 程序，并将其运行于 Hadoop 集群完成；

③ 数据存储通过基于 Hadoop 的 Hive 或 HBase 技术完成；

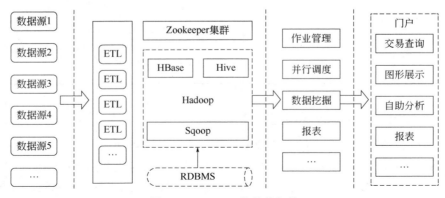

图 3.10　Hadoop 的整体架构

④ 使用基于 Hadoop 的 Sqoop 数据导入导出工具完成数据导出；

⑤ 通过定制开发 Web 程序等完成数据可视化。

Hadoop 开发的应用案例比较多，以下简单介绍几个 Hadoop 开发的应用实例。

（1）Hadoop 应用案例 1——全球最大的拍卖网站 eBay

经营拍卖业务的 eBay 用 Hadoop 来分析买卖双方在网站上的行为。eBay 拥有全世界最大的数据仓储系统，八千万名用户每天增加的数据量有 50TB，相当于五天就增加了一座美国国会图书馆的数据量。光是存储这些数据就是一大挑战，更何况还要分析这些数据，而且更困难的挑战是这些数据包括了结构化数据和非结构化数据，如照片、影片、电子邮件、用户的网站浏览日志记录等。

eBay 在 2010 年就另外建置了一个软硬件整合的平台 Singularity，搭配压缩技术解决结构化数据和半结构化数据分析问题。2012 年，这个平台整合了 Hadoop 处理非结构化数据，通过 Hadoop 进行数据预先处理，将大块结构的非结构化数据拆解成小型数据，再放入数据仓储系统的数据模型中分析，以加快分析速度，也减轻对数据仓储系统的分析负载。

（2）Hadoop 应用案例 2——全球最大的信用卡公司 Visa

全球最大的信用卡公司 Visa 拥有全球最大的付费网络系统 VisaNet，该系统主要用于信用卡付款的验证。2009 年时，该系统每天需要处理 1.3 亿次授权交易和 140 万台 ATM 的联机存取。为了降低信用卡各种诈骗、盗领事件的损失，Visa 公司需要分析每一笔事务数据，精准地找出可疑的交易。虽然每笔交易的数据记录只有短短 200 位，但每天 VisaNet 要处理全球上亿笔交易，2 年累积的资料多达 36TB。过去光是要分析 5 亿个用户账号之间的关联，就需要等一个月才能得到结果。

Visa 公司在 2009 年引入了 Hadoop，建置了两套 Hadoop 集群（每套不到 50 个节点），这样，Visa 公司发现可疑交易的分析时间从原来的一个月缩短到 13 分钟，不但能更快速地找出可疑交易，还能更快地对银行提出预警，甚至能及时阻止诈骗交易。

（3）Hadoop 应用案例 3——百度搜索引擎

百度作为全球最大的中文搜索引擎公司，提供基于搜索引擎的各种产品，包括以网络搜索为主的功能性搜索，以贴吧为主的社区搜索，针对区域、行业的垂直搜索，MP3 音乐搜索以及百科搜索等，几乎覆盖了中文网络世界中所有的搜索需求。

百度对海量数据处理的要求是比较高的，要在线下对数据进行分析，还要在规定的时间内处理完并反馈到平台上。在百度，Hadoop 主要应用于日志的存储和统计；网页数据的分析和挖掘；商业分析，如用户的行为和广告关注度等；在线数据的反馈，及时得到在线广告的点击情况；用户网页的聚类，分析用户的推荐度及用户之间的关联度等。

百度的研究人员认为比较好的模型应该是，HDFS 实现共享存储，一些计算使用 MapReduce 解决，一些计算使用 MPI 解决，而还有一些计算通过两者共同处理。

百度现在拥有 3 个 Hadoop 集群，总规模在 700 台机器左右，其中有 100 多台新机器和 600 多台要淘汰的机器（它们的计算能力相当于 200 多台新机器），不过其规模还在不断增加中。现在每天运行的 MapReduce 任务在 3000 个左右，每天处理数据约 120TB。

3.8 基于大数据的精准营销

在大数据时代到来之前，企业营销只能利用传统的营销数据，包括分析客户关系管理系统中的客户信息、广告效果、展览等一些线下活动的效果。数据的来源仅限于消费者某一方面的有限信息，不能提供充分的提示和线索。互联网时代带来了新类型的数据，包括使用网站的数据、地理位置的数据、邮件数据、社交媒体数据等。

大数据时代的企业营销可以借助大数据技术将新类型的数据与传统数据整合，从而更全面地了解消费者的信息，对顾客群体进行细分，然后对每个群体采取符合具体需求的专门行动，也就是进行精准营销。

3.8.1 精准营销概述

精准营销是指企业通过定量和定性相结合的方法，对目标市场的不同消费者进行细致分析，并根据他们不同的消费心理和行为特征，采用有针对性的现代技术、方法和指向明确的策略，从而实现对目标市场不同消费者群体强有效性、高投资回报的营销沟通。

精准营销最大的优点在于"精准"，即在市场细分的基础上，对不同消费者进行细致分析，确定目标对象。精准营销的主要特点有以下几点：

① 精准的客户定位是营销策略的基础。

② 精准营销能提供高效、高投资回报的个性化沟通。过去的营销活动面对的是大众，目标不够明确，沟通效果不明显。精准营销是在确定目标对象后，划分客户生命周期的各个阶段，抓住消费者的心理，进行细致、有效的沟通。

③ 精准营销为客户提供增值服务，为客户细致分析、量身定做，避免了用户对商品的挑选，节约了客户的时间成本和精力，同时满足客户的个性化需求，增加了顾客让渡价值。

发达的信息技术有益于企业实现精准化营销，"大数据"和"互联网+"时代的到来，意味着人们可以利用数字中的镜像世界映射出现实世界的个性特征。这些技术的发展降低了企业进行目标定位的成本，同时也提高了对目标分析的准确度。

得益于现代高度分散物流的保障方式，企业可以摆脱繁多的中间渠道环节，并且脱离对传统营销模块式组织机构的依赖，真正实现对客户的个性化关怀。通过可量化的市场定位技术，精准营销打破了传统营销只能做到定性的市场定位的局限，使企业营销达到了可调控和可度量的要求。此外，精准营销改变了传统广告所必需的高成本。

3.8.2 大数据精准营销过程

传统的营销理念是根据顾客的基本属性，如顾客的性别、年龄、职业和收入等来判断顾客的购买力和产品需求，从而进行市场细分以及制定相应的产品营销策略，这是一种静态的营销方式。

大数据不仅记录了人们的行为轨迹，还记录了人们的情感与生活习惯，能够精准预测顾客的需求，从而实现以客户生命周期为基准的精准化营销，这是一种动态的营销过程。

（1）助力客户信息收集与处理

客户信息收集与处理是一个数据准备的过程，是数据分析和挖掘的基础，是搞好精准营销的关键和基础。精准营销所需要的信息内容主要包括描述信息、行为信息和关联信息等三大类。

① 描述信息　是顾客的基本属性信息，如年龄、性别、职业、收入和联系方式等基本信息。

② 行为信息　是顾客购买行为的特征，通常包括顾客购买产品或服务的类型、消费记

录、购买数量、购买频次、退货行为、付款方式、顾客与企业的联络记录以及顾客的消费偏好等。

③ 关联信息 是顾客行为的内在心理因素，常用的关联信息包括满意度和忠诚度、对产品与服务的偏好或态度、流失倾向及与企业之间的联络倾向等。

（2）客户细分与市场定位

企业要对不同客户群展开有效的管理并采取差异化的营销手段，就需要区分出不同的客户群。在实际操作中，传统的市场细分变量，如人口因素、地理因素、心理因素等，由于只能提供较为模糊的客户轮廓，已经难以为精准营销的决策提供可靠的依据。

大数据时代，利用大数据技术，能在收集的海量非结构化信息中快速筛选出对公司有价值的信息，对客户行为模式与客户价值进行准确判断与分析，使企业有可能甚至深入了解"每一个人"，而不仅仅是通过"目标人群"进行客户洞察和提供营销策略。

大数据可以帮助企业在众多用户群中筛选出重点客户，它利用某种规则关联，确定企业的目标客户，从而帮助企业将其有限的资源投入到这小部分的忠诚客户中，即把营销开展的重点放在最重要的 20% 的客户上，更加关注优质客户，以最小的投入获取最大的收益。

（3）辅助营销决策与营销战略设计

在得到基于现有数据的不同客户群特征后，市场人员需要结合企业战略、企业能力、市场环境等因素，在不同的客户群体中寻找可能的商业机会，最终为每个客户群制定个性化的营销战略，每个营销战略都有特定的目标，如获取相似的客户、交叉销售或提升销售以及采取措施防止客户流失等。

（4）精准的营销服务

动态的数据追踪可以改善用户体验。企业可以追踪了解用户使用产品的状况，做出适时的提醒。例如，食品是否快到保质期；汽车使用磨损情况，是否需要保养维护等。

流式数据使产品"活"起来，企业可以随时根据反馈的数据做出方案，精准预测顾客的需求，提高顾客生活质量。针对潜在的客户或消费者，企业可以通过各种现代化信息传播工具直接与消费者进行一对一的沟通，也可以通过电子邮件将分析得到的相关信息发送给消费者，并追踪消费者的反应。

（5）营销方案设计

在大数据时代，一个好的营销方案可以聚焦到某个目标客户群，甚至精准地根据每一位消费者不同的兴趣与偏好为他们提供专属性的市场营销组合方案，包括针对性的产品组合方案、产品价格方案、渠道设计方案、一对一的沟通促销方案，如 O2O 渠道设计、网络广告的受众购买的方式和实时竞价技术，基于位置的促销方式等。

（6）营销结果反馈

在大数据时代，营销活动结束后，可以对营销活动执行过程中收集的各种数据进行综合分析，从海量数据中挖掘出最有效的企业市场绩效度量，并与企业传统的市场绩效度量方法比较，以确定基于新型数据的度量的优越性和价值，从而对营销活动的执行、渠道、产品和广告的有效性进行评估，为下一阶段的营销活动打下良好的基础。

3.8.3　大数据精准营销方式

在大数据的背景下，百度等公司掌握了大量调研对象的数据资源，这些用户的前后行为能够被精准地关联起来。

（1）实时竞价（RTB）

简单地讲，RTB 智能投放系统的操作过程就是当用户发出浏览网页请求时，该请求信息会在数据库中进行比对，系统通过推测来访者的身份和偏好，将信息发送到后方需求平台，然后由广告商进行竞价，出价最高的企业可以把自己的广告瞬间投放到用户的页面上。

RTB 运用 Cookie 技术记录用户的网络浏览痕迹和 IP 地址，并运用大数据技术对海量数据进行甄别分析，得出用户的需求信息，向用户展现相应的推广内容。这种智能投放系统能精准地确定目标客户，显著提高广告接受率，具有巨大的商业价值和广阔的应用前景。

（2）交叉销售

"啤酒与尿布"是数据挖掘的经典案例。海量数据中含有大量的信息，通过对数据的有效分析，企业可以发现客户的其他需求，为客户制定套餐服务，还可以通过互补型产品的促销，为客户提供更多更好的服务，如银行和保险公司的业务合作，通信行业制定手机上网和短信包月的套餐等。

（3）点告

点告就是以"点而告知"取代"广而告知"，改变传统的片面追求广告覆盖面的思路，转向专注于广告受众人群细分以及受众效果。具体来讲，当用户注册为点告网的用户时，如果填写自己的职业和爱好等资料，点告网就可以根据用户信息进行数据挖掘分析，然后将相应的题目推荐给用户，继而根据用户的答题情况对用户进行自动分组，进一步精确地区分目标用户。

点告以其精准性、趣味性、参与性及深入性潜移默化地影响目标受众，最终达到宣传企业的目的。

（4）窄告

窄告与广告相对立，是一种把商品信息有针对性地投放给企业想要传递到的那些人眼前的广告形式。"窄告"基于精准营销理念，在投放广告时，采用语义分析技术将广告主的关键词及网文进行匹配，从而有针对性地将广告投放到相关文章周围的联盟网站的窄广告位上。

窄告能够通过地址精确区分目标区域，锁定哪些区域是广告商指定的目标客户所在地，最后成功地精确定位目标受众。

（5）定向广告推送

社交网络广告商可以对互联网和移动应用中大量的社交媒体个人页面进行搜索，实时查找提到的品牌厂商的信息，并对用户所发布的文字、图片等信息进行判断，帮助广告商投放实时广告，使得投放的广告更加符合消费者的实际需要，因而更加准确有效。

3.9 大数据预测

大数据预测是大数据最核心的应用，它将传统意义的预测拓展到"现测"。大数据预测的优势体现在它把一个非常困难的预测问题转化为一个相对简单的描述问题，而这是传统小数据集根本无法企及的。从预测的角度看，大数据预测所得出的结果不仅仅是用于处理现实业务的简单、客观的结论，更是能用于帮助企业经营的决策。

3.9.1　预测是大数据的核心价值

大数据的本质是解决问题，大数据的核心价值就在于预测，而企业经营的核心也是基于预测而做出正确判断。在谈论大数据的应用时，最常见的应用案例便是"预测股市""预测流感""预测消费者行为"等。

大数据预测基于大数据和预测模型来预测未来某件事情发生的概率。让分析从"面向已经发生的过去"转向"面向即将发生的未来"是大数据与传统数据分析的最大不同。

大数据预测的逻辑基础是：每一种非常规的变化事前一定有征兆，每一件事情都有迹可循，如果找到了征兆与变化之间的规律，就可以进行预测。大数据预测无法确定某件事情必然会发生，它更多是给出一个事件会发生的概率。

实验的不断反复、大数据的日渐积累让人类不断发现各种规律，从而能够预测未来。利用大数据预测可能的灾难、利用大数据分析癌症可能的引发原因并找出治疗方法，都是未来能够惠及人类的事业。例如，大数据曾被洛杉矶警察局和加利福尼亚大学合作用于预测犯罪的发生；Google 流感趋势利用搜索关键词预测禽流感的散布；麻省理工学院利用手机定位数据和交通数据进行城市规划；气象局通过整理近期的气象情况和卫星云图，更加精确地判断未来的天气状况。

3.9.2　大数据预测的思维改变

在过去，人们的决策主要依赖 20% 的结构化数据，而大数据预测则可以利用另外 80% 的非结构化数据来做出决策。大数据预测具有更多的数据维度、更快的数据频度和更广的数据宽度。与小数据时代相比，大数据预测的思维具有三大改变：实样而非抽样、预测效率而非精确、相关关系而非因果关系。

（1）实样而非抽样

在小数据时代，人们缺少获取全体样本的手段，所以数据预测一般采用"随机调研数据"的方法。从理论上说，抽取样本随机性越强，就越能代表整体样本。但是当时获取一个随机样本的代价极高，而且很费时间。人口调查就是一个典型例子，一个国家很难做到每年都完成一次人口调查，因为随机调研实在是太耗时耗力，然而云计算和大数据技术的出现，使获取足够大的样本数据乃至全体数据成为可能。

（2）预测效率而非精确

小数据时代，由于使用抽样的方法，所以需要在数据样本的具体运算上非常精确，否则就会"差之毫厘，失之千里"。例如，在一个总样本为一百万的学生数据中随机抽取 100 名学生进行调查，如果在 100 人时运算出现错误，那么放大到 100 万人时，偏差将会很大。但在全样本的情况下，有多少偏差就是多少偏差，不会被放大。

在大数据时代，人们往往需要的是快速获得一个大概的轮廓和发展脉络，而不是过多地追求精确性。有时候，当掌握了大量新型数据时，精确性就不那么重要了，因为我们仍然可以掌握事情的发展趋势。大数据基础上的简单算法比小数据基础上的复杂算法更加有效。数据分析的目的并非仅仅就是数据分析，而是用于决策，故而时效性也非常重要。

（3）相关关系而非因果关系

大数据研究不同于传统的逻辑推理研究，它需要对数量巨大的数据做统计性的搜索、比较、聚类、分类等分析归纳，并关注数据的相关性（或称关联性）。相关性是指两个或两个以上变量的取值之间存在的某种规律性。相关性没有绝对，只有可能。但是，如果相关性强，则一个相关性成功的概率是很高的。

相关性可以帮助人们捕捉现在和预测未来。如果 A 和 B 经常一起发生，则只需要注意到 B 发生了，就可以预测 A 也发生了。

根据相关性，人们理解世界不再需要建立在假设的基础上，这个假设是指针对现象建立的有关其产生机制和内在机理的假设。因此，人们不需要建立这样的假设，即：哪些检索词条可以表示流感在何时何地传播，航空公司怎样给机票定价，沃尔玛的顾客的烹饪喜好是什么。取而代之的是，人们可以对大数据进行相关性分析，从而知道哪些检索词条是最能显示流感的传播的，飞机票的价格是否会飞涨，哪些食物是飓风期间待在家里的人最想吃的。

数据驱动的关于大数据的相关性分析法，取代了基于假想的易出错的方法。大数据的相关性分析法更准确、更快速，而且不易受偏见的影响。建立在相关性分析法基础上的预测是大数据的核心。

相关性分析本身的意义重大，同时它也为研究因果关系奠定了基础。通过找出可能相关的事物，可以在此基础上进行进一步的因果关系分析。如果存在因果关系，则再进一步找出原因。这种便捷的机制通过严格的实验降低了因果分析的成本。人们也可以从相互联系中找到一些重要的变量，这些变量可以应用到验证因果关系的实验中。

3.9.3 大数据预测的典型应用领域

互联网给大数据预测的普及带来了便利条件，结合国内外案例来看，以下 11 个领域是最有可为的大数据预测应用领域。

（1）天气预报

天气预报是典型的大数据预测应用领域。天气预报粒度已经从天缩短到小时，有严苛的时效要求。如果基于海量数据通过传统方式进行计算，则得出结论时"明天"早已到来，预测并无价值；而大数据技术的发展则提供了高速计算能力，大大提高了天气预报的时效性和准确性。

（2）体育赛事预测

2014 年世界杯期间，Google、百度、微软和高盛等公司都推出了比赛结果预测平台。百度的预测结果最为亮眼，全程 64 场比赛的预测准确率为 67%，进入淘汰赛后准确率为 94%。这意味着未来的体育赛事会被大数据预测所掌控。

Google 的世界杯预测平台是基于 Opta Sports 的海量赛事数据来构建最终的预测模型的。百度则是通过搜索过去 5 年内全世界 987 支球队（含国家队和俱乐部队）的 3.7 万场比赛数据，同时与中国彩票网站乐彩网、欧洲必发指数数据供应商 SPdex 进行数据合作，导入博彩市场的预测数据，建立了一个囊括 199972 名球员和 1.12 亿条数据的预测模型，并在此基础上进行结果预测。

从互联网公司的成功经验来看，只要有体育赛事历史数据，并且与指数公司进行合作，便可以进行其他赛事的预测，如欧洲冠军联赛（欧冠）、NBA 等赛事。

（3）股票市场预测

英国华威商学院和美国波士顿大学物理系的研究发现，用户通过 Google 搜索的金融关键词或许可以预测金融市场的走向，相应的投资战略收益高达 326%。此前则有专家尝试通过推特（Twitter）博文情绪来预测股市波动。

（4）**市场物价预测**

CPI 用于表征已经发生的物价浮动情况，但有时统计局的数据并不权威。大数据则可以帮助人们了解未来物价的走向，提前预知通货膨胀或经济危机。最典型的案例莫过于马云通过阿里 B2B 大数据提前预知亚洲金融危机。

单个商品的价格预测更加容易，尤其是机票这样的标准化产品，"去哪儿"提供的"机票日历"就是价格预测，它能告知人们几个月后机票的大概价位。

由于商品的生产、渠道成本和大概毛利在充分竞争的市场中是相对稳定的，与价格相关的变量是相对固定的，商品的供需关系在电子商务平台上可实时监控，因此价格可以预测。基于预测结果可提供购买时间建议，或者指导商家进行动态价格调整和营销活动，以实现利益最大化。

（5）**用户行为预测**

基于用户搜索行为、浏览行为、评论历史和个人资料等数据，互联网业务可以洞察消费者的整体需求，进而进行针对性地产品生产、改进和营销。百度基于用户喜好进行精准广告营销、阿里根据天猫用户特征包下生产线定制产品、Amazon 预测用户点击行为提前发货，均是受益于互联网用户行为预测。

受益于传感器技术和物联网的发展，线下的用户行为洞察正在酝酿之中。免费商用Wi-Fi、iBeacon 技术、摄像头影像监控、室内定位技术、NFC 传感器网络、排队叫号系统，可以探知用户线下的移动、停留、出行规律等数据，从而进行精准营销或者产品定制。

（6）**人体健康预测**

中医可以通过望闻问切发现一些人体内隐藏的慢性病，甚至通过观察体质便可知晓一个人将来可能会得的病症。人体体征变化有一定规律，而慢性病发生前人体已经有一些持续性异常。理论上来说，如果大数据掌握了这样的异常情况，便可以进行慢性病预测。

Nature "新闻与观点" 栏目报道过 Zeevi 等的一项研究，即一个人的血糖浓度如何受特定的食物影响的复杂问题。该研究根据肠道中的微生物和其他方面的生理状况，提出了一种可以提供个性化食物建议的预测模型，比目前的标准更能准确地预测血糖反应。

智能硬件使慢性病的大数据预测变为可能。可穿戴设备和智能健康设备可帮助网络收集人体健康数据，如心率、体重、血脂、血糖、运动量、睡眠量等状况。如果这些数据足够精准、全面，并且有可以形成算法的慢性病预测模式，或许未来这些穿戴设备就会提醒用户身体罹患某种慢性病的风险。

（7）**疾病疫情预测**

疾病疫情预测是指基于人们的搜索情况、购物行为预测大面积疫情暴发的可能性，最经典的"流感预测"便属于此类。如果来自某个区域的"流感""板蓝根"搜索需求越来越多，自然可以推测该处有流感趋势。

百度已经推出了疾病预测产品，目前可以就流感、肝炎、肺结核、性病这四种疾病，对全国每一个省份以及大多数地级市和区县的活跃度、趋势图等情况进行全面的监控。未来，百度疾病预测监控的疾病种类将从目前的 4 种扩展到 30 多种，覆盖更多的常见病和流行病。用户可以根据当地的预测结果进行针对性的预防。

（8）灾害灾难预测

气象预测是最典型的灾害灾难预测。地震、洪涝、高温、暴雨这些自然灾害如果可以利用大数据进行更加提前的预测，就可以更好地减灾、防灾、救灾、赈灾。与过往不同的是，过去的数据收集方式存在有死角、成本高等问题，而在物联网时代，人们可以借助廉价的传感器摄像头和无线通信网络进行实时的数据监控收集，再利用大数据预测分析，做到更精准的自然灾害预测。

（9）环境变迁预测

除了进行短时间微观的天气、灾害预测之外，还可以进行更加长期和宏观的环境和生态变迁预测。森林和农田面积缩小、野生动植物濒危、海岸线上升、温室效应等问题是地球面临的"慢性问题"。人类掌握的地球生态系统以及天气形态变化的数据越多，就越容易模型化未来环境的变迁，进而阻止不好的转变发生。大数据可帮助人类收集、存储和挖掘更多的地球数据，同时还提供了预测的工具。

（10）交通行为预测

交通行为预测是指基于用户和车辆的 LBS 定位数据，分析人车出行的个体和群体特征，进行交通行为的预测。交通部门可通过预测不同时间、不同道路的车流量，进行智能的车辆调度或应用潮汐车道；用户则可以根据预测结果选择拥堵概率更低的道路。

百度基于地图应用的 LBS 预测涵盖范围更广。它在春运期间可预测人们的迁徙趋势来指导火车线路和航线的设置，在节假日可预测景点的人流量来指导人们的景区选择，平时还有百度热力图来告诉用户城市商圈、动物园等地点的人流情况，从而指导用户出行选择和商家的选点选址。

（11）能源消耗预测

美国加利福尼亚州电网系统运营中心管理着加利福尼亚州超过 80%的电网，每年向 3500万用户输送 2.89 亿兆瓦电力，电力线长度超过 40000 千米。该中心采用 Space-Time Insight软件进行智能管理，综合分析来自天气、传感器、计量设备等各种数据源的海量数据，预测各地的能源需求变化，进行智能电能调度，平衡全网的电力供应和需求，并对潜在危机做出快速响应。中国智能电网业已在尝试类似的大数据预测应用。

除了上面列举的 11 个领域之外，大数据预测还可被应用在房地产预测、就业情况预测、高考分数线预测、选举结果预测、奥斯卡大奖预测、保险投保者风险评估、金融借贷者还款能力评估等领域，让人类具备可量化、有说服力、可验证的洞察未来的能力。

3.9.4　大数据预测的其他应用领域

（1）大数据帮助企业挖掘市场机会，探寻细分市场

大数据能够帮助企业分析大量数据，从而进一步挖掘市场机会和细分市场，然后对每个群体量体裁衣般地采取独特的行动。获得好的产品概念和创意，关键在于如何去收集消费者相关的信息，如何获得趋势，如何挖掘出人们头脑中未来可能会消费的产品概念。

用创新的方法解构消费者的生活方式，剖析消费者的生活密码，才能让符合消费者未来生活方式的产品研发不再成为问题。企业了解了消费者的密码，就会知道其潜藏在背后的真正需求。大数据分析是发现新客户群体、确定最优供应商、创新产品、理解销售季节性等问题的最好方法。

（2）大数据提高决策能力

当前，企业管理者还是更多依赖个人经验和直觉来做决策，而不是基于数据。在信息有限、获取成本高昂而且没有数字化的时代，这是可以理解的。但是大数据时代，就必须要让数据说话。

大数据从诞生开始就是从决策的角度出发的，大数据能够有效地帮助各个行业的用户做出更为准确的商业决策，从而实现更大的商业价值。虽然不同行业的业务不同，所产生的数据及其所支撑的管理形态也千差万别，但从数据的获取、数据的整合、数据的加工、数据的综合应用、数据的服务和推广、数据处理的生命线流程来分析，所有行业的模式是一致的。

在宏观层面，大数据使经济决策部门可以更敏锐地把握经济走向，制定并实施科学的经济政策；而在微观层面，大数据可以提高企业经营决策水平和效率，推动创新，给企业、行业领域带来价值。

（3）大数据创新企业管理模式，挖掘管理潜力

在购物、教育、医疗都已经要求在大数据、移动网络支持下进行个性化的时代，创新已经成为企业的生命之源，企业也不应该继续遵循工业时代的规则，强调命令式集中管理、封闭的层级体系和决策体制。

个体的人现在都可以通过佩戴各种传感器，收集各种来自身体的信号来判断健康状态，那么企业也同样需要配备这样的传感系统，来实时判断其健康状态的变化情况。

大数据技术与企业管理的核心因素高度契合。管理最核心的因素之一是信息收集与传递，而大数据的内涵和实质在于大数据内部信息的关联、挖掘，由此发现新知识、创造新价值。两者在这一特征上具有高度契合性，甚至可以称大数据就是企业管理的又一种工具。对于企业来说，信息即财富，从企业战略着眼，大数据技术可以充分发挥其辅助决策潜力，更好地服务企业发展战略。

（4）大数据变革商业模式，催生产品和服务的创新

在大数据时代，以利用数据价值为核心的新型商业模式正在不断涌现。企业需要把握市场机遇，迅速实现大数据商业模式的创新。

回顾 IT 发展历史，似乎每一轮 IT 概念和技术的变革，都伴随着新商业模式的产生。例如，在个人计算机时代，微软凭借操作系统获取了巨大财富；在互联网时代，Google 抓住了互联网广告的机遇；在移动互联网时代，苹果则通过终端产品的销售和应用商店获取了高额利润。

大数据技术还可以有效地帮助企业整合、挖掘、分析其所掌握的庞大数据信息，构建系统化的数据体系，从而完善企业自身的结构和管理机制；同时，伴随着消费者个性化需求的增长，大数据在各个领域的应用开始逐步显现，已经开始并正在改变着大多数企业的发展途径及商业模式。例如，大数据可以完善基于柔性制造技术的个性化定制生产路径，推动制造业企业的升级改造；依托大数据技术可以建立现代物流体系，其效率远超传统物流企业；利用大数据技术可多维度评价企业信用，提高金融业资金使用率，改变传统金融企业的运营模式等。

复习参考题

一、在线试题

微信扫一扫
获取在线学习指导

二、简答题

举例说说你身边的大数据。

第**4**章 人工智能及应用

　　人工智能（artificial intelligence，AI）是研究和开发用于模拟、延伸和扩展人类智能的理论、方法、技术及应用系统的一门综合性学科，它融合了信息论、控制论、自动化、仿生学、生物学、心理学、数理逻辑、语言学、医学和哲学等多门学科，是 21 世纪最先进的技术之一。人工智能从诞生以来，其理论和技术的研究日趋深入，并且在很多学科领域获得了广泛应用，如人机对弈、指纹识别、人脸识别、视网膜识别、虹膜识别、掌纹识别、专家系统、自动规划、智能搜索、定理证明、智能控制、机器人学、语言和图像理解等，给人们的生活和工作带来日益广泛的影响。了解人工智能技术及其在行业内的应用，日益成为当今社会必不可少的技能。

4.1　人工智能概述

4.1.1　人工智能的定义

　　什么是人工智能呢？作为一个专业术语，"人工智能"可以追溯到 20 世纪 50 年代，它最初由美国计算机科学家约翰·麦卡锡（后人称其为"计算机之父"）及其同事在 1956 年的达特茅斯会议上提出，"让机器达到这样的行为，即与人类做同样的行为"可以被称为人工智能。此后，不同学科和研究领域的科学家们也对"人工智能"的概念给出了不同的描述。麦卡锡教授认为：人工智能是使一部机器的反应方式就像一个人在行动时所依据的智能。美国斯坦福大学人工智能研究中心的尼尔逊教授为人工智能下了这样一个定义：人工智能是关于人造物的智能行为，而智能行为包括知觉、推理、学习、交流和在复杂环境中的行为。美国人工智能协会前主席、麻省理工学院（MIT）的温斯顿教授认为：人工智能就是研究如何使计算机去做过去只有人才能做的智能工作，是那些使知觉、推理和行为成为可能的计算的研究。明斯基认为：人工智能是让机器做本需要人的智能才能做到的事情的一门学科。美国人工智能学会的 Stuart Russell 和 Peter Norvig 认为：人工智能是有关"智能主体（intelligentagent）"的研究与设计的学问，而"智能主体"是指一个可以观察周围环境并做出行动，以达致目标的系统。一般把已存在的人工智能定义为四类：像人一样思考的系统、像人一样行动的系统、合理地思考的系统和合理地行动的系统。

　　这些说法反映了人工智能学科的基本思想和基本内容，即人工智能是研究人类智能活动的规律、构造具有一定智能的人工系统、研究如何让计算机去完成以往需要人的智力才能胜任的工作，以延伸人类智能的学科。

　　总体来说，人工智能是对人的意识、思维的信息过程的模拟。人工智能不是人的智能，而是能像人那样思考、也可能超过人的智能。

4.1.2　人工智能的起源与发展

人工智能的传说可以追溯到遥远的过去，但是很长一段时间都没有实质性进展，直到1941年发明电子计算机，计算机的数据存储和处理技术为人工智能的实现提供了一种媒介，并最终促使了人工智能的出现。人工智能的发展历程大致可以划分为以下四个阶段。

（1）第一阶段：20世纪50年代——人工智能的起源

1950年，图灵发表了一篇重要论文，题为《计算机器与智能》。在论文里，他对"用机器模拟人的智慧"这一主题进行了探讨，并且预言人类最终将创造出具备人类智慧能力的机器。同年，两名哈佛大学的本科生马文·明斯基（被誉为"人工智能之父"，是框架理论的创立者，也是第一位获得图灵奖的人工智能学者）和 Dean Edmonds 建造了世界上第一台神经网络计算机。

为了解答"计算机是否具有智能"这一问题，图灵设计了一个实验。这个实验的内容是让测试者通过键盘和屏幕与计算机进行对话（但测试者并不知道对面是否是人），然后让测试者判断幕后对话者是人还是机器（图4.1）。判断这台对话机器是否具备人工智能的标准是：如果测试者不能分辨出这是机器，那么这台计算机就通过了测试，可以认为其具备了人工智能。这便是著名的图灵测试，直到今天，图灵测试仍然是判断一部机器是否具有人工智能的重要方法。

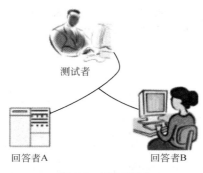

图4.1　图灵测试

1952年夏，约翰·麦卡锡和明斯基加入了贝尔实验室，成为了被誉为"信息论之父"的数学家兼电气工程师克劳德·香农（Claude Shannon）的研究助理。后来，麦卡锡说服了明斯基、克劳德·香农和内森尼尔·罗切斯特（Nathaniel Rochester），他们帮助他把对自动机理论、神经网络和智能研究感兴趣的研究者们召集在一起。1956年夏天，他们在达特茅斯组织了一个为期两个月的研讨会。研讨会总共有10位与会者，包括来自普林斯顿大学的 Trenchard More、来自 IBM 公司的亚瑟·塞缪尔（Arthur Samuel）、来自麻省理工学院的 Ray Solomonoff 和 Oliver Selfridge、来自卡耐基技术学院的研究者艾伦·纽厄尔（获得图灵奖的人工智能学者）和赫伯特·西蒙（获得图灵奖的人工智能学者），这些学者后来绝大多数都成为了著名的人工智能专家。达特茅斯会议上，明斯基等人热烈地讨论了"用机器模拟人类智能行为"这一论题，正式确立了"人工智能"这一术语，这标志着人工智能学科的诞生。以明斯基为代表的参会科学家们随后在麻省理工学院创建了一个人工智能实验室，这是人类历史上第一个聚焦人工智能的实验室。

在这次研讨会之后不久，纽厄尔和西蒙的推理程序"逻辑理论家"（Logic Theorist，LT）就能证明罗素和怀特海德的部分定理了。"逻辑理论家"这个程序被许多人认为是第一个人工智能程序，它将每个问题都表示成一个树形模型，然后选择最可能得到正确结论的那一枝来求解问题。"逻辑理论家"对公众和人工智能研究领域产生的影响使它成为人工智能发展史上一个重要的里程碑。

达特茅斯会议后的7年中，人工智能研究开始快速发展。虽然这个领域还没明确定义，但会议中的一些思想已被重新考虑和使用了。通用问题求解器（GPS）继承并发扬了纽厄尔和西蒙的早期成就。与"逻辑理论家"不同的是，该程序一开始就被设计来模仿人类进行问题求解。结果证明在它能处理的有限难题中，该程序考虑子目标与可能行动的顺序类似于人类处理相同问题的顺序。因此，GPS 或许是第一个体现"像人一样思考"的程序。在 IBM 公司，内森尼尔·罗切斯特和他的同事们制作了一些最初的人工智能程序。Herbert Gelernter 建造了几何定理证明器，它能够证明许多学数学的学生都感到棘手的定理。从 1952 年开始，亚瑟·塞缪尔编写了一系列西洋跳棋程序，该程序最终达到以业余高手的水准运行的程度。在 MIT 人工智能实验室，麦卡锡定义了高级语言 Lisp，该语言在后来的 30 年中成为占统治地位的人工智能编程语言。

1969 年，国际人工智能联合会议（International Joint Conference on Artificial Intelligence，IJCAI）举行，这是人工智能发展史上的又一个重要里程碑，它标志着人工智能这门学科已经得到了全世界的肯定。

（2）第二阶段：20 世纪 60 年代末到 70 年代——基于知识的系统

20 世纪 70 年代，人工智能的研究取得了大量的成果，但是困难和挫折也随之而来。首先是塞缪尔编写的下棋程序在与世界冠军对弈时，五局中败了四局，研究陷入瓶颈，再难取得进步。然后是机器翻译在双向翻译中闹出了笑话，例如，当把"the spirit is willing，but the flesh is weak（心有余而力不足）"翻译成俄语再翻译回英语时，结果变成了"the vodka is good，but the meat is rotten（伏特加酒是好的而肉是烂的）"。还有问题求解中遇到的"组合爆炸"问题及"人工神经网络"在当时技术条件下的制约，使得人工智能受到了来自各个领域的责难、质疑和批评，人工智能的发展进入了低潮期。

由于人工智能早期研究的问题求解的是一种通用的搜索机制，它不能扩展到大规模的或难度更大的问题实例上，因此，解决方案就是使用专业领域相关的知识、实施更大数量的推理步骤，以便更容易处理专门领域里发生的典型情况。斯坦福大学研究团队进行了以知识为中心的人工智能研究，开发了大量专家系统（Expert System，ES），人工智能在困境中重新找到生机并再度兴起，进入了以知识为中心的时期。

专家系统是一个具有大量专门知识，并能够利用这些知识解决特定领域中需要专家才能解决的问题的计算机程序。最早也是最常被提及的系统之一是使用启发法的 DENDRAL。DENDRAL 是斯坦福大学的费根鲍姆（Feigenbaum，获得图灵奖的人工智能学者，曾是 Herbert Simon 的学生）、Bruce Buchanan（一个改行研究计算机科学的哲学家）以及 Joshua Lederberg（一个获得诺贝尔奖的分子生物学家）合作开发的，目的是对火星土壤进行化学分析以解决根据质谱仪提供的信息推断分子结构的问题。DENDRAL 的研究者们咨询了分析化学家，发现他们是通过寻找质谱中已清楚了解的尖峰模式进行工作的，这些模式表明了分子中的普通子结构。DENDRAL 功能强大是因为它是第一个成功的知识密集系统：它的专业知识来自大量的专用规则。DENDRAL 是最早的专家系统之一，其能力相当于一个年轻的博士。DENDRAL 系统于 1968 年投入使用，它表明了编码特定学科领域专家知识的可行性。有了这个经验，Feigenbaum 和斯坦福大学的同事们启动了启发式程序设计项目（HPP），以研究新的专家系统方法论可用到其他人类专家知识领域的程度。

MYCIN 医疗诊断也称得上是一个著名的专家系统，这个系统也来自斯坦福大学。MYCIN 由 Feigenbaum、Buchanan 和 Edward Shortliffe 医生开发，用于研究血液传染，为患者提供最佳处方，成功地处理了数百例病例。在一次 MYCIN 与斯坦福大学 9 位传染病医生参与的独立测试中，MYCIN 的得分超过了 9 位医生，显示出了较高的医疗水平。然而，更重要的是，MYCIN 为所有未来基于知识系统的设计树立了一个典范。

其他著名的成功系统还有斯坦福大学开发的 PROSPECTOR，用于矿物勘探，它曾经成功找到一个价值超过一亿美元的钼矿；美国 DEC 公司的 XCON，用于帮助配置 VAX 计算机上的电路板；GUIDON 是一个辅导系统，它是 MYCIN 的一个分支；TEIRESIAS 是 MYCIN 的一个知识获取工具；HEARSAY I 和 HEARSAY II 是进行语音理解的最早的例子。这一时期，人工智能逐渐从实验室转向应用领域，专家系统被应用在计算机视觉、机器人、自然语言处理和机器翻译等领域中。1972 年，科迈瑞尔（A.Colmerauer）的研究小组成功研制了人工智能编程语言 Prolog 语言；1977 年，Feigenbaum 在第五届国际人工智能联合会上提出了"知识工程"的概念，推动了以知识为基础的智能系统的研究与建造，同时，人工神经网络的研究也逐渐复苏。

（3）第三阶段：20 世纪 80 年代——人工智能成为产业

随着第五代计算机的研制，人工智能得到了飞速的发展，并且更多地进入商业领域。因其效用需求激增，第一个成功的商用专家系统 R1 开始在数据设备公司（DEC）运转，该系统为新计算机系统配置订单。到 1986 年，它每年为公司节省约 4000 万美元。到 1988 年，DEC 公司的 AI 研究小组已经部署了 40 个专家系统，还有一些正在研制中。杜邦（Dupont）公司有 100 个使用中的专家系统，另有 500 个在开发中，每年估计为公司节省 1000 万美元。几乎每个大型的美国公司都有自己的 AI 研究小组，并且正在使用或者研发专家系统。为满足计算机专家的需要，成立了大批生产专家系统辅助制作软件的公司。为了查找和改正现有专家系统中的错误，人们在配置、诊断、指导、监测、规划、预后、补救和控制等领域开发了数千个专家系统。1981 年，日本宣布了"第五代计算机"计划，以研制运行 Prolog 语言的智能计算机；美国组建了微电子和计算机技术公司（MCC），以保证国家竞争力。

总的来说，AI 产业规模从 1980 年的区区几百万美元暴涨到 1988 年的数十亿美元，有几百家公司研发专家系统、视觉系统、机器人以及服务这些目标的专门软件和硬件。一时间，人们对人工智能研究充满了信心和期待，人工智能产业空前繁荣。但是之后不久，很多公司都因无法兑现它们所做出的承诺而垮掉，而一些政府资助的人工智能项目的投资则被取消，这段时期被称为"人工智能的冬天"。

尽管这一时期经历了诸多挫折，人工智能的研究仍然取得了一些重要突破。1982 年，霍普菲尔德（J.Hopfield）提出了一种全互联型人工神经网络，成功解决了旅行商问题。1986 年，鲁梅尔哈特（D.Rumellhart）等研制出具有误差反向传播功能的多层前馈网络，即 BP 网络，成为后来应用最广泛的人工神经网络之一。1987 年，科研人员在美国圣地亚哥召开了第一次神经网络国际会议，并成立了"国际神经网络协会（International Neural Network Society，INNS）"，宣告了这一新学科的诞生。此后，各国在神经网络研究方面的投资逐渐增加，神经网络迅速发展起来。1988 年，美国科学家朱迪亚·皮尔（Judea Pearl）研发了贝叶斯网络（Bayesian Network）算法，将概率统计方法引入人工智能的推理过程中，这对后来人工智能的发展有重大影响。

（4）第四阶段：20 世纪 90 年代——人工智能稳定发展

随着专家系统的不断深入和计算机技术的飞速发展，专家系统本身存在的应用领域狭窄、缺乏常识性知识、知识获取困难、推理方法单一、没有分布式功能、与现有主流信息技术脱节等问题暴露出来。为了解决这些问题，专家系统又开始尝试多技术、多方法综合集成，多学科、多领域综合应用的探索。大型分布式专家系统、大型分布式人工智能开发环境和分布式环境下的多 Agent 协同系统逐渐出现。

这一时期，一方面，人工智能技术逐渐与计算机和软件技术深入融合；而另一方面，人工算法理论的进展并不多，更普遍的是在原有理论的基础上进行研究而不是提出新理论，依赖于更强大、更快速的计算机硬件和共享测试数据库及代码来取得突破性的成果。在语音识别、机器翻译、神经网络、机器人、计算机视觉和知识表示等领域这种做法已经被证明对于许多问题都是有效的。

1991 年，MIT 的布鲁克斯（R.A.Brooks）教授在国际人工智能联合会议上展示了他研制的新型智能机器人。该机器人拥有包括视觉、触觉、听觉在内的 150 多个传感器、20 多个执行机构和 6 条腿，采用"感知-动作"模式，能通过对外部环境的适应逐步进化，提高智能。1992 年，当时在苹果公司任职的李开复使用统计学的方法设计开发了具有连续语音识别能力的助理程序 Casper，这也是二十年后的 Siri 的原型。1997 年，IBM 的计算机系统深蓝（Deep Blue）战胜了国际象棋世界冠军卡斯帕罗夫。此时，深蓝拥有 480 块专用的 CPU，运算速度翻倍，每秒可以预测 2 亿次，可以预测未来 8 步或更多的棋局。

4.1.3 人工智能的现状

2000 年之后，以新一代机器学习模型、高性能并行计算技术和日益成熟的大数据为基础，新一轮的人工智能发展进入智能技术产业化阶段，并且感知智能领域取得重大突破。

人工智能技术开始越来越多地应用到日常生活中的方方面面，实现自我学习。百度无人汽车上路，阿里、小米先后发布智能音箱，肯德基上线人脸支付等，这些背后都有人工智能技术的支撑。2016 年，谷歌 AlphaGo 战胜韩国围棋世界冠军李世石的围棋人机大战，成为人工智能领域的又一重大里程碑性事件，人工智能系统的智能水平再次实现跃升，初步具备了直觉、大局观、棋感的认知能力。

作为新一轮产业变革的核心驱动力和引领未来发展的战略技术，各国政府纷纷出台人工智能发展计划。我国高度重视人工智能产业的发展。2017 年国务院发布《新一代人工智能发展规划》，对人工智能产业进行战略部署。人工智能技术虽然从国外率先开展，但在互联网尤其是国内移动互联网发展的带动下，中西方在人工智能领域发展上的差距日益缩小，甚至中国"新四大发明"中的扫码支付、共享单车等技术处于全球领先行列，中国将在人工智能领域继续赶超发达国家。

4.1.4 人工智能的研究内容

在人工智能研究中，多年来，两种不同的人工智能研究分支得到了发展。一个学派与麻省理工学院相关，这个学派将任何表现出智能行为的系统都视为人工智能的例子。该学派认为，人造物是否使用与人类相同的方式执行任务无关紧要，重要的是程序能够正确执行。他们的研究目标是希望借鉴人类的智能行为，研制出更好的工具，以减轻人类劳动，这种方法称为"弱人工智能"。

另一种学派以卡内基·梅隆大学研究人工智能的方法为代表，他们主要关注生物可行性。也就是说，当人造物展现智能行为时，它的表现基于人类所使用的相同方法。他们的目标是研制出达到甚至超越人类智慧水平的人造物，具有心智和意识，能根据自己的意图开展行动，这种方法称为"强人工智能"。

目前人工智能技术取得的进展和成功都是源于弱人工智能的研究，强人工智能的研究则处于停滞不前的状态。

美国的人工智能学者尼尔森对人工智能的研究问题进行了归纳，提出人工智能的四个核心研究课题。即知识的模型化和表示方法、启发式搜索理论、各种推理方法、人工智能系统和语言，这一论述被公认为一种经典论述。

4.1.4.1 知识的模型化和表示方法

人工智能的本质是要构造智能机器和智能系统，模拟延展人的智慧。为达到这个目标，必须使其具备知识。但是，人类使用自然语言描述的知识无法被计算机直接识别和处理，因此必须采用一定的方法和技术将人类的知识转化为计算机可识别的表示形式，从而把知识存储到智能机器或智能系统，供问题求解使用。知识的模型化和表示方法的研究实际上是对怎样表示知识的一种研究，是要寻求可被计算机接受的对知识的描述、约定或者数据结构。

常用的知识表示方法有一阶谓词逻辑表示方法、产生式规则表示方法、框架表示方法、语义网络表示方法、脚本表示方法、过程表示方法、面向对象表示方法等。

4.1.4.2 启发式搜索理论

人工智能应用程序经常依赖于启发法的应用，启发法是解决问题的经验法则，它将人们引向可能的解决方案。人工智能中的大多数问题都具有指数性，并且有许多可能的解决方案。若不确切知道哪些解决方案是正确的，检查所有解决方案会非常昂贵，启发法的使用缩小了解决方案的搜索范围并消除了错误的选项。用启发法引导搜索空间中的搜索的方法称为启发式搜索，有时也被称为状态图的启发式搜索。搜索可以将问题转化到问题空间中，然后在问题空间中寻找从初始状态到目标状态（问题的解）的通路；也可以将问题简化为相对简单的子问题，然后再将子问题划分为更低一级的子问题，如此进行下去，直到最终的子问题具有无用的或已知的解为止。启发则强调在搜索过程中利用当前与问题有关的信息作为启发式信息，这些信息能够提升查找效率、减少查找次数。

【例 4.1】长方体的对角线： 如图 4.2 所示，长方体对角线的长度是多少？

解 使用启发法，首先解决一个相对简单但相关的问题，使用勾股定理，如图 4.3 所示，可以计算

$$d^2 = r^2 + w^2$$

然后，可以重新回到原来的问题，得到长方体的对角线为

$$对角线 = \sqrt{d^2 + h^2} = \sqrt{h^2 + w^2 + r^2}$$

解决相对简单的问题（计算矩形的对角线），有助于解决相对困难的问题（计算长方体的对角线）。

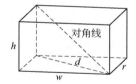

图 4.2　找到长方体的对角线

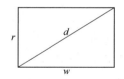

图 4.3　找到矩形的对角线

【例 4.2】水壶问题：当只有容量为 8L 和 18L 的水壶时，如何从水龙头处量出准确的 12L 水（如图 4.4 所示）？

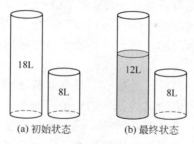

(a) 初始状态　　　　(b) 最终状态

图 4.4　水壶问题

解　使用启发法解决问题的方法是从目标状态开始向后倒推，如图 4.5 所示。在目标状态［图 4.5（a）］中，我们观察到 18L 水壶已经填满了，在 8L 水壶里只有 2L 水。用 18L 水壶的水填满此时的 8L 水壶，那么 12L 水就保留在 18L 水壶中了，问题得到解决。现在的问题是怎样达到目标状态，图 4.5（b）～图 4.5（d）描述了到达倒数第二个状态［图 4.5（a）］的必要步骤，过程为：从图 4.5（d）找到方法，回到图 4.5（b）的状态，这样就可以得到图 4.5（a）之前的所有状态。

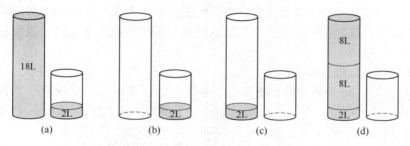

(a)　　　　　(b)　　　　　(c)　　　　　(d)

图 4.5　从目标状态开始向后倒推

4.1.4.3　各种推理方法

推理就是从已知事实出发，运用相关知识推出结论或者证明某一假设成立或不成立的思维过程。其中，已知事实也称为证据，用于指出推理的出发点，知识则是推理得以进行并最终达到目标的依据。从不同角度，推理技术有不同的分类方式。

（1）按推理的逻辑基础分类

① 演绎推理　是从一般性的前提出发，通过推导，即"演绎"，得出具体陈述或个别结论的过程，即由一般性知识推出适合于某一具体情况的结论。

例如，已知所有的有理数都是实数，所有的整数都是有理数，那么可以得到结论：所有的整数都是实数。依据逻辑推理规则，当前两个语句为真时，可以推理判断第三个语句为真。这就是常用的三段论推理规则，亚里士多德研究三段论推理的重点在于：探讨三段论中两个前提与一个结论具备什么逻辑形式才具有"必然地得出"这种关系，无论语句的含义是什么，上述推理过程都成立。"所有的有理数都是实数""所有的整数都是有理数"是两个已知的一般性前提，经演绎推出一个结论"所有的整数都是实数"。

② 归纳推理　是根据一类事物的部分对象具有某种性质，推出这类事物的所有对象都

具有这种性质的推理，是从特殊到一般的过程。

例如，银行对其客户进行信贷风险评估，如果通过对每一位客户进行评估，发现债务低的客户信贷信用都是良好的，则可以推导出结论：债务低的客户信贷风险低。

进行归纳时，考察了相应问题的全部对象，称为完全归纳推理，完全归纳推理根据全部对象是否都具有某种属性而推出问题的结论。不完全归纳推理是指只考察了问题的部分对象就得出了结论的推理。

例如，信贷风险评估时，只是随机地抽取了部分债务低的客户，发现其信贷信用都是良好的，就得出了"债务低的客户信贷风险低"的结论，这就是一个不完全归纳推理。

不完全归纳推理推出的结论不具有必然性，属于非必然性推理，而完全归纳推理是必然性推理。由于要考察事物的所有对象通常比较困难，因而大多数归纳推理都是不完全归纳推理。

③ 缺省推理 也叫默认推理，指推理时缺少部分前提条件或部分前提条件没有证据证明为真，在假设这部分前提条件为真的情况下，推导出结论的过程。这些缺少的或没有证据证明为真的部分前提条件，通常是当前推理相关领域的一些常识性知识、事实，并且根据经验，其存在且为真的可能性极大，因此有理由默认这部分前提条件存在且为真。

演绎推理与归纳推理的区别：演绎推理是在已知领域内的一般性知识的前提下，通过演绎求解一个具体问题或者证明一个结论的正确性。它所得出的结论实际上早已蕴含在一般性知识的前提中，演绎推理只不过是将已有事实揭露出来，因此它不能增殖新知识。归纳推理所推出的结论是没有包含在前提内容中的。这种由个别事物或现象推出一般性知识的过程，是增殖新知识的过程。

（2）按推理的确定性分类

① 确定性推理 用于推理的证据和规则是确定的，推出的结论或证明了的假设也都是确定的。

② 不确定性推理 用于推理的证据和规则、推出的结论都是不确定的。

（3）按推理的方向控制分类

① 正向推理 从已知事实出发往目标方向进行的推理。

② 逆向推理 从假设目标开始往事实方向进行的推理。

③ 混合推理 把正向推理和逆向推理结合起来所进行的推理。

先正向后逆向：先进行正向推理，从已知事实出发推出部分结果，然后再用逆向推理对这些结果进行证实或提高它们的可信度。

先逆向后正向：先进行逆向推理，从假设目标出发推出一些中间假设，然后再用正向推理对这些中间假设进行证实。

双向混合：是指正向推理和逆向推理同时进行，使两个推理过程在中间的某一步相遇。

对推理的研究往往涉及对逻辑的研究。逻辑是人脑思维的规律，也是推理的理论基础。逻辑推理有经典逻辑推理和非经典逻辑推理。

经典逻辑中的谓词逻辑实际是一种表达能力很强的形式语言。这种语言不仅可供人用符号演算的方法进行推理，而且也可供计算机用符号推演的方法进行推理。特别是一阶谓词逻辑，不仅可在机器上进行像人一样的"自然演绎"推理，而且还可以实现不同于人的"归结反演"推理。基于一阶谓词逻辑，人们还开发了一种人工智能程序设计语言 Prolog。经典逻辑推理中使用的已知事实、推出的结论都是精确的，因此经典逻辑推理为确定性推理。

非经典或非标准逻辑是机器推理或自动推理的主要方法。它是一种完全机械化的推理方法。非标准逻辑泛指除经典逻辑以外的逻辑，如多值逻辑、多类逻辑、模糊逻辑、模态逻辑、时态逻辑、动态逻辑、非单调逻辑等。各种非标准逻辑是为弥补经典逻辑的不足而发展起来的。例如，为了克服经典逻辑"二值性"限制，人们发展了多值逻辑及模糊逻辑。不确定性推理是建立在非经典逻辑基础上的一种推理，它是对不确定性知识的运用与处理。

规划是指从某个特定问题状态出发，寻找并建立一个操作序列，直到求得目标状态为止的一个行动过程的描述。这一系列行动过程称为规划求解，简称规划。它是一种重要的问题求解技术，要解决的问题一般是真实世界中的实际问题，更侧重于问题求解的过程。规划有以下两个非常突出的特点：

① 为了完成任务，可能需要完成一系列确定的步骤。

② 定义了问题解决方案的步骤顺序可能是有条件的。也就是说，构成规划的步骤可能会根据条件进行修改（这称为条件规划）。

4.1.4.4 人工智能系统和语言

人工智能系统需要通过计算机程序实现，针对人工智能对人脑功能模拟和再现的要求，程序设计语言需要有知识表示的能力和描述逻辑关系、抽象概念的能力，能够应对大批量的表处理、模式匹配、搜索和回溯等运算问题。常规程序设计语言无法满足这些要求，因此，一些特别面向人工智能程序设计的开发语言应运而生。目前的人工智能语言有函数型语言、逻辑型语言、面向对象语言及混合型语言等，其中 Lisp、Prolog、Python、Java、C++等是其中的佼佼者。

（1）Lisp 语言

Lisp 即"表处理语言"，是 1960 年麻省理工学院的麦卡锡和他的研究小组首先设计完成的，这是第一个用于人工智能程序设计的语言。Lisp 最擅长表处理，其主要思想之一是用一种简单的数据结构表（list）来代表代码和数据，并因其出色的原型设计能力和对符号表达式的支持，在人工智能领域长盛不衰。Lisp 是一种函数型程序设计语言，具有自己解释自己的能力，可以嵌入用户程序中作为一个标准函数来引用。Lisp 语言在人工智能领域发挥了重要的作用，与许多重要研究成果联系在一起，比如专家系统 MYCIN 和 PROSPECTOR 就是使用 Lisp 开发的，它至今仍然是人工智能领域研究和开发的主要工具之一。

（2）Prolog 语言

Prolog 即"逻辑编程"，是一种基于一阶谓词逻辑的逻辑型编程语言，是为处理人工智能中大量出现的逻辑推理问题而设计的。它主要是对一些基本机制进行编程，具有自动推理能力，对于人工智能编程十分有效，例如提供模式匹配、自动回溯和基于树的数据结构化机制。结合这些机制，可以为人工智能项目提供一个灵活的框架。Prolog 广泛应用于人工智能的专家系统，也可用于医疗项目。

（3）Python 语言

Python 是一种面向对象的解释型计算机程序设计语言，由于简单易用，是人工智能领域中使用最广泛的编程语言之一。它拥有一个强大的基本类库和数量众多的第三方扩展库，常被称为胶水语言，能够把用其他语言制作的各种模块（尤其是 C/C++）很轻松地联结在一起。它可以无缝地与数据结构和其他常用的人工智能算法一起使用。Python 之所以适合人工智能项目，也是因为 Python 很多有用的库都可以在人工智能中使用，如 NumPy 提供科学的计算

能力，SciPy 的高级计算、信号处理、优化、统计和 PyBrain 的机器学习模块。另外，Python
有大量的在线资源，能以最低的学习成本快速上手。

（4）Java 语言

Java 是一种面向对象的编程语言，能运行于不同的平台，它是可移植的，并且提供了垃圾回收器功能，用于回收不再被引用的对象所占据的内存空间，使程序员不用关注内存管理。Java 专注于提供人工智能项目所需的所有高级功能。另外，完善、丰富的社区资源可以帮助开发人员随时随地查询和解决遇到的问题。对于人工智能项目来说，算法几乎是灵魂，无论是搜索算法、自然语言处理算法还是神经网络，Java 都可以提供一种简单的编码算法。另外，Java 的扩展性也是人工智能项目必备的功能之一。

（5）C++语言

C++是世界上速度最快、最受欢迎的编程语言之一，主要用于大型的应用程序开发。其在硬件层面上的交流能力使开发人员能够改进程序执行时间。C++对时间很敏感，这对于人工智能项目是非常适合的，例如，搜索引擎和游戏开发可以广泛使用 C++。C++允许大规模使用算法并且被快速执行，在人工智能项目中，C++可用于统计，如神经网络。用 C++编码游戏中的人工智能，可以得到更短的执行时间和响应时间。此外，C++的继承和数据隐藏机制支持代码重用，因此使用 C++开发程序更经济、高效。

4.1.5　人工智能的应用领域

目前，人工智能的研究更多的是使用多种人工智能技术结合具体应用领域进行的，如专家系统、自然语言处理、机器学习等，以下分别对它们进行介绍。

（1）专家系统

专家系统是人工智能的一个重要分支，也是目前人工智能中最活跃且最有成效的研究领域之一。人类专家能够高效率求解复杂问题，除了因为他们拥有大量的专门知识外，还因为他们具有选择知识和运用知识的能力。知识的运用方式称为推理方法，知识的选择过程称为控制策略。

一个专家系统主要由两部分组成：一是称为知识库的知识集合，它包括要处理问题的领域知识；二是称为推理机的程序模块，它包含一般问题求解过程所用的推理方法与控制策略的知识。

知识库中的知识往往具有不确定性或不精确性，专家系统必须能够使用这些模糊的知识进行推理，以得到结论。专家系统的实现一般采用专家系统开发工具进行。Lisp、Prolog 语言是许多专家系统编程语言的基础。自 1968 年费根鲍姆等人成功研制第一个专家系统 DENDRAL 以来，专家系统已经获得了迅速发展，应用领域涉及医疗诊断、图像处理、石油化工、地质勘探、金融决策、实时监控、分子遗传工程、教学、军事等，产生了巨大的经济效益和社会效益，有力地促进了人工智能基本理论和基本技术的研究与发展。

（2）自然语言处理

自然语言处理（Natural Language Processing，NLP）主要研究如何使计算机理解和生成自然语言，即采用人工智能的理论和技术将设定的自然语言机理用计算机程序表达出来，构造能够理解自然语言的系统。它有以下三个主要目标：

① 计算机能正确理解人类自然语言输入的信息，并能正确答复（或响应）输入的信息。

② 计算机对输入信息能产生相应的摘要，而且复述输入信息的内容。

③ 计算机能把输入的自然语言翻译成要求的另一种语言。

目前，自然语言处理主要分为声音语言理解和书面语言理解两大类，机器翻译是自然语言处理的一个重要研究领域。机器翻译是指利用计算机把一种语言翻译成另外一种语言。起初，主要是进行"词对词"的翻译，即对需翻译的文章，首先通过查词典，找出两种语言间的对应词，然后经过简单的语法分析调整次序，以实现翻译。但这种方法未能达到预期的效果，甚至闹出了一些笑话。后来，自然语言处理转向对语法、语义和语用等基本问题的研究，一批自然语言处理系统脱颖而出，在语言分析的深度和难度方面，都比早期的系统有了长足的进步。在这期间，代表性的工作有维诺格拉德于 1972 年研制的 SHRDLU、伍德于 1972 年研制的 LUNAR 等。其中，SHRDLU 是一个在"积木世界"中进行英语对话的自然语言处理系统，系统模拟一个能操纵桌子上一些玩具积木的机器人手臂，用户通过人机对话方式命令机器人摆放积木块，系统则通过屏幕来给出回答并显示现场的相应情景。LUNAR 是一个用来协助地质专家查找、比较和评价阿波罗 11 号飞船从月球带回的岩石和土壤标本的化学分析数据系统，该系统首次实现了用英语与计算机对话的人机接口。

进入 20 世纪 80 年代之后，自然语言处理在理论和应用上都有了突破性进展，出现了许多高水平的实用化系统。但从另一方面来看，新型智能计算机、多媒体计算机以及智能人机接口等的研究，都对自然语言处理提出了新的要求，它们要求设计出更为友好的人机界面，使自然语言、文字、图像和声音等都能直接输入计算机，使计算机能以自然语言直接与人进行交流对话。近年来，有学者把自然语言处理看成人工智能是否能取得突破性进展的关键，认为如果不能用自然语言作为知识表示的基础，人工智能就永远无法实现。

（3）机器学习

学习是人类智能的主要标志，是获得知识的基本手段。机器学习，即自动获取新的事实及新的推理算法，是使计算机具有智能的根本途径。机器学习研究计算机怎样模拟或实现人类的学习行为，以获取新的知识或技能，重新组织已有的知识结构，使之不断改善自身的性能。机器学习使计算机可以直接向书本、教师学习，也可以在实践过程中不断总结经验、吸取教训，实现自身的不断完善。

机器学习的研究，主要在以下三个方面进行：

① 研究人类学习的机理、人脑思维的过程。通过对人类获取知识、技能和抽象概念的天赋能力的研究，从根本上解决机器学习中存在的种种问题。

② 研究机器学习的方法。研究人类的学习过程，探索各种可能的学习方法，建立其独立于具体领域的学习算法。

③ 研究如何建立针对具体任务的学习系统，即根据具体的任务要求，建立相应的学习系统。

机器学习的研究是建立在信息科学、脑科学、神经心理学、逻辑学、模糊数学等多种学科基础上的，它的发展依赖于这些学科的共同发展。虽然经过近些年的研究，机器学习已经取得了很大的进展，提出了很多学习方法，但还没有从根本上完全解决问题。

（4）分布式人工智能

分布式人工智能（distributed AI，DAI）是分布式计算与人工智能结合的结果。分布式人工智能主要研究在逻辑或物理上实现分散的智能群体 Agent 的行为与方法，研究协调、操作它们的知识、技能和规划，用以完成多任务系统和求解各种具有明确目标的问题。分布式人工智能已在自动驾驶、机器人导航、机场管理、电力管理和信息检索等方面得到应用。

分布式人工智能系统主要具有以下特性：

① 分布性　无论从逻辑上还是在物理上，系统中的数据和知识的布局都以分布式表示为主，系统中各路径和结点既能并发地完成信息处理，又能并行地求解问题，从而提高了全系统的求解效率。

② 连接性　在问题求解过程中，各个子系统和求解结构通过计算机网络互相连接，降低了求解问题的代价。

③ 协作性　各个子系统协调工作，能够求解单个结构难以解决或者无法解决的困难问题，提高求解问题的能力，扩大应用领域。

④ 开放性　通过网络互联和系统的分布，方便系统规模的扩充，使系统具有了比单个系统更大的开放性和灵活性。

⑤ 容错性　分布式系统具有较多的冗余度和调度处理的知识，能够使系统在出现故障时，仅通过调度冗余路径或降低响应速度，就可以保障系统正常工作，提高系统可靠性。

⑥ 独立性　在系统中，可以把要求解的总任务划分为几个相对独立的子任务，降低各处理结点、子系统问题求解和软件设计开发的复杂性。

比起传统的集中式结构，分布式人工智能强调的是分布式智能处理，克服了集中式系统中心部件负荷太重、知识调度困难等弱点，因而极大地提高了系统知识的利用程度，提高了问题的求解能力和效率。同时，分布式人工智能系统具有并行处理或者协同求解能力，可以把复杂的问题分解成多个较简单的子问题，从而各自分别"分布式"求解，降低了问题的复杂度，改善了系统的性能。当然，也应该看到，分布式人工智能在某种程度上带来了技术的复杂性和系统实现的难度。

（5）人工神经网络

人工神经网络（也称神经网络计算，或神经计算）实际上指的是一类计算模型，其工作原理模仿了人类大脑的某些工作机制。这种计算模型与传统的计算模型完全不同。传统的计算模型是利用一个（或几个）计算单元（即 CPU）担负所有的计算任务，整个计算过程是按时间序列一步步地在该计算单元中完成的，本质上是串行计算。神经计算则是利用大量简单计算单元组成一个大网络，通过大规模并行计算完成。

神经计算存在一些本质困难：首先是效率问题，学习的复杂性始终是困扰神经网络研究的一大难题。因此，寻找有效的学习算法是其中的一大关键。其次，正由于先前知识少，神经网络的结构很难预先确定，只能通过反复学习，以寻找一个合适的结构，因此由此确定的结构也就很难被人理解。

对神经网络的研究始于 20 世纪 40 年代初期，走过了一条十分曲折的道路，几起几落，20 世纪 80 年代初以来，对神经网络的研究才再次出现高潮。Hopfield 用硬件实现具有联想记忆能力的神经网络，Rumelhar 等人提出多层网络中的反向传播（BP）算法就是两个重要标志。对神经网络模型、算法、理论分析和硬件实现的大量研究，为神经网络计算机走向应用提供了物质基础。

现在，神经网络已在模式识别、图像处理、组合优化、自动控制、信息处理、机器人学和人工智能的其他领域获得日益广泛的应用。神经计算的可扩展性和可理解性是采用神经网络技术解决现实问题必须面对的困难，任何神经网络方法都要经受问题规模和海量数据的考验。

（6）自动定理证明

自动定理证明（automated theorem proving，ATP）就是让计算机模拟人类证明定理的方法，自动实现像人类证明定理那样的非数值符号演算过程。实际上，除了数学定理之外，还有很多非数学领域的任务，如医疗诊断、信息检索、难题求解等，都可以转化成定理证明的问题。自动定理证明是人工智能中最先进行并取得成功应用的一个研究领域，对人工智能的发展起到了重要的推动作用。

自动定理证明的主要方法有自然演绎法、判定法、定理证明器、计算机辅助证明等。计算机辅助证明的典型代表是美国的阿佩尔（K.Appel）等人合作解决的四色定理难题。他们用了 3 台大型计算机，花费 1200 小时（CPU 时间），并对中间结果进行了 500 多处的人为反复修改。

（7）机器人学

智能机器人是一种可编程的多功能操作装置，是具有人类特有的某种智能行为的机器。机器人学是在电子学、人工智能、控制论、系统工程、信息传感、仿生学及心理学等多种学科或技术的基础上形成的一种综合性技术学科，人工智能的所有技术几乎都可在该领域得到应用，因此它可以被当作人工智能理论、方法、技术的试验场地。反过来，对机器人学的研究也大大推动了人工智能研究的发展。

智能机器人必须具备四种机能：行动机能施加于外部环境和对象，相当于人的手足的动作机能；感知机能获取外部环境和对象的状态信息，以便进行自我行为监视；思维机能求解问题的认知、推理、记忆、判断、决策、学习等；人机交互机能理解指示命令、输出内部状态、与人进行信息交换。简言之，智能机器人的"智能"特征就在于它具有与外部世界环境、对象和人相协调的工作机能。

围绕上述四种机能，智能机器人的主要研究内容有：操作与移动、传感器及其信息处理、控制、人机交互、体系结构、机器智能和应用。目前，智能机器人的研究还处于初级阶段，研究目标一般围绕感知、行动、思考三个问题。智能机器人的研究正在以下三个方面深入：依靠人工智能基于领域知识的成熟技术，发展面向专门任务的特种机器人；在研制各种新型传感器的同时，发展基于多传感器集成的大量信息获取和实时处理技术；改变排除人的参与、机器人完全自主的观念，发展人机一体化的智能系统。

机器人已在工业、农业、商业、旅游业、空中和海洋探索以及国防等领域得到越来越普遍的应用。1997 年，美国研制的探路者空间移动机器人完成了对火星表面的实地探测，取得大量有价值的火星资料，为人类研究与利用火星做出了贡献，被誉为 20 世纪自动化技术的最高成就之一。海洋机器人是海洋考察和开发的重要工具，用新技术装备起来的机器人将广泛用于海洋考察、水下工程（如海底隧道建筑、海底探矿和采矿等）、打捞救助和军事活动等方面。机器人外科手术系统已成功地用于脑外科、胸外科和膝关节等手术。机器人不仅参与辅助外科手术，而且能够直接为病人开刀，还将全面参与远程医疗服务。微型机器人是 21 世纪的尖端技术之一。已经开发出的手指大小的微型移动机器人，可进入小型管道进行检查作业。微型机器人在精密机械加工、现代光学仪器、超大规模集成电路、现代生物工程、遗传工程、医学和医疗等工程中大有用武之地。智能机器人也已广泛应用于体育和娱乐领域，其中，足球机器人是较为成功的案例。机器人足球比赛，集高新技术和娱乐比赛于一体，是科技理论与实际密切结合的、极富生命力的成长点，已引起社会的普遍重视和各界的极大兴趣。

（8）模式识别

模式识别是对表征事物或现象的各种形式的（数值的、文字的和逻辑关系的）信息进行处理和分析，以对事物或现象进行描述、辨认、分类和解释的过程。人们在观察事物或现象的时候，常常要寻找它与其他事物或现象的异同之处，根据一定的目的把并不完全相同的事物或现象组成一类。字符识别就是一个典型的例子。人脑的这种思维能力就构成了"模式"的概念。

模式识别研究主要集中在两方面，即研究生物体是如何感知对象的以及在给定的任务下，如何用计算机实现模式识别的理论和方法。模式识别的方法有感知机、统计决策方法、基于基元关系的句法识别方法和人工神经元网络方法。一个计算机模式识别系统基本上由三部分组成，即数据采集、数据处理和模式分类决策或模型匹配。

数据采集是通过各种传感器采集被研究对象的各种物理变量数据。数据处理是将收集的数据转换为计算机可以接受的数值或符号集合。为了从这些数值或符号中抽取出对识别有效的信息，必须对它进行处理，其中包括消除噪声、排除不相干的信号、与对象的性质和采用的识别方法密切相关的特征的计算、必要的变换等。然后，通过特征选择和提取或通过基元选择来形成模式的特征空间。模式分类决策或模型匹配在特征空间的基础上进行。

早期的模式识别研究工作集中在文字和二维图像的识别方面，并取得了不少成果。自20世纪60年代中期起，机器视觉方面的研究工作开始转向解释和描述复杂的三维景物这一更困难的课题。Robest于1965年发表的论文探索了分析由棱柱体组成的景物的方向，迈出了用计算机把三维图像解释成三维景物的一个单眼视图的第一步，即所谓的积木世界。接着，机器识别由积木世界进入识别更复杂的景物、在复杂环境中寻找目标以及室外景物分析等方面的研究。目前研究的热点是活动目标的识别和分析，它是景物分析走向实用化研究的一个标志。

近些年来，模式识别在语音识别技术方面也取得了一些成果，各种语音识别装置相继出现，性能良好的、能够识别单词的声音识别系统已进入实用阶段，神经网络用于语音识别也已取得成功。目前，模式识别已在字符识别、医疗诊断、遥感、指纹识别、脸形识别、环境监测、产品质量监测、语音识别、军事等领域得到了广泛应用。

（9）智能控制

智能控制（intelligent control）是指那种无须或少需人的干预，就能独立地驱动智能机器，实现其目标的自动控制，是一种把人工智能技术与经典控制理论及现代控制理论相结合、研制智能控制系统的方法和技术。

智能控制是驱动智能机器自主地实现其目标的过程。智能控制系统由传感器、感知信息处理模块、认知模块、规划和控制模块、执行器和通信接口模块等主要部件组成，一般应具有学习能力、自适应功能和自组织功能，还应具有相当的在线实时响应能力和友好的人机界面，以保证人机互助和人机协同工作。

目前，智能控制技术的主要应用领域有智能机器人系统、计算机集成制造系统、复杂的工业过程控制系统、航空航天控制系统、社会经济管理系统、交通运输系统、通信网络系统和环保与能源系统等。研究得较多的是以下六个方面：智能机器人规划与控制、智能过程规划、智能过程控制、专家控制系统、语音控制以及智能仪器。随着人工智能和计算机技术的发展，已有可能把自动控制和人工智能以及系统科学的某些分支结合起来，建立一种适用于复杂系统的控制理论和技术。

（10）大数据知识工程

大数据知识工程（knowledge engineering with big data，BigKE）是从国内兴起、引领大

数据分析走向大知识研究和应用的一个国际前沿研究方向。大数据知识工程的基本目标是研究如何利用海量、低质、无序的碎片化知识进行问题求解与知识服务。不同于依靠领域专家的传统知识工程，大数据知识工程除权威知识源以外，知识主要来源于用户生成内容（user-generated content，UGC），知识库具备自完善与增殖能力，问题求解过程能够根据用户交互进行学习。大数据知识工程有望突破传统知识工程中的"知识获取"和"知识再工程"两个瓶颈问题，并在医疗、教育、商业等各领域具有巨大需求。

项目示范领域包括普适医疗、远程教育、"互联网+旅游"三个知识密集型应用领域。在普适医疗领域，选择糖尿病、痛风、高血压等疾病，开展面向辅助诊断的示范应用，建立基于大数据知识工程的认知医疗新模式。该模式不再仅依赖医护专家的知识，而且还依赖患者病历、医学文献等相关数据中的碎片化知识。另外，该模式强调患者本身对医学过程的反馈，能寻找到针对个体的个性化诊断结果，实现精准医疗。在远程教育领域，该项目建立基于大数据知识工程的网络化认知模式，该模式能够将多源分布的低质碎片化知识进行融合，形成符合人类认知特点的结构化组织形式，降低学习者认知负荷。另外，该模式能够基于知识关联实现知识导航，有望克服碎片化知识离散性、无序性导致的认知迷航问题。在"互联网+旅游"领域，利用大数据知识工程，对用户生成内容中与旅游有关的海量碎片化知识进行融合与重构，结合游客属性、行为、旅游景区或目的地偏好度进行分析，将海量碎片化知识形成可行动的智慧，实现传统旅游服务向具有"智慧推送、精准服务"特点的个性化服务模式转变。

4.2 知识表示

知识是智能的基础，智能活动主要是获得知识并运用知识的过程。为了使计算机能模拟人类的智能行为，就必须使它具有知识，而知识必须有恰当的表示形式才能存储到计算机中，因此，知识表示对人工智能学科的发展起到了重要的推动作用。

4.2.1 知识概述

4.2.1.1 知识的概念

数据和信息是两个密切相关的概念，数据是信息的载体和表示，而信息是数据在特定场合的具体含义，是对客观事物的简单描述。例如，用"张丽萍"表示人名，用"女"表示性别，用"18"描述人的年龄，"张丽萍""女""18"这些都是数据，而"女孩张丽萍18岁"则是一条信息。

信息在人类的生活中占据着十分重要的地位，为了记载和传递这些信息，必须用一定的形式将其表示出来。一般来说，把有关信息关联在一起所形成的信息结构称为知识。信息之间的关联方式很多，其中最常用的一种是"如果……则……"，这种关联方式反映了信息之间的因果关系。例如，"如果头疼并且流鼻涕，则有可能感冒了"就是一条知识，它反映了"头疼并且流鼻涕"和"有可能感冒了"之间的一种因果关系。

4.2.1.2 知识的性质

（1）相对正确性

知识是人们在长期的生活及社会实践中、在科学研究及实验中积累起来的对客观世界的认识与经验，它具有相对正确性。因为任何知识都是在一定的条件和环境下产生的，因而也就只有在这种条件及环境下才是正确的。例如，1+1=2，它在十进制数的前提下是正确的，但是在二进制数的前提下它就不正确了。再如，"女性以胖为美"，中国唐朝时期崇尚的女性体态美是脸圆、体胖，但是现在有些人认为苗条很美。

（2）不确定性

由于客观世界是复杂多变的，信息可能是精确的，也可能是不精确的。信息之间的关联可能是确定的，也可能是不确定的。因此，把有关信息关联在一起形成的知识不总是只有"真"与"假"这两种状态，而应该是存在很多不确定性。知识具有不确定性的原因主要有以下几个方面：

① 由随机性引起的不确定性　由随机事件所形成的知识是不确定的。例如，前面所说的"如果头疼并且流鼻涕，则有可能感冒了"，是一条具有不确定性的知识，这一条知识中的"有可能"实际上就反映了"头疼并且流鼻涕"和"感冒了"之间的一种不确定的因果关系，因为"头疼并且流鼻涕"的人不一定都是"感冒了"。

② 由模糊性引起的不确定性　某些事物客观上存在模糊性，使得人们无法把两个相似的事物严格地区分开来，例如，老年人、年轻人等，这些模糊概念是由于事物划分不明引起了不确定性。再如，长得像、大得多等，这种某些事物之间存在的模糊关系使人们不能准确地判定它们之间的关系究竟是"真"还是"假"。由模糊概念、模糊关系所形成的知识显然是不确定的。

③ 由不完全性引起的不确定性　由于客观世界的复杂性，人们对客观世界的认识是逐步提高的，只有在积累了大量的感性认识后才能升华到理性认识的高度，从而形成知识。因此，知识有一个逐步完善的过程。在此过程中，或者事物表露得不够充分，使得人们对它的认识不够全面；或者对充分表露的事物一时抓不住本质，使人们对它的认识不够准确。这种认识上的不完全、不准确必然导致相应的知识是不确定的。不完全性是导致知识具有不确定性的一个重要原因。

④ 由经验引起的不确定性　在专家系统中，知识库中的知识一般是由领域专家提供的，这种知识大多是领域专家在长期的实践及研究中积累起来的经验性知识。例如，医疗专家系统中的知识："如果头疼并且流鼻涕，则有可能感冒了。"由于经验性本身就蕴含着不精确性与模糊性，这就形成了知识的不确定性。因此，在专家系统中，大部分知识都具有不确定性。

（3）可表示性与可利用性

知识的可表示性是指知识可以用语言、文字、图形、神经网络等适当的形式表示出来，这样才能被存储、传播。知识的可利用性是指人们可以利用自己掌握的知识解决所面临的各种问题。

4.2.1.3　知识的分类

（1）按知识的作用范围分类

知识可以分为常识性知识和领域性知识。

常识性知识是通用的、人们普遍了解的、适用于所有领域的知识。

领域性知识是面向某个特定领域的、专业性的知识，只有该领域的专业人员才能掌握和运用，例如，专家系统就是基于领域性知识进行工作的。

（2）按知识的作用效果分类

知识可以分为事实性知识、过程性知识和控制性知识。

事实性知识也称陈述性知识，用于描述事物的概念、属性、状态、环境等，例如，北京是中华人民共和国的首都。事实性知识反映了事物的静态特性，一般采用静态表达的形式，如用一阶谓词逻辑表示法表示。

过程性知识一般是通过对领域内各种问题的比较与分析得出的规律性知识，由领域内的规则、定律、定理及经验构成，主要描述问题求解过程需要的操作、演算或行为。这种知识说明了问题求解过程中是如何使用与问题有关的事实性知识的，如计算机维修方法、某种菜肴的烹饪方法等。其表示方法主要有产生式表示法、语义网络等。

控制性知识，也称为深层知识、超知识、元知识，是关于如何运用知识进行问题求解的知识，是关于知识的知识，如问题求解时用到的推理策略（正向推理、反向推理和双向推理）、状态空间搜索时用到的搜索策略（广度优先、深度优先和启发式搜索）等。

（3）按知识的形式分类

知识可以分为显式知识和隐式知识。

显式知识是人们能直接接受、处理，能以某种方式在载体上直接表示出来的知识，如图像、声音等。

隐式知识则无法用语言直接表达，只能意会不能言传，如开车、游泳等。

（4）按知识的内容分类

知识可以分为原理性知识和方法性知识。

原理性知识描述对客观事实原理的认识，包括现象、本质、属性等。

方法性知识是利用客观规律解决问题的方法和策略，包括操作、规则等。

（5）按知识的层次分类

知识可以分为表层知识和深层知识。

表层知识描述客观事物的现象以及现象与结论间的关系，如经验性知识、感性知识等，其形式简单，容易表达和理解，但无法反映事物的本质。

深层知识能刻画事物的本质、因果关系内涵、基本原理等，如理论知识、理性知识等。

（6）按知识的确定性分类

知识可以分为确定性知识和不确定性知识。

确定性知识是非真即假的知识，是精确的知识。

不确定性知识具有明显的不确定性，不能简单地用真假衡量，是不精确、不完全、模糊知识的总称。其中，不精确性是指不能完全被确定为真或者不能完全被确定为假；不完全性是指在解决问题时不具备解决该问题所需要的全部知识；模糊性是指概念的划分不明确。

（7）按知识的结构及表现形式分类

知识可以分为逻辑性知识和形象性知识。

逻辑性知识反映人类逻辑思维的过程，一般具有因果关系及难以精确描述的特点，如专家经验。表示方法有一阶谓词逻辑表示法、产生式表示法等。

形象性知识通过事物的形象建立，对应人的形象思维，如看到恐龙模型后头脑中建立"恐龙"的概念，表示方法有神经网络表示法。

（8）按知识的等级分类

知识可以分为零级知识、一级知识、二级知识等。

零级知识是指问题领域内的事实、定理、方法、试验对象和操作等常识性知识及原理性知识。

一级知识是指具有经验性、启发性的知识，如经验性规则、建议等。

二级知识是指如何运用上述两级知识的知识。在实际应用中，通常把零级和一级知识统称为领域知识，把二级及以上的知识统称为超知识，也称为元知识。

除以上列出的类型外，知识还有行为性知识、实例性知识、类比性知识等类型。行为性知识不直接给出事实本身，只给出它在某方面的行为，经常表示为某种数学模型，从某种意义上讲，行为性知识描述的是事物的内涵，而不是外延，如微分方程。实例性知识只给出事物的一些实例，知识隐藏在实例中，人们感兴趣的不是实例本身，而是隐藏在大量实例中的规律性知识，如举例说明、教学活动中的例题等。类比性知识既不给出事物的外延，也不给出事物的内涵，只给出它与其他事物的某些相似之处，类比性知识一般不能完整地刻画事物，但可以启发人们在不同的领域中做到知识的相似性共享，如比喻、谜语等。

4.2.1.4　知识表示

知识表示（knowledge representation）实际上就是对知识的一种描述或约定，是一种计算机可以接受的用于描述知识的数据结构。对知识进行表示的过程就是把知识编码成某种数据结构的过程。

知识表示方法的表现形式就是知识表示模式，知识表示方法也称为知识表示技术。现有的知识表示方法大都是在进行某项具体研究时提出来的，概括起来可以分为两大类，即符号表示法和连接表示法。符号表示法基于各种具有不同含义的符号，通过对这些符号的组合来表示知识，主要用于表示逻辑性的知识。连接表示法主要是指用神经网络表示知识，它把各种物理对象以不同方式及次序连接起来，并在其间互相传递及加工各种包含具体意义的信息，通过这种方式表示知识。

知识表示是构建智能系统的重要前提，知识表示采用的具体方法直接关系到智能系统的性能。对同一种知识，一般可以用多种方法表示，但由于各种知识表示方法特点不同，所以可能会产生不同的效果。在建立一个具体的智能系统时，究竟采用哪种知识表示方法，目前还没有一个统一的标准。

4.2.2　一阶谓词逻辑表示法

人工智能中用到的逻辑可以分为两大类：一类是一阶经典逻辑，包括一阶命题逻辑和一阶谓词逻辑，其特点是命题或谓词是非真即假的，也称为二值逻辑；另一类是除一阶经典逻辑以外的非经典逻辑，主要包括三值逻辑、多值逻辑、模糊逻辑等。

命题逻辑与谓词逻辑是最先应用于人工智能的两种逻辑，在知识表示的研究、定理的自动证明方面发挥了重要作用。本节主要介绍一阶谓词逻辑的知识表示方法。

4.2.2.1　命题

定义 4.1　命题（proposition）是一个非真即假的陈述句。

判断一个句子是否为命题，首先要求是陈述句，其次要求能判断真假。命题的值称为真值，只有真假两种情况：若命题为真，其真值为真，用 T（true）表示；若命题为假，其真值为假，用 F（false）表示。

【例 4.3】判断下面句子是否是命题。

① "五星红旗是中华人民共和国的国旗" 是一个真值为 T 的命题。
② "3<5" 是一个真值为 T 的命题。
③ "太阳从西边升起" 是一个真值为 F 的命题。
④ "快点儿回家！" 是个祈使句，因此不是命题。
⑤ "$x+y>z$" 无法判断真假，因此不是命题。

一个命题不能同时既为真又为假，但可以在一种条件下为真，在另一种条件下为假。例如，"1+1=10" 在二进制情况下是真值为 T 的命题，但在十进制情况下是真值为 F 的命题。再如，"今天是晴天" 是一个命题，其真值要根据今天的实际情况确定。

命题通常用大写英文字母表示，例如，可用英文字母 P 表示 "西安是个古老的城市" 这个命题。英文字母表示的命题可以有特定的含义，称为命题常量；也可以有抽象的含义，称为命题变元，把确定的命题代入命题变元后，命题变元就具有了明确的真值。

定义 4.2　简单陈述句表达的命题称为简单命题或原子命题；引入否定、合取、析取、条件、双条件等连接词，可以将简单命题构成复合命题。

命题逻辑表示法有较大的局限性，它无法把它所描述的事物的结构及逻辑特征反映出来，也不能把不同事物间的共同特征表述出来。例如，对于 "老李是小李的父亲" 这一命题，若用英文字母 P 表示，则无论如何也看不出老李与小李的父子关系。再如，对于 "李白是诗人" "杜甫是诗人" 这两个命题，也无法把两者的共同特征（都是诗人）形式化地表示出来。由于这些原因，在命题逻辑的基础上发展起了谓词逻辑。

4.2.2.2　谓词

定义 4.3　谓词的一般形式是：

$P(x_1,x_2,\cdots,x_n)$，其中 P 是谓词名，用于刻画个体的性质、状态或个体间的关系；$x_1,x_2,\cdots,x_n$ 是个体，表示某个独立存在的事物或某个抽象的概念。谓词中包含的个体数目称为谓词的元数，如 $P(x)$ 是一元谓词，$P(x,y)$ 是二元谓词，$\cdots$，$P(x_1,x_2,\cdots,x_n)$ 是 n 元谓词。

谓词名是由使用者根据需要人为定义的，一般是用具有相应意义的英文单词表示，或者用大写英文字母表示。个体通常用小写英文字母表示，个体可以是常量、变元或函数，它们统称为项。个体是常量，表示一个或一组指定的个体，例如，用谓词 $Teacher(li)$ 表示 "老李是一名教师" 这个命题，其中 $Teacher$ 是谓词名，li 是个体常量，$Teacher$ 刻画了 li 的职业是教师这一特性。用谓词 $Greater(5,3)$ 表示 "5>3" 这个命题，其中 $Greater$ 是谓词名，5 和 3 是个体常量，$Greater$ 刻画了 5 和 3 之间的 "大于" 关系。

个体是变元，表示没有指定的一个或一组个体，例如，用谓词 $Less(x,3)$ 表示 "$x<3$" 这个命题，其中 x 是个体变元。个体是函数，表示一个个体到另一个个体的映射，例如，用谓词 $Student(Friend(li))$ 表示 "小李的朋友是学生" 这个命题，其中 $Friend(li)$ 是函数，表示 "小李的朋友"。

函数与谓词的形式相似，但本质不同。谓词具有非真即假的真值；而函数无真值可言，其值是个体域中的个体，实现的是个体域中从一个个体到另一个个体的映射。

在谓词 $P(x_1,x_2,\cdots,x_n)$ 中，若 x_i（$i=1,2,\cdots,n$）都是个体常量、变元或函数，称它为一阶谓词；若某个 x_i 本身又是一个一阶谓词，则称它为二阶谓词；余者可依次类推。

4.2.2.3 谓词公式

（1）连接词

无论是命题逻辑还是谓词逻辑，均可用下列连接词把一些简单命题连接起来构成一个复合命题，以表示一个比较复杂的含义，如表 4.1 所示。

表 4.1　连接词

连接词	表示形式	意义
否定（¬）	$\neg P$	即"非 P"
析取（∨）	$P \vee Q$	即"P 或 Q"
合取（∧）	$P \wedge Q$	即"P 且 Q"
蕴涵或者条件（→）	$P \rightarrow Q$	P 称为前件，Q 称为后件，即"如果 P，则 Q"
等价或双条件（↔）	$P \leftrightarrow Q$	即"P 当且仅当 Q"

表 4.2 给出了由这些连接词构成的复合命题的真值表。否定（¬）表示否定位于它后面的命题，当 P 为真时，$\neg P$ 为假；当 P 为假时，$\neg P$ 为真。析取（∨）表示 P 为真或 Q 为真，则 $P \vee Q$ 为真。合取（∧）表示 P 和 Q 均为真，则 $P \wedge Q$ 为真。蕴涵或者条件（→）表示 P 为假或 Q 为真，则 $P{\rightarrow}Q$ 为真，注意：只有 P 为真，且 Q 为假时，$P{\rightarrow}Q$ 才为假，其余均为真，"条件"与汉语中的"如果……则……"有区别，汉语中前后要有联系，而命题中可以毫无关系，例如，如果"太阳从西边出来"，则"雪是白的"，是一个真值为真的命题。等价或双条件（↔）表示 $P{\rightarrow}Q$ 为真，且 $Q{\rightarrow}P$ 为真，则 $P \leftrightarrow Q$ 为真。

表 4.2　真值表

P, Q	$\neg P$	$P \vee Q$	$P \wedge Q$	$P{\rightarrow}Q$	$P \leftrightarrow Q$
T, T	F	T	T	T	T
T, F	F	T	F	F	F
F, T	T	T	F	T	F
F, F	T	F	F	T	T

（2）量词

量词（quantifier）用来刻画谓词与个体之间的关系，是用量词符号和被其量化的变元所组成的表达式。在一阶谓词逻辑中引入了两个量词：全称量词（universal quantifier）和存在量词（existential quantifier）。

定义 4.4　全称量词（$\forall x$）表示"对个体域中的所有（或任一个）个体 x"，读作"对于所有的 x"。

定义 4.5　存在量词（$\exists x$）表示"在个体域中存在个体 x"，读作"存在 x"。

例如，谓词 $P(x)$ 表示 x 能够制造工具，则 $(\forall x)P(x)$ 表示定义域中的所有个体 x 都能制造工具；$(\exists x)P(x)$ 表示定义域中存在个体 x 能制造工具。

（3）谓词公式

定义 4.6　项满足以下规则：

① 单独一个个体是项；

② 若 $t_1, t_2, \cdots, t_n$ 是项，f 是 n 元函数，则 $f(t_1, t_2, \cdots, t_n)$ 是项；

③ 由①、②生成的表达式是项。

例如，$plus(plus(x, 1), x)$ 是项，表示 $(x+1)+x$。

定义 4.7 若 $t_1, t_2, \cdots, t_n$ 是项，P 是谓词符号，则称 $P(t_1, t_2, \cdots, t_n)$ 是原子谓词公式。

定义 4.8 可按以下规则得到谓词公式：

① 原子谓词公式是谓词公式；

② 若 A 是谓词公式，则 $\neg A$ 也是谓词公式；

③ 若 A、B 是谓词公式，则 $A \wedge B$、$A \vee B$、$A \rightarrow B$、$A \leftrightarrow B$ 也是谓词公式；

④ 若 A 是谓词公式，则 $(\forall x) A$，$(\exists x) A$ 也是谓词公式；

⑤ 有限步应用①～④生成的公式也是谓词公式。

例如，谓词公式 $G(x, y)$ 表示 x 大于 y，$plus(x, y)$ 表示 $x+y$，则

$(\forall x) G(plus(x, 1), x)$ 表示"对任意 x，$(x+1)$ 都大于 x"。

$(\exists x) G(x, 3)$ 表示"存在 x，x 大于 3"。

$(\forall x) (\exists y) G(y, x)$ 表示"对任意 x 都存在 y，使得 y 大于 x"。

在谓词公式中，连接词的优先级从高到低是 $\neg$、$\wedge$、$\vee$、$\rightarrow$、$\leftrightarrow$。

（4）量词的辖域

量词后面的单个谓词或者用括号括起来的谓词公式称为量词的辖域，辖域内与量词中同名的变元称为约束变元，不受约束的变元称为自由变元。例如

$$(\forall x)(P(x) \rightarrow Q(x, y)) \vee R(x, y)$$

其中，$(P(x) \rightarrow Q(x, y))$ 是全称量词 $(\forall x)$ 的辖域，辖域内的变元 x 是受 $(\forall x)$ 约束的变元，即约束变元；$R(x, y)$ 中的 x 是自由变元；公式中的所有 y 都是自由变元。

在谓词公式中，变元的名字无关紧要，可以进行改名操作。但必须注意，当将辖域内的约束变元改名时，必须把同名的约束变元都统一改成相同的名字；当将辖域内的自由变元改名时，不能改成与约束变元相同的名字。例如，$(\forall x) P(x, y)$ 可改名为 $(\forall z) P(z, t)$，这里把约束变元 x 改为 z，自由变元 y 改为 t。

（5）谓词公式的等价性

在谓词逻辑中，必须首先考虑个体变元和函数在个体域中的取值，然后才能针对变元与函数的具体取值为谓词分别指派真值。由于存在多种组合情况，所以一个谓词公式的解释可能有很多个。对于每一个解释，谓词公式都可求出一个真值。

定义 4.9 设 P 和 Q 是两个谓词公式，D 是它们共同的个体域，若对 D 上的任何一个解释，P 与 Q 都有相同的真值，则称公式 P 和 Q 在 D 上是等价的。如果 D 是任意个体域，则称 P 和 Q 是等价的，记作 $P \Leftrightarrow Q$。

常用的等价式见表 4.3。

表 4.3 常用的等价式

名称	等价式
交换律	$P \vee Q \Leftrightarrow Q \vee P$ $P \wedge Q \Leftrightarrow Q \wedge P$
结合律	$(P \vee Q) \vee R \Leftrightarrow P \vee (Q \vee R)$ $(P \wedge Q) \wedge R \Leftrightarrow P \wedge (Q \wedge R)$

名称	等价式
分配律	$P \vee (Q \wedge R) \Leftrightarrow (P \vee Q) \wedge (P \vee R)$ $P \wedge (Q \vee R) \Leftrightarrow (P \wedge Q) \vee (P \wedge R)$
德摩根律	$\neg(P \vee Q) \Leftrightarrow \neg P \wedge \neg Q$ $\neg(P \wedge Q) \Leftrightarrow \neg P \vee \neg Q$
双重否定律	$\neg \neg P \Leftrightarrow P$
吸收律	$P \vee (P \wedge Q) \Leftrightarrow P$ $P \wedge (P \vee Q) \Leftrightarrow P$
补余律	$P \vee \neg P \Leftrightarrow T$ $P \wedge \neg P \Leftrightarrow F$
连接词化归律	$P \rightarrow Q \Leftrightarrow \neg P \vee Q$
逆否律	$P \rightarrow Q \Leftrightarrow \neg Q \rightarrow \neg P$
量词转换律	$\neg (\exists x) P \Leftrightarrow (\forall x)(\neg P)$ $\neg (\forall x) P \Leftrightarrow (\exists x)(\neg P)$
量词分配律	$(\forall x)(P \wedge Q) \Leftrightarrow (\forall x) P \wedge (\forall x) Q$ $(\exists x)(P \vee Q) \Leftrightarrow (\exists x) P \vee (\exists x) Q$

（6）谓词公式的永真蕴涵

定义 4.10 对于谓词公式 P 与 Q，如果 $P \rightarrow Q$ 永真，则称公式 P 永真蕴涵 Q，记作 $P \Rightarrow Q$，且称 Q 为 P 的逻辑结论，P 为 Q 的前提。

常用的永真蕴涵式见表 4.4。

表 4.4　常用的永真蕴涵式

名称	永真蕴涵式
假言推理	$P, P \rightarrow Q \Rightarrow Q$
拒取式推理	$\neg Q, P \rightarrow Q \Rightarrow \neg P$
假言三段论	$P \rightarrow Q, Q \rightarrow R \Rightarrow P \rightarrow R$
与消解	$P_1 \wedge P_2 \wedge \cdots \wedge P_n \Rightarrow P_i (1 \leqslant i \leqslant n)$
与导入	$P_1, P_2, \cdots, P_n \Rightarrow P_1 \wedge P_2 \wedge \cdots \wedge P_n$
单项消解	$P \vee Q, \neg Q \Rightarrow P$
全称量词引入	$P(y) \Rightarrow (\forall x) P(x)$
存在量词引入	$P(y) \Rightarrow (\exists x) P(x)$
全称量词消除	$(\forall x) P(x) \Rightarrow P(y)$，$y$ 是个体域中的任一个体，利用此永真蕴涵式可消去公式中的全称量词
存在量词消除	$(\exists x) P(x) \Rightarrow P(y)$，$y$ 是个体域中某一个可使 $P(y)$ 为真的个体，利用此永真蕴涵式可消去公式中的存在量词

表 4.3 和表 4.4 列出的等价式及永真蕴涵式是进行演绎推理的重要依据，因此这些公式又称为推理规则。

4.2.2.4　一阶谓词逻辑知识表示方法

用一阶谓词逻辑中的谓词公式表示知识的一般步骤如下：

① 定义谓词及个体，确定每个谓词及个体的确切含义；

② 根据要表达的事物和概念，为每个谓词中的变元赋予特定的值；

③ 根据语义，用适当的连接词将各个谓词连接起来，形成谓词公式，从而完整地表达知识。

【例 4.4】 用一阶谓词逻辑表示知识：

① Tom 不仅喜欢踢足球，还喜欢打篮球。
② 一个人是华侨，当且仅当他在国外定居并且具有中国国籍。
③ 男生都爱看世界杯。
④ 305 房间有个物体。
⑤ 所有的消防车都是红色的。
⑥ 所有的自然数不是奇数就是偶数。

解 ① 定义谓词及个体：$Like(Tom, x)$ 表示 "Tom 喜欢 x"，Football 和 Basketball 分别表示 "踢足球" 和 "打篮球"。该知识用一阶谓词逻辑表示为

$$Like(Tom, Football) \wedge Like(Tom, Basketball)$$

② 定义谓词：$Overseas\_Chinese(x)$ 表示 "x 是华侨"，$Oversea(x)$ 表示 "x 在国外定居"，$Chinese(x)$ 表示 "x 具有中国国籍"。该知识用一阶谓词逻辑表示为

$$(\forall x)(Overseas\_Chinese(x) \leftrightarrow (Oversea(x) \wedge Chinese(x)))$$

③ 定义谓词及个体：$Boy(x)$ 表示 "x 是男生"，$Like(x, y)$ 表示 "x 喜欢 y"，Worldcup 表示 "看世界杯"。该知识用一阶谓词逻辑表示为

$$(\forall x)(Boy(x) \rightarrow Like(x, Worldcup))$$

可读作：对于所有 x，如果 x 是男生，则 x 爱看世界杯。

④ 定义谓词及个体：$In(x, y)$ 表示 "x 在 y 里面"，$Room(x)$ 表示 "x 是房间"，305 表示房间的名称。该知识用一阶谓词逻辑表示为：

$$(\exists x) In(x, Room(305))$$

可读作：存在一个 x，x 在房间 305 中。

⑤ 定义谓词及个体：$Fireengine(x)$ 表示 "x 是消防车"，$Color(x, y)$ 表示 "x 的颜色是 y"，red 表示红色。该知识用一阶谓词逻辑表示为

$$(\forall x)(Fireengine(x) \rightarrow Color(x, red))$$

可读作：对于所有 x，如果 x 是消防车，则 x 的颜色是红色。

⑥ 定义谓词：$N(x)$ 表示 "x 是自然数"，$O(x)$ 表示 "x 是奇数"，$E(x)$ 表示 "x 是偶数"。该知识用一阶谓词逻辑表示为

$$(\forall x)(N(x) \rightarrow (O(x) \vee E(x)))$$

可读作：对于所有 x，如果 x 是自然数，则 x 是奇数或偶数。

【例 4.5】 使用推理规则证明推断：每架飞机或者停在地面或者飞在天空，且并非每架飞机都飞在天空，因而有些飞机停在地面。

解 定义 $Plane(x)$ 表示 "x 是飞机"；$Ground(x)$ 表示 "x 停在地面"；$Sky(x)$ 表示 "x 飞在天空"。

前提：① $(\forall x)(Plane(x) \rightarrow Ground(x) \vee Sky(x))$

② $\neg (\forall x)(Plane(x) \rightarrow Sky(x))$

结论：$(\exists x)(Plane(x) \wedge Ground(x))$

证明：③ 根据②和量词转换律有：$(\exists x) \neg (Plane(x) \rightarrow Sky(x))$

④ 根据③和连接词化归律有：$(\exists x) \neg (\neg Plane(x) \vee Sky(x))$

⑤ 根据④和德摩根律有：$(\exists x)(Plane(x) \wedge \neg Sky(x))$

⑥ 根据⑤和存在量词消除规则有：$Plane(a) \wedge \neg Sky(a)$

⑦ 根据⑥和与消解规则有：$Plane(a)$，$\neg Sky(a)$

⑧ 根据①和全称量词消除规则有：$Plane(a) \rightarrow Ground(a) \vee Sky(a)$

⑨ 根据⑦、⑧和假言推理规则有：$Ground(a) \vee Sky(a)$

⑩ 根据⑦、⑨和单项消解规则有：$Ground(a)$

⑪ 根据⑦、⑩和与导入规则有：$Plane(a) \wedge Ground(a)$

⑫ 根据⑪和存在量词引入规则有：$(\exists x)(Plane(x) \wedge Ground(x))$

【例 4.6】 使用推理规则推断：每个去临潼游览的人或者参观秦始皇兵马俑，或者参观华清池，或者洗温泉。凡去临潼游览的人，如果爬骊山，就不能参观秦始皇兵马俑；有的游览者既不参观华清池，也不洗温泉。因而有的游览者不爬骊山。

解 定义 $G(x)$表示"x去临潼游览"；$A(x)$表示"x参观秦始皇兵马俑"；$B(x)$表示"x参观华清池"；$C(x)$表示"x洗温泉"；$D(x)$表示"x爬骊山"。

前提：① $(\forall x)(G(x) \rightarrow A(x) \vee B(x) \vee C(x))$

② $(\forall x)(G(x) \wedge D(x) \rightarrow \neg A(x))$

③ $(\exists x)(G(x) \wedge \neg B(x) \wedge \neg C(x))$

结论：$(\exists x)(G(x) \wedge \neg D(x))$

证明：④ 根据③和存在量词消除规则有：$G(a) \wedge \neg B(a) \wedge \neg C(a)$

⑤ 根据①和全称量词消除规则有：$G(a) \rightarrow A(a) \vee B(a) \vee C(a)$

⑥ 根据②和全称量词消除规则有：$G(a) \wedge D(a) \rightarrow \neg A(a)$

⑦ 根据⑥和逆否律、德摩根律有：$A(a) \rightarrow \neg G(a) \vee \neg D(a)$

⑧ 根据④和与消解规则有：$G(a)$

⑨ 根据⑤、⑧和假言推理规则有：$A(a) \vee B(a) \vee C(a)$

⑩ 根据④和与消解规则有：$\neg B(a)$，$\neg C(a)$

⑪ 根据⑨、⑩和单项消解规则有：$A(a)$

⑫ 根据⑦、⑧、⑪和假言推理、单项消解规则有：$\neg D(a)$

⑬ 根据⑧、⑫和与导入、存在量词引入规则有：$(\exists x)(G(x) \wedge \neg D(x))$

4.2.2.5　一阶谓词逻辑表示法的特点

（1）优点

① 自然性　谓词逻辑的表示接近于自然语言，用它表示的知识比较容易理解。

② 精确性　谓词逻辑是二值逻辑，谓词公式的真值只有"真"和"假"，因此可用它表示精确的知识，并可以保证演绎推理所得结论的精确性。

③ 严密性　谓词逻辑的发展相对比较成熟，具有扎实的理论基础，具有严格的形式定义和推理规则，因此对知识表达方式的科学严密性要求就比较容易得到满足。

④ 易于模块化　谓词逻辑表示的知识可以比较容易地转换为计算机可读取的形式，易于模块化，便于对知识进行增加、修改及删除。

（2）缺点

① 无法表示不精确性的知识　谓词逻辑无法表示不精确的知识，但人类的知识具有不同程度的不确定性，这就使得它表示知识的范围受到了限制。

② 组合爆炸　由于难以表示启发性知识，因此在推理过程中，只能盲目地使用推理规则，一旦系统的知识量（规则数目）较大时，就可能产生组合爆炸问题。有一些方式可以解决此问题，如定义控制策略来选择合适的规则。

③ 效率低　用谓词逻辑表示知识时，其推理过程是根据形式逻辑进行的，把推理与知识的语义割裂开来，这就使推理过程冗长，效率低下。

4.2.3　产生式表示法

产生式（production）表示法也称为产生式规则表示法。"产生式"这一术语是由美国数学家波斯特（E. Post）在 1943 年首先提出来的。他根据串替代规则提出了一种称为波斯特机的计算模型，模型中的每一条规则称为一个产生式。在此之后，几经修改与充实，产生式表示法如今已被用到多个领域中，如用它来描述形式语言的语法、表示人类心理活动的认知过程等。1972 年，纽厄尔和西蒙在研究人类的认知模型过程中，开发了基于规则的产生式系统。目前，它已成为人工智能中应用最多的一种知识表示模型，许多成功的专家系统都用它来表示知识，如用于测定分子结构的专家系统 DENDRAL、用于诊断脑膜炎和血液病毒感染的专家系统 MYCIN 等。

4.2.3.1　产生式知识表示方法

产生式通常用于表示事实、规则等，还能表示不确定性的知识。

（1）事实的表示

事实是断言一个语言变量的值或多个语言变量之间关系的陈述句。其中，语言变量的值或语言变量之间的关系可以用数字表示，也可以用词表示，还可以是其他恰当的描述。例如，"天是蓝色的"中，"天"是语言变量，"蓝色的"是语言变量的值。再如，"王海喜欢文学"中，两个语言变量分别是"王海"和"文学"，它们之间的关系是"喜欢"。

① 确定性事实知识的产生式表示　确定性事实一般用三元组表示，具体形式为

（对象，属性，值）

或　　　　　　　　　　　　　　（关系，对象1，对象2）

② 不确定性事实知识的产生式表示　不确定性事实一般用四元组表示，具体形式为

（对象，属性，值，置信度）

或　　　　　　　　　　　　（关系，对象1，对象2，置信度）

【例 4.7】用产生式表示法表示以下内容：

① 小李 20 岁。

② 老李和老王是朋友。

③ 小李 20 岁左右。

④ 老李和老王有可能是朋友。

解 以上知识表示为：

① （Li，Age，20）

② （Friend，Li，Wang）

③ （Li，Age，20，0.9）

④ （Friend，Li，Wang，0.7）

其中，数字 0.9 和 0.7 是事实的不确定性度量，说明该事实为真的程度，可以用 0~1 之间的数字来表示。

（2）规则的表示

规则表示事物间的因果关系等，其产生式表示形式通常称为产生式规则。

① 确定性规则知识的产生式表示　确定性规则知识的产生式表示的基本形式为

$$IF \quad P \quad THEN \quad Q$$

或

$$P \rightarrow Q$$

其中，P 是产生式的前提，用于指出该产生式可用的条件；Q 是一组结论或操作，用于指出前提 P 所指示的条件被满足时，应该得出的结论或应该执行的操作。P 和 Q 也可以是由"与""或""非"等逻辑运算符组合而成的表达式。例如

IF　动物有犬齿　AND　有爪　AND　眼盯前方　THEN　该动物是食肉动物

再如

$$（天下雨 \wedge 外出）\rightarrow （带伞 \vee 带雨衣）$$

② 不确定性规则知识的产生式表示　不确定性规则知识的产生式表示的基本形式为

$$IF \quad P \quad THEN \quad Q（置信度）$$

或

$$P \rightarrow Q（置信度）$$

例如，专家系统 MYCIN 中的一条规则为

IF　本微生物的染色斑是革兰氏阴性　AND　本微生物的形状呈杆状　AND　病人是中间宿主　THEN　该微生物是绿脓杆菌（0.6）

它表示当前提中提到的所有条件都满足时，结论可以相信的程度是 0.6。

（3）产生式与谓词逻辑中的蕴涵式的区别

从表示形式看，产生式与谓词逻辑中的蕴涵式很相似，但实际上它们并不相同，蕴涵式只是产生式的一种特殊情况，原因如下：

① 产生式描述了事物之间的一种对应关系，其外延广泛，可以是因果、蕴涵、操作、规则、变换、算子、函数等。逻辑中的蕴涵式、等价式、程序设计语言中的文法规则、数学中的微分和积分公式、化学中分子结构式的分解变换规则、体育比赛规则、国家法律条文、单位规章制度等，都可以用产生式表示。

② 蕴涵式只能表示确定性知识，其真值或者为真，或者为假；而产生式既能表示确定性知识，也能表示不确定性知识，没有真值。

③ 产生式表示中，通过检查已知事实是否与前提描述的条件匹配来决定该规则是否可用，这种匹配可以是精确的，也可以是不精确的，只要按照某种算法求出前提条件与已知事实的相似度达到某个指定的范围，就认为是匹配的。而蕴涵式的匹配则要求是精确的。

4.2.3.2　产生式系统的基本结构

把一组产生式放在一起，让它们相互配合、协同工作，一个产生式生成的结论作为另一个产生式的前提，以这种方式逐步进行问题求解的系统就是产生式系统（production system）。产生式系统是以产生式知识表示方法构造的智能系统，主要包括数据库、规则库和推理机三个主要模块，它们之间的关系如图 4.6 所示。

（1）数据库

数据库（data base，DB）也称为综合数据库、事实库、上下文、黑板等，用于存放问题求解过程中生成的各种数据结构，包括问题的初始状态、原始证据、中间结论和最终结论等。

图 4.6　产生式系统的基本结构

数据的格式可以是常量、变量、多元组、谓词、表格、图像等。在推理过程中，当规则库中某条规则的前提可以和数据库中的已知事实相匹配时，该规则被激活，并把它推出的结论作为新的事实放入数据库中，作为后面推理的已知事实。显然，数据库的内容是在不断变化的。

（2）规则库

规则库（rule base，RB）存放领域知识，是与问题求解有关的所有产生式规则的集合。规则库是产生式系统问题求解的基础，其知识的完整性、一致性、准确性、灵活性及合理性，将直接影响系统的性能和运行效率。因此，设计规则库时要注意对知识进行合理的组织和管理，检查并排除冗余及矛盾的知识等，保持知识的一致性，从而提高求解问题的效率。

（3）推理机

推理机（inference engine）由一组程序组成，用来控制和协调规则库与数据库的运行，实现对问题的求解。推理机是产生式系统的核心，其性能决定了系统的性能。推理机的主要工作如下：

① 匹配　它是把规则的前提条件与数据库中的已知事实进行比较，如果两者一致或者近似一致，且满足预先规定的条件，则称匹配成功，相应的规则可被使用，否则称为匹配不成功。

② 冲突消解　它是指当有多条规则匹配成功时，推理机按照相应的冲突消解策略从中选择一条执行，冲突消解策略主要有以下几种：

a．专一性排序。如果某一条规则条件部分规定的情况比另一条规则条件部分规定的情况更有针对性，则这条规则有较高的优先级。

b．规则排序。规则库中规则编排的顺序本身就表示了规则的启用顺序。

c．规模排序。按规则条件部分的规模排列优先级，优先使用较多条件被满足的规则。

d．就近排序。把最近使用的规则放在最优先的位置，即那些最近经常被使用的规则的优先级较高。

③ 执行规则　上一步所选规则的后件如果是一个或多个结论，则把这些结论加入数据库中；如果是一个或多个操作，则执行这些操作。

④ 检查推理终止条件　检查数据库中是否包含了最终结论，决定是否停止系统的运行。

4.2.3.3　产生式系统的例子

【例 4.8】下面以一个动物识别系统为例，介绍产生式系统求解问题的过程。这个动物识别系统是识别虎、金钱豹、斑马、长颈鹿、企鹅、鸵鸟、信天翁等七种动物的产生式系统。

解　首先根据这些动物识别的专家知识，建立如下规则库（表 4.5）。

表 4.5　动物识别规则库

编号	规则
R_1	IF　该动物有毛发　THEN　该动物是哺乳动物
R_2	IF　该动物有奶　THEN　该动物是哺乳动物
R_3	IF　该动物有羽毛　THEN　该动物是鸟
R_4	IF　该动物会飞　AND　会下蛋　THEN　该动物是鸟
R_5	IF　该动物吃肉　THEN　该动物是食肉动物
R_6	IF　该动物有犬齿　AND　有爪　AND　眼盯前方　THEN　该动物是食肉动物
R_7	IF　该动物是哺乳动物　AND　有蹄　THEN　该动物是有蹄类动物
R_8	IF　该动物是哺乳动物　AND　是反刍动物　THEN　该动物是有蹄类动物
R_9	IF　该动物是哺乳动物　AND　是食肉动物　AND　是黄褐色　AND　身上有暗斑点　THEN　该动物是金钱豹
R_{10}	IF　该动物是哺乳动物　AND　是食肉动物　AND　是黄褐色　AND　身上有黑色条纹　THEN　该动物是虎
R_{11}	IF　该动物是有蹄类动物　AND　有长脖子　AND　有长腿　AND　身上有暗斑点　THEN　该动物是长颈鹿
R_{12}	IF　该动物是有蹄类动物　AND　身上有黑色条纹　THEN　该动物是斑马
R_{13}	IF　该动物是鸟　AND　有长脖子　AND　有长腿　AND　不会飞　AND　有黑白二色　THEN　该动物是鸵鸟
R_{14}	IF　该动物是鸟　AND　会游泳　AND　不会飞　AND　有黑白二色　THEN　该动物是企鹅
R_{15}	IF　该动物是鸟　AND　善飞　THEN　该动物是信天翁

由表 4.5 中的产生式规则可以看出，虽然系统是用来识别七种动物的，但它并不是简单地只设计 7 条规则，而是设计了 15 条。其基本思想是：首先根据一些比较简单的条件，如"有毛发""有羽毛""会飞"等对动物进行比较粗的分类，如"哺乳动物""鸟"等。然后随着条件的增加，逐步缩小分类范围，最后给出识别七种动物的规则。这样做至少有两个好处：一是当已知的事实不完全时，虽不能推出最终结论，但可以得到分类结果；二是当需要增加对其他动物（如牛、马等）的识别时，规则库中只需增加关于这些动物个性方面的知识，如 $R_9 \sim R_{15}$ 那样，而对 $R_1 \sim R_8$ 可直接利用，这样增加的规则就不会太多。$R_1 \sim R_{15}$ 分别是对各产生式规则所做的编号，以便于对它们的引用。

设在数据库中存放下列已知事实："该动物特征为有暗斑点，有长脖子，有长腿，有奶，有蹄"，并假设数据库中的已知事实与规则库中的知识是从第一条（即 R_1）开始逐条进行匹配的，则推理机的工作过程是：

① 从规则库中取出第一条规则 R_1，检查其前提是否与数据库中的已知事实匹配成功。由于数据库中没有"该动物有毛发"这一事实，所以匹配不成功，R_1 不能被用于推理。然后取第二条规则 R_2 进行同样的工作。显然，R_2 的前提"该动物有奶"可与数据库中已知事实匹配成功，所以 R_2 被执行，并将其结论"该动物是哺乳动物"加入数据库中，并且给 R_2 标注已经被选用过的记号，避免下次再被匹配。

此时数据库的内容变为："该动物特征为有暗斑点，有长脖子，有长腿，有奶，有蹄，是哺乳动物"。

② 再检查 $R_3 \sim R_6$，均匹配不成功。但 R_7 的前提"该动物是哺乳动物""有蹄"可与数据库中已知事实匹配成功，所以 R_7 被执行，并将其结论"该动物是有蹄类动物"加入数据库中，并且给 R_7 标注已经被选用过的记号，避免下次再被匹配。

此时数据库的内容变为："该动物特征为有暗斑点，有长脖子，有长腿，有奶，有蹄，是哺乳动物，是有蹄类动物"。

③ 再检查 R_8～R_{10}，均匹配不成功。但 R_{11} 的前提可与数据库中已知事实匹配成功，所以 R_{11} 被执行，并推出"该动物是长颈鹿"，然后将其结论"该动物是长颈鹿"加入数据库中，并且给 R_{11} 标注已经被选用过的记号，避免下次再被匹配。

此时数据库的内容变为："该动物特征为有暗斑点，有长脖子，有长腿，有奶，有蹄，是哺乳动物，是有蹄类动物，是长颈鹿"。

"该动物是长颈鹿"这一最终结论已被推出，至此，问题的求解过程就结束了。

【例4.8】的求解过程是一个推理过程，它是一个不断从规则库中选择可用规则与数据库中的已知事实进行匹配的过程，规则的每一次成功匹配都使数据库增加了新的内容，并朝着问题的解决方向前进了一步。

4.2.3.4　产生式表示法的特点

（1）优点

① 自然性　产生式表示法用"IF　P　THEN　Q"的形式表示知识，是人们常用的一种表达因果关系的知识表示形式，既直观、自然，又便于进行推理。同时，基于产生式表示法构建的智能系统的求解问题过程，与人类求解问题的思维很像，容易理解。

② 有效性　产生式表示法能有效地表示确定性知识、不确定性知识、启发性知识以及过程性知识，很多高效的专家系统都是基于产生式表示法构建知识库的。

③ 模块性　产生式是规则库中最基本的知识单元，它们同推理机相对独立，而且每条规则都具有相同的形式。这就便于对其进行模块化处理，为知识的增、改、删带来了方便，便于对规则库的建立和扩展进行管理。

（2）缺点

① 求解效率低　产生式系统求解问题的过程是一个反复进行"匹配→冲突消解→执行"的过程，即先用规则的前提与数据库中的已知事实进行匹配，再按照一定的策略从规则库中选出可用的规则，最后执行选中的规则，如此反复进行，直到推理结束。鉴于规则库的规模一般都比较大，因此求解效率低，甚至还有可能发生组合爆炸问题。

② 不便于表示结构性知识　产生式用三元或四元组表示事实，用"IF　P　THEN　Q"的形式表示规则，格式比较规范，适合表示具有因果关系的过程性知识，但是规则之间不能直接调用，因此那些具有结构关系或层次关系的知识不易表达。

4.2.4　语义网络表示法

语义网络（semantic network）是一种发展比较早的知识表示方法，是奎廉（J. R. Quillian）于1968年在他的博士论文中作为人类联想记忆的心理学模型提出的，随后，奎廉又把它用于知识表示方法，设计实现了一个可教式语言理解器。1972年，西蒙正式提出了语义网络的概念，并用于自然语言理解系统的研究设计中。1975年，亨德里克（G. G. Hendrix）针对全称量词的表示提出了语义网络分区技术。目前，语义网络已经成为人工智能中应用较多的一种知识表示方法，尤其是自然语言处理方面。

4.2.4.1　语义网络的基本概念

语义网络是通过实体及其语义关系来表示知识的有向图。从结构上看，语义网络一般由一些最基本的语义单元组成，被称为语义基元，可用三元组（结点1，弧，结点2）来表示，如图4.7所示。其中，结点表示实体，对应了领域中的各种事物、概念、情况、属性、状态、事件和动作等。有向弧表示两个结点之间的语义关系，是语义网络组织知识的关键。有向弧

![结点1 →语义关系→ 结点2]

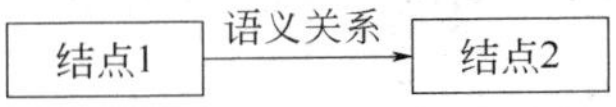

图4.7　语义基元的表示

的方向不能随意调换，如果要调换，弧上的语义关系也要随之改变。

当把多个语义基元用相应的语义关系关联在一起时，就形成了一个语义网络。网络中的每一个结点和弧都必须带有标识，用来说明它所代表的实体或语义关系。

4.2.4.2　语义网络的基本语义关系

由于语义关系的丰富性，不同应用系统所需要的语义关系的种类与解释也不尽相同，以下介绍一些比较典型的语义关系。

（1）类属关系

类属关系体现的是"具体与抽象""子类与超类""个体与集体"的层次分类，是一种具有继承性的语义关系，处在具体层、子类层、个体层的结点不仅可以具有自己特殊的属性，还可以继承处在抽象层、父类层、集体层结点的所有属性。类属关系是指具有共同属性的不同事物间的实例关系、分类关系和成员关系等。

① 实例关系　刻画"具体与抽象"的概念，用来描述一个事物是另一个事物的实例，通常标识为 ISA 或 Is-a。例如，"张静是一名教师"，其语义网络表示如图4.8所示。

② 分类关系　刻画"子类与超类"的概念，用来描述一个事物是另一个事物的一种类型，通常标识为 AKO 或 A-Kind-of。例如，"老虎是一种动物"，其语义网络表示如图4.9所示。

③ 成员关系　刻画"个体与集体"的概念，用来描述一个事物是另一个事物的一个成员，通常标识为 AMO 或 A-Member-of。例如，"王玲玲是一名党员"，其语义网络表示如图4.10所示。

图4.8　实例关系　　　　图4.9　分类关系　　　　图4.10　成员关系

（2）属性关系

属性关系用来描述事物和其属性之间的关系。常用的属性关系如下：

① Have　表示一个结点具有另一个结点描述的属性。

② Can　表示一个结点能做另一个结点描述的事情。

③ Age　表示一个结点是另一个结点在年龄方面的属性。

例如，"鱼有鳃""鸟会飞""小李20岁"其语义网络表示如图4.11所示。

图4.11　属性关系

（3）聚类关系

聚类关系也称包含关系、聚集关系，刻画"部分与整体"的概念，用来描述一个事物是另一个事物的一部分。聚类关系不同于类属关系，它不具备继承性，通常标识为 Part-of。例如，"轮胎是汽车的一部分"，其语义网络表示如图 4.12 所示。

（4）时间关系

时间关系刻画不同事件在发生时间方面的先后次序。常用的时间关系如下：

① Before　表示一个事件在另一个事件之前发生。

② After　表示一个事件在另一个事件之后发生。

例如，"王芳在许倩之前毕业""伦敦奥运会在北京奥运会之后召开"，其语义网络表示如图 4.13 所示。

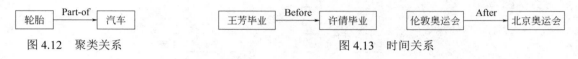

图 4.12　聚类关系　　　　　　　　　　　图 4.13　时间关系

（5）位置关系

位置关系刻画不同事物在位置方面的关系。常用的位置关系如下：

① Located-at　表示一个物体所处的位置。

② Located-on　表示一个物体在另一个物体之上。

③ Located-under　表示一个物体在另一个物体之下。

④ Located-inside　表示一个物体在另一个物体之内。

⑤ Located-outside　表示一个物体在另一个物体之外。

例如，"华中师范大学坐落于桂子山上""手机在书包里"，其语义网络表示如图 4.14 所示。

（6）相近关系

相近关系刻画不同事物在形状、内容上的相似和接近。常用的相近关系如下：

① Similar-to　表示一个事物与另一个事物相似。

② Near-to　表示一个事物与另一个事物接近。

例如，"狗长得像狼"，其语义网络表示如图 4.15 所示。

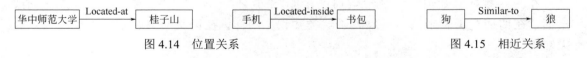

图 4.14　位置关系　　　　　　　　　　　图 4.15　相近关系

4.2.4.3　语义网络知识表示方法

（1）情况、动作和事件的表示

为了描述那些复杂的知识，在语义网络的知识表示法中通常采用引进附加结点的方法来解决，可以用增加情况结点、动作结点和事件结点的方法来表示。

① 情况的表示　语义网络表示情况时，增加一个情况结点，该结点有一组向外引出的有向弧，用于说明不同的情况。例如，用语义网络表示知识"请在 2020 年 6 月前归还图书"，可以增加一个"归还"结点，这样不仅说明了归还的对象是图书，还很好地表示了归还图书的时间，其带有情况结点的语义网络表示如图 4.16 所示。

图 4.16　带有情况结点的语义网络

② 动作的表示　有些表示知识的语句既有发出动作的主体，又有接受动作的客体。在用语义网络表示这样的知识时，可以增加一个动作结点，用于指出动作的主体和客体。例如，用语义网络表示知识"校长送给李老师一本书"，可以增加一个"送给"结点，其带有动作结点的语义网络表示如图 4.17 所示。

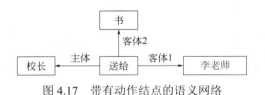

图 4.17　带有动作结点的语义网络

③ 事件的表示　如果要表示的知识可以看成发生一个事件，那么可以增加一个事件结点来描述这条知识。例如，用语义网络表示知识"中国与日本两国的国家足球队在中国进行一场比赛，结局比分是 3:2"，可以增加一个"足球赛"结点，其带有事件结点的语义网络表示如图 4.18 所示。

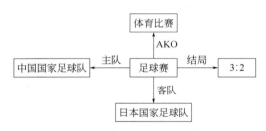

图 4.18　带有事件结点的语义网络

（2）谓词连接词、量词的表示

在一些复杂的知识中，经常用到"并且""或者""所有的""有一些"等连接词或量词，在谓词逻辑表示法中可以表示这类知识，同样，在语义网络表示法中也能表示这类知识。

① 合取与析取的表示　在语义网络中，合取通过引入"与"结点表示，析取通过引入"或"结点表示。例如，知识"参观者有男有女，有老人有年轻人"可用图 4.19 所示的语义网络表示，其中 A、B、C、D 分别代表 4 种情况的参观者。

② 存在量词与全称量词的表示　在用语义网络表示知识时，存在量词可以直接用 ISA、AKO 等弧表示，全称量词则采用亨德里克提出的语义网络分区技术表示。

例如，"每个孩子都参加了一个兴趣班"，其语义网络表示如图 4.20 所示。其中，GS 是一个概念结点，表示具有全称量化的一般事件；g 是一个实例结点，代表 GS 的一个具体例子；k 是一个全称变量，表示任意一个孩子；p 是一个存在变量，表示参加；c 是一个存在变量，表示一个兴趣班。k、p、c 之间的语义关系构成一个子空间，表示对每一个孩子都存在

一个参加事件 p 和一个兴趣班 c；g 引出的 ISA 弧说明 g 是 GS 的一个实例；F 弧说明子空间及其具体形式；∀弧说明 g 代表的全称量词。

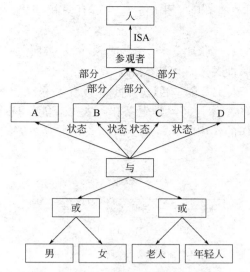

图 4.19　合取与析取的语义网络表示

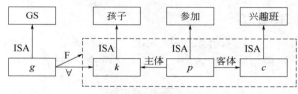

图 4.20　全称量词的语义网络表示

在网络分区技术中，要求 F 指向的子空间中的所有非全称变量结点都应该是全称变量结点的函数；否则应该放在子空间的外面。例如，知识"每个孩子都参加了美术兴趣班"中，"美术兴趣班"是一个常量结点，不是全称变量结点的函数，所以其表示方法如图 4.21 所示。

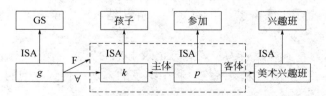

图 4.21　含有常量结点的全称量词的语义网络表示

（3）用语义网络表示知识的步骤

① 确定问题中所有对象和各对象的属性。

② 确定所讨论对象间的关系。

③ 根据语义网络涉及的关系，对语义网络中的结点及弧进行整理，包括增加情况结点、动作结点、事件结点、"与"结点、"或"结点等。

④ 将各对象作为语义网络的一个结点，而各对象间的关系作为网络中各结点的弧，连接形成语义网络。

【例 4.9】用语义网络表示知识："教师张明在本年度第二学期给计算机应用专业的学生讲授'人工智能'这门课程"。

解 ① 问题涉及的对象有教师、张明、学生、计算机应用、人工智能、本年度第二学期等。

② 确定各对象间的关系："张明"和"教师"之间是类属关系，可用 ISA 表示；"学生"和"计算机应用"之间是属性关系，可用 Major 表示。

③ "张明""学生"和"人工智能"通过"讲课"动作联系在一起。增加一个动作结点"讲课"。"张明"是这个动作的主体，而"学生"和"人工智能"是这个动作的两个客体；"本年度第二学期"是这个动作的作用时间，属于时间关系。其对应的语义网络如图 4.22 所示。

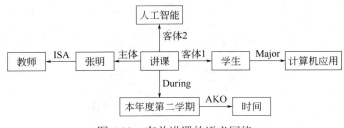

图 4.22　有关讲课的语义网络

4.2.4.4　语义网络的推理过程

用语义网络表示知识的问题求解系统主要由两部分组成，一部分是由语义网络构成的知识库，另一部分是用于问题求解的推理机。语义网络的推理过程主要有两种：继承和匹配。

（1）继承

继承是指把对事物的描述从抽象层结点传递到具体层结点，通过继承，可以得到所需结点的一些属性值，它通常是沿着 ISA、AKO、AMO 等继承弧进行的。继承的一般过程如下：

① 建立结点表，存放待求解结点和所有通过继承弧与此结点相连的那些结点。在初始情况下，结点表只有待求解的结点。

② 检查结点表中的第一个结点是否有继承弧连接。如果有，就将该弧所指的所有结点放入结点表的末尾，记录这些结点的所有属性，并从结点表中删除第一个结点；如果没有，仅从结点表中删除第一个结点。

③ 重复步骤②，直到结点表为空。此时记录下来的属性就是待求结点的所有属性。

例如，对于图 4.23 所示的语义网络，利用继承的方法可得到泡泡的属性为"有大眼睛、有鳃、有鳍和会游泳"。

图 4.23　语义网络的继承

（2）匹配

语义网络的匹配是指在知识库的语义网络中寻找与待求解问题相符的语义网络模式。匹配的一般过程如下：

① 根据问题的求解要求构造网络片段，该网络片段中有些结点或弧的标识是空的，称为询问处，即待求解的问题。

② 根据该语义网络片段在知识库中寻找相应的信息。

③ 当待求解问题的语义网络片段和知识库中的语义网络片段匹配时，则与询问处对应的事实就是问题的解。

例如，知识库中存放着图 4.24 所示的语义网络，现询问李研的年龄。针对问题的求解要求，构造语义网络片段如图 4.25 所示。用该片段与知识库中的语义网络匹配，根据 Age 弧指向的结点知李研的年龄是 32 岁。

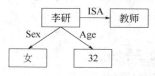

图 4.24　李研的语义网络表示

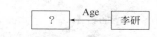

图 4.25　待求解问题的语义网络片段

4.2.4.5　语义网络表示法的特点

（1）优点

① 结构性　语义网络把事物的属性及事物之间的关系显式地表现出来，是一种结构化的知识表示法。在这种方法中，下层结点可以继承、增加和修改上层结点的属性，从而实现信息共享。

② 联想性　语义网络强调事物间的语义关系，反映了人类思维的联想过程。

③ 自索引性　通过网络的形式把各结点之间的关系以简洁、明确的方式表示出来，利用与结点连接的弧很容易查找出相关信息，而不必查找整个知识库，有效避免了搜索时的组合爆炸问题。

④ 自然性　表达知识直观、自然，符合人们的思维习惯，因此把自然语言转换成语义网络较为容易。

（2）缺点

① 非严格性　没有严格的形式表示体系，推理规则不明了，理论基础严密性较差，通过语义网络实现的推理不能保证正确性。

② 复杂性　一旦结点个数太多，网络复杂性增强，加上表示方法灵活，可能造成表示形式的不一致，导致问题求解的复杂性增强。

4.2.5　框架表示法

1975 年，美国计算机科学家、图灵奖获得者明斯基在论文 "*A Framework for Representing Knowledge*" 中提出了框架理论，引起了人工智能学者的关注。

框架理论认为，人脑中已存储了大量的典型情景，这些情景是以一种类似于框架的结构存储的，当面临新的情景时，就从记忆中选择一个合适的框架作为基本知识结构，并根据具体情况对这个框架的细节进行修改和补充，形成对新情景的认识存储于人脑中。例如，一个人在走进酒店大堂之前就能依据以往对"酒店大堂"的认识，想象到这个大堂应该有接待台、工作人员、大堂经理、一些接待设施和价目表等。尽管他对这个大堂的规模、档次、工作人员数量、具体的接待设施等细节还不清楚，但对一些基本结构还是了解的。而他一旦进入酒店大堂，就可以对一些细节进行补充，从而形成对这个酒店大堂的具体概念。框架表示法是一种结构化的知识表示方法，现已在多种系统中得到应用。

4.2.5.1 框架的一般结构

框架（frame）是一种描述所讨论对象（事物、事件或概念）属性的数据结构。通常由若干槽（slot）构成，槽描述了所讨论对象某一方面的属性，其值称为槽值。每一个槽又拥有一定数量的侧面，侧面描述了相应属性的一个方面，其值称为侧面值。为了区分不同的框架、槽和侧面，分别给它们命名，称为框架名、槽名和侧面名。有时还可以为其附加上一些说明性信息，一般是一些约束条件，用于说明什么样的值才能加入槽和侧面中去，用于提高框架结构的表达能力和推理能力。框架的一般结构如下：

<框架名>

槽名 A：	侧面名 A_1：	侧面值 A_{11}，侧面值 A_{12}，侧面值 A_{13}，…
	侧面名 A_2：	侧面值 A_{21}，侧面值 A_{22}，侧面值 A_{23}，…
	⋮	⋮
槽名 B：	侧面名 B_1：	侧面值 B_{11}，侧面值 B_{12}，侧面值 B_{13}，…
	侧面名 B_2：	侧面值 B_{21}，侧面值 B_{22}，侧面值 B_{23}，…
	⋮	⋮
槽名 C：	侧面名 C_1：	侧面值 C_{11}，侧面值 C_{12}，侧面值 C_{13}，…
	侧面名 C_2：	侧面值 C_{21}，侧面值 C_{22}，侧面值 C_{23}，…
⋮	⋮	⋮
约束条件：	约束条件$_1$	
	约束条件$_2$	
	⋮	

由上述表示形式可以看出，一个框架可以有任意有限数目的槽，一个槽可以有任意有限数目的侧面，一个侧面可以有任意有限数目的侧面值。槽值或侧面值既可以是数值、字符串、布尔值，也可以是满足某个给定条件时要执行的动作或过程，还可以是另一个框架名，从而实现一个框架对另一个框架的调用。约束条件是任选的。

【例 4.10】用框架来描述"优质商品"这个概念。

解　该框架共有 4 个槽，即商品名称、生产厂商、生产日期、获奖情况，分别描述了"优质商品"所具有的属性，而获奖情况还可以从获奖等级、颁奖单位和获奖时间 3 个侧面来描述，如果给每个槽和侧面赋予具体的值，就得到了"优质商品"概念的一个实例框架。

框架名：<优质商品>

商品名称：	×桃 K	
生产厂商：	×桃 K 集团	
生产日期：	1998 年 6 月 17 日	
获奖情况：	获奖等级：省级	
	颁奖单位：某省卫生厅	
	获奖时间：2000 年 5 月	

【例4.11】 用框架分别描述教师、副教授和计算机学院副教授张楠的概念。

解 教师框架共有5个槽，分别描述了一个教师的姓名、性别、工作、学位和地址。其中，"姓名"槽有1个侧面"单位"，侧面值是"姓，名"；"性别"槽有2个侧面，"范围"侧面的侧面值是"男，女"，"默认"侧面的侧面值是"男"；"工作"槽有2个侧面，"范围"侧面的侧面值是"教学，科研"，"默认"侧面的侧面值是"教学"；"学位"槽有2个侧面，"范围"侧面的侧面值是"学士，硕士，博士"，"默认"侧面的侧面值是"硕士"；"地址"槽的槽值是"教师地址"框架，即"教师"框架和"教师地址"框架发生了横向的联系。教师框架如下：

框架名：<教师>

姓名：　　单位（姓，名）

性别：　　范围（男，女）

　　　　　默认：男

工作：　　范围（教学，科研）

　　　　　默认：教学

学位：　　范围（学士，硕士，博士）

　　　　　默认：硕士

地址：　　<教师地址>

副教授框架共有5个槽，分别描述了一个副教授的职业类型、专业、研究方向、项目信息和发表论文情况。其中，AKO是一个系统预定义槽名，是框架表示法中事先定义好的一些可以公用的标准槽名，含义为"是一种"，当AKO作为下层框架的槽名时，其槽值为上层框架的框架名，表示下层框架是上层框架的子框架，而且可以像语义网络表示法中的AKO弧一样，使得下层框架继承上层框架的属性和操作；"专业"槽有1个侧面"单位"，侧面值是"专业"；"研究方向"有1个侧面"单位"，侧面值是"方向"；"项目"槽有2个侧面，"范围"侧面的侧面值是"国家级，省级，其他"，"默认"侧面的侧面值是"国家级"；"论文"槽有2个侧面，"范围"侧面的侧面值是"SCI，EI，核心，一般"，"默认"侧面的侧面值是"核心"。副教授框架如下：

框架名：<副教授>

AKO：　　　<教师>

专业：　　单位（专业）

研究方向：　单位（方向）

项目：　　范围（国家级，省级，其他）

　　　　　默认：国家级

论文：　　范围（SCI，EI，核心，一般）

　　　　　默认：核心

下例是一个实例槽，描述了副教授张楠的具体情况，其中用到了预定义槽ISA，其含义为"是一个"，表示下层框架是上层框架的一个实例，也具有继承性。

框架名：<副教授-1>

ISA：　　　<副教授>

姓名：　　张楠

年龄：　　　　32
专业：　　　　计算机专业
研究方向：　　大数据处理方向
项目：　　　　其他

在这 3 个逐层具体的框架中有个特殊的侧面，即"默认"，这是常用于框架继承技术的侧面。"默认"侧面可以为相应槽提供默认值，当其所在的槽没有填入槽值时，系统以"默认"侧面的侧面值为槽值，例如，"教师"框架中的"性别"槽默认值为"男"。

【例 4.11】中还用到了 AKO 和 ISA 两个特殊的槽，除了它们，还有很多系统预定义槽，常见的有：Instance 槽，用来表示 AKO 槽的逆关系，用它作为某上层框架的槽时，可指出下层框架有哪些；Part-of 槽，用于指出部分和整体的关系，用它作为某下层框架的槽时，表示下层框架是上层框架的一部分。

4.2.5.2　框架表示的推理过程

在基于框架的系统中，问题的求解主要通过继承、匹配和填槽来实现。进行问题求解时，首先把问题用框架表示出来，接着利用框架之间的继承关系与知识库中的框架进行匹配，找出一个或多个可匹配的候选框架，然后在这些候选框架引导下进一步获取更多信息，填充尽量多的槽值，从而建立一个描述当前情况的实例，最后用某种评价方法对候选框架进行评估，以确定最终的解。

（1）继承

继承是指一个框架所描述的某些属性及值可以从它的上层、上上层框架继承过来，继承主要通过 ISA 和 AKO 槽实现。当询问某个事物的某个属性，但该事物的框架没有提供相应的属性值时，系统就沿着 ISA 或 AKO 链向上追溯，如果上层框架的对应槽提供有"默认"侧面，则继承该默认值作为询问结果。下面以【例 4.11】中关于教师的框架为知识库，说明"默认"侧面的用法。

① 假设要查询"副教授-1"的姓名，可以直接查询"姓名"槽，得到"张楠"。

② 假设要查询"副教授-1"的性别，但该框架没有直接提供相应的槽，因此沿着 ISA 链追溯到"副教授"框架，再沿着 AKO 链追溯到"教师"框架，找到"性别"槽，"默认"侧面，获得默认值"男"。

（2）匹配和填槽

框架的匹配是通过对相应的槽名及槽值逐个比较实现的，如果两个框架的对应槽没有矛盾或者满足预先规定的条件，就认为这两个框架匹配成功。一个框架的某些属性可能从上层框架继承得到，因此两个框架的匹配往往会涉及上层框架，复杂性增强。

以【例 4.11】中关于教师的框架为知识库，假设要寻找一个副教授，要求为"男，计算机专业，大数据处理方向"，为了进行问题求解，首先构造问题框架如下：

框架名：<副教授-*x*>
姓名：
性别：　　　　男
专业：　　　　计算机专业
研究方向：　　大数据处理方向

用问题框架同知识库中的框架匹配，查找到<副教授-1>可以匹配成功，因为"专业""研究方向"槽都没有矛盾，虽然<副教授-1>没有"性别"槽，但可以通过继承得到其默认值"男"，也满足要求，所以<副教授-1>可以作为候选框架，要找的副教授可能是"张楠"。为了明确最终的解，可以采用某种评价方法，例如，进一步搜集信息，提出要求，使问题求解向前推进，直到最终确定问题的解就是"张楠"或其他。

4.2.5.3 框架表示法的特点

（1）优点

① 结构性　框架表示法是一种结构化的知识表示方法，能够将知识的内部结构关系及知识间的联系表示出来。在框架表示法中，知识的基本单位是框架，框架由若干槽构成，槽由若干侧面构成，因此知识的内部结构得到了很好的显现。同时，由于设计了各种预定义槽，如 ISA、AKO 等，框架可以自然地表达事物间的因果联系或更深层次的联系。

② 自然性　框架理论是根据人们在理解情景时的心理学模型提出的，与人们观察事物时的思维活动是一致的，所以比较自然。

③ 继承性　利用如 ISA 和 AKO 槽等，使下层框架继承了上层框架的一些属性和操作，而且还可以进行补充和修正，不仅减少了知识的冗余，还可以保证知识的一致性。

（2）缺点

① 不严密性　同语义网络一样，框架表示法缺乏严格的形式理论，没有明确的推理机制保证问题求解的可行性。

② 不清晰性　框架系统中的各个框架数据结构不一定一致，无法保证系统的清晰性，增加了推理的难度。

③ 不擅长过程性知识的表达　框架系统不擅长表示过程性知识，因此常与产生式表示法结合使用，取得互补的效果。

4.2.6　脚本表示法

1972 年，美国耶鲁大学的夏克教授将自己关于自然语言处理方面的工作总结发表在著名期刊 *Cognitive Psychology* 上，并提出了"概念依赖"理论，从而为自然语言的深层语义结构建立了形式化模型。1977 年，为了便于在计算机进行自然语言理解时表示事件信息，夏克又基于概念依赖理论提出了脚本（script）的概念。脚本是一种结构化的知识表示方法，是框架表示方法的特殊形式，它用一组槽来描述某些事件的发生序列，就像剧本一样，所以被称为脚本。

4.2.6.1　概念依赖理论

常识是各种类型的知识中数量最大、涉及面最宽、关系最复杂的知识，很难形式化地表示出来交给计算机处理。针对这一问题，夏克将人类生活中各种故事情节的基本概念抽取出来构成一组原子概念，并确定这些原子概念之间的相互依赖关系，然后基于原子概念及其相互依赖关系表示所有的故事情节，这就是概念依赖理论的基本原理。

由于处理问题的人经历不同，考虑问题的角度和方法不同，所以抽取出来的原子概念可能会有差异，但都应该遵守概念抽取的一些基本原则，如原子概念不能有歧义、原子概念相互独立等。夏克对动作一类的概念进行了原子化，抽取了 11 种原子动作，并把它们设计成槽来表示一些典型行为，这 11 种原子动作如下：

① PROPEL   表示对某一对象施加外力，如推、拉。

② GRASP   表示行为主体控制某一对象，如抓起某物、扔掉某物。

③ MOVE   表示行为主体移动自己身体的某一部位，如抬手、弯腰。

④ ATRANS   表示某种抽象关系的转移，如当把某物交给另一人时，该物的所有权发生了转移。

⑤ PTRANS   表示某一物理对象位置的改变，如某人从一处走到另一处，其位置发生了变化。

⑥ ATTEND   表示用某个感觉器官获取信息，如用眼睛看某种东西或用耳朵听某种声音。

⑦ INGEST   表示把某物放入体内，如吃饭、喝水。

⑧ EXPEL   表示把某物排出体外，如呕吐、流眼泪。

⑨ SPEAK   表示发出声音，如说话、唱歌。

⑩ MTRANS   表示信息的转移，如交谈、读报。

⑪ MBUILD   表示由已有信息形成新的信息，如由图、文、声、像形成的多媒体信息。

夏克定义这些原子概念不是为了表示动作本身，而是为了表示动作的结果，并且是本质结果，所以可以认为是这些概念的推理。基于这 11 种原子概念及其依赖关系，就可以把生活中的事件变成脚本，每个脚本代表一类事件，从而把事件的典型情节规范化。

4.2.6.2　脚本表示方法实例

脚本采用一个专用的框架来表示知识，通过一些原语作为槽名来表示对象的基本行为，描述某些事件的发生序列，类似于电影剧本。脚本描述的是特定范围内一串原型事件的结构，而不只是描述事件本身，并且在描述时规定了一系列的动作以及进入此脚本的条件、原因和有关的决定性步骤。

（1）脚本表示方法的知识组成

脚本表示法描述的知识由开场条件、角色、道具、场景和尾声五个部分组成，其含义和要求如下。

① 开场条件　开场条件也称为进入条件，说明了脚本所描述的事件可能发生的先决条件，即事件发生的前提条件。

② 角色　角色说明了脚本所描述的事件中可能出现的主体、实体等。

③ 道具　道具说明了脚本所描述的事件中可能出现的动作的对象或工具。

④ 场景　场景是脚本组成部分中最主要的一个，说明了脚本所描述的事件序列，这些序列是一个个独立发展过程的描述。

⑤ 尾声　尾声也称为结局，给出了脚本所描述的事件发生以后所产生的结果。

（2）餐厅脚本实例

脚本表示方法最著名的例子是餐厅脚本。下面用餐厅脚本为例，说明脚本表示的方法。

脚本：餐厅

① 开场条件

a．顾客饿了，需要就餐；

b．顾客有足够的钱。

② 角色　顾客、服务员、厨师、收银员、礼仪小姐。

③ 道具　食品、桌子、菜单、钱。

④ 场景

第一场：进入餐厅

PTRANS	顾客走进餐厅
ATTEND	顾客注视桌子
MBUILD	确定往哪儿坐
PTRANS	朝确定的桌子走去
MOVE	在桌子旁坐下

第二场：点菜

MTRANS	顾客招呼服务员
PTRANS	服务员朝顾客走来
MTRANS	顾客向服务员要菜单
PTRANS	服务员去拿菜单
PTRANS	服务员向顾客走来
ATRANS	服务员把菜单交给顾客
ATTEND	顾客看菜单
MBUILD	顾客点菜
ATRANS	顾客把菜单还给服务员

第三场：等待

PTRANS	服务员去找厨师
MTRANS	服务员告诉厨师顾客所点的菜
DO	厨师做菜（通过调用"做菜"的脚本来实现）

第四场：上菜进餐

ATRANS	厨师把做好的菜给服务员
PTRANS	服务员走向顾客
ATRANS	服务员给顾客上菜
INGEST	顾客吃饭

此时，如果顾客还想点菜则转入第二场；否则进入第五场。

第五场：付账

MTRANS	顾客告诉服务员要结账
PTRANS	服务员向顾客走来
ATRANS	服务员把账单交给顾客
ATRANS	顾客付钱给服务员
PTRANS	服务员走向收银台
ATRANS	服务员把钱交给收银员

第六场：顾客离开

| PTRANS | 顾客离开餐厅 |
| SPEAK | 礼仪小姐向顾客说"欢迎再来" |

⑤ 尾声

a. 顾客吃了饭；

b. 顾客花了钱；

c. 老板赚了钱；

d. 餐厅食品少了。

脚本表示的知识有强烈的因果结构，系统对事件的处理必须是一个动作完成之后才能完成另一个。整个过程的启动取决于开场条件，只有满足脚本的开场条件，脚本中的事件才有可能发生，而脚本的结果就是所有动作完成后的结果。正是因为脚本是对这种因果关系的描述，因此可以运用与脚本表示法相适应的推理方法实现问题求解。通常可解决的问题包括：事件发生结果预测，事件之间关系探寻。

与其他表示法类似，用脚本表示的问题求解系统一般也包含知识库和推理机。知识库中的知识用脚本来表示，一般情况下，知识库中包含了许多已事先写好的脚本，每个脚本都是对某类型的事件或知识的描述。当需要求解问题时，首先到知识库中搜索寻找是否有适合描述所要求解问题的脚本，如果有（可能有多个），则在适合描述该问题的脚本中，利用一定的控制策略（如判断所描述的问题是否满足该脚本的开场条件）选择一个脚本作为启用脚本，将其激活，运行脚本，利用脚本中的因果关系实现问题的推理求解。例如，对于知识"李斯走进餐厅，要了一份汉堡包，回家了"，利用以上的餐厅脚本可以回答如"李斯付钱了吗"这样的问题。

4.2.6.3　脚本表示法的特点

（1）优点

① 自然性　脚本表示法体现了人们在观察事物时的思维活动，组织形式类似日常生活中的影视剧本，对于表达预先构思好的特定知识，如理解故事情节等，是非常有效的。

② 结构性　由于脚本表示法是一种特殊的框架表示法，因此具有框架表示法善于表达结构性知识的特点。也就是说，脚本能够把知识的内部结构关系及知识间的联系表示出来，是结构化的知识表示方法。一个脚本也可以由多个槽组成，槽又可分为若干侧面，这样就能把知识的内部结构显式地表示出来。

（2）缺点

脚本表示法的缺点是，它对知识的表示比较呆板，所表示的知识范围也比较窄，因此不太适合表达各种各样的知识。但是对于预先就已经构思好的特定知识而言，脚本表示法不失为一种合适的表示方法。

4.3　人工智能的应用

4.3.1　人工智能的应用案例

伴随着人工智能从实验室步入产业化，它显示出来的强大驱动力，使以人工智能为基础的相关产业焕发新的生机，人工智能的相关应用正在进入人们生活的方方面面。

4.3.1.1　自动驾驶汽车

自动驾驶汽车（autonomous vehicle，self-driving automobile）又称无人驾驶汽车、电脑驾驶汽车或轮式移动机器人，是一种通过计算机系统实现无人驾驶的智能汽车。自动驾驶汽车依靠人工智能、视觉计算、雷达、监控装置和全球定位系统协同合作，让计算机在没有任何人类主动操作的情况下，自动安全地操作机动车辆，如图 4.26 所示。

图 4.26　自动驾驶汽车

美国汽车工程师协会将自动驾驶技术进行了分级。针对自动驾驶汽车自动化的程度，一般可以分为 6 个级别，按照自动化程度从低到高的顺序分别为 Level 0 到 Level 5，这是目前国际公认的界定。

Level 0：无任何自动化驾驶功能，行驶过程完全依靠人类司机控制汽车，包括汽车启动、行驶过程中的各种环境状况的观察、各种操作决策等。简单来说，需要人类控制驾驶的汽车都属于这个级别。

Level 1：单一功能自动化，行驶过程中将部分控制权交给机器管理，但是司机仍然需要把控整体。比如自适应巡航、应急刹车辅助、车道保持等。司机手脚不能同时脱离控制系统。

Level 2：部分自动化，行驶过程中司机和汽车共享汽车控制权，在某些预设环境下，司机能够完全脱离控制系统，但司机需要随时待命，且需要在短时间内接管汽车。

Level 3：有条件自动化，在有限情况下实现自动行驶。比如在高速路上机器完全负责整个汽车的操控，司机可以完全脱离控制系统，司机需要随时待命，但有足够的预警时间。

Level 4：高度自动化，在特定道路限定下行驶过程中无须司机介入。司机仅需要设置好起点和终点即可，剩下的交由汽车自行控制。

Level 5：完全自动化，在任何环境中行驶都无须司机介入。司机仅需要设置好起点和终点即可，剩下的交由汽车自行控制。

Level 0 属于传统驾驶；Level 1 和 Level 2 属于驾驶辅助；Level 3 到 Level 5 属于自动驾驶，Level 5 的自动驾驶技术等级也称为"无人驾驶"。

（1）自动驾驶技术原理

自动驾驶汽车使用视频摄像头、雷达传感器以及激光测距仪来了解周围的交通状况，并通过一个详尽的地图（通过有人驾驶汽车采集的地图）对前方的道路进行导航，通过车载传感系统感知道路环境，并根据感知所获得的道路、车辆位置和障碍物信息，将采集来的信息发送给车载计算机分析，再由车载计算机发出指令来合理控制转向、刹车等操控模块，从而构成完整的系统，实现对车辆的转向和速度控制，从而使车辆能够安全、可靠地在道路上行驶，自动规划行车路线并控制车辆到达预定地点。

（2）自动驾驶与人工智能

① 环境侦知　环境侦知是自动驾驶中必须应用的人工智能技术。这里需要使用激光测距仪来感知前后车的距离，判断障碍物等；用视频摄像头来捕捉附近的景象，分析交通标志，判断道路转向等；采用传感器监控刹车、油路、冷却液等车辆内部环境；利用车载雷达感知周边突然出现的各类物体，便于采取避让措施；所有的一切都要通过车载计算机进行综合分析并给出实时指令。

② 行为决策系统技术　行为决策系统也叫驾驶决策系统，包括全局的路径规划导航、局部的避障避险判断以及常规的基于交通规则的行驶策略（最简单的是让车保持在车道内）。目前来看，让基于推理逻辑的控制系统和基于深度神经网络的控制系统协同工作，是自动驾驶最可行的技术方案。

③ 车辆控制技术　除了传统的控制技术外，在无人驾驶汽车系统中也越来越多地引入了神经网络模糊控制，包括自动应急转向、转弯车身稳定、急刹自动防抱死、爆胎后的方向盘自动修正等。

自动驾驶技术中的第二层——驾驶辅助技术当前已经在量产车上部署，通常称为高级驾驶辅助系统（advanced driving assistance system，ADAS）。ADAS 利用安装在车上的各式传感器，在汽车行驶过程中随时感应周围的环境，收集数据，进行静态、动态物体的辨识、侦测与追踪，并结合导航仪地图数据，进行系统的运算与分析，从而预先让驾驶者察觉到可能会发生的危险，有效增加汽车驾驶的舒适性和安全性。初级的 ADAS 以被动式报警为主，当车辆检测到潜在危险时，会发出警报提醒驾车者注意异常的车辆或道路情况。对于最新的 ADAS 技术来说，主动式干预已较为普遍。

驾驶辅助技术中车辆控制主要有自适应巡航（adaptive cruise control，ACC）、车道保持辅助（lane keeping assist，LKA）、自动紧急刹车（autonomous emergency braking，AEB）等功能，车辆开始接管多个控制，驾驶操作由系统完成，但司机注意力仍然要保持驾车状态，以便随时接管车辆。

自动驾驶技术中的第三层——自动驾驶相比于驾驶辅助，对技术和车辆性能要求更严格，主要体现在以下三个方面：

① 需要更好的目标识别算法　前面介绍到，ADAS 的主要作用在于被动式报警，它有一个很重要的衡量指标——"误报率"，是衡量自动驾驶技术的重要考量，要不然会很麻烦，也不安全。比如自动驾驶里的 AEB，如果总是误刹，会对车辆的安全造成威胁。另外，相对于误报率，漏报率可能并不是 ADAS 中最重要的一个指标，但当系统从"驾驶辅助"变成"自动驾驶"之后，漏报率必须要降低为零。因为出现一起漏报，可能就会车毁人亡。所以这些都需要有更好的目标识别算法和多传感器融合技术。

② 规划和控制　在自动驾驶中，系统不能仅仅是警告，还需要加入规划和控制。这个是从驾驶辅助到自动驾驶需要做的。

③ 视觉和雷达的融合要进一步提升　自动驾驶技术中的最高层——无人驾驶就是完全的自动驾驶，也就是说在无人驾驶的技术等级下，开车这项活动完全交给了无人驾驶系统。无人驾驶车辆中或许只有一个启动/关闭按钮。乘客每天上车，点击启动按钮，将目的地告诉系统后，车子就会载着乘客到想要的目的地。至于中间的行驶过程，怎么走，开多快，都由车辆决定。乘客只需要安心在车内睡觉或者思考问题。在目前技术水平下，实现无人驾驶技术还有许多工作要做，主要包括高精度的地图定位、强大的认知算法以及软件架构的安全性

保障，其中任意一个问题都是相当棘手的。

谷歌的无人驾驶车就只有一个启动和关闭按钮，是真正意义上的无人驾驶车，但功能方面还有很长的路要走。百度的无人驾驶车，严格意义上来说是一辆具备高级自动驾驶功能的汽车。特斯拉的系统有一套名叫"Autopilot 自动辅助驾驶"的功能。启用 Autopilot 自动辅助驾驶功能后，车辆能够在行驶车道内自动辅助实施转向、加速和制动。具体功能包括自动辅助导航驾驶、召唤功能、自动泊车、自动辅助变道，并搭载支持完全自动驾驶功能的硬件。2019 年，由百度和一汽联手打造的中国首批量产 Level 4 级自动驾驶乘用车——红旗 EV，获得 5 张北京市自动驾驶道路测试牌照。目前无人驾驶小巴车已在很多公园和相对封闭的环境内落地。按照目前的技术发展，2020 年后，限定场景的无人驾驶汽车会量产，无人驾驶技术下的共享出行将替代传统私家车的概念。随着无人驾驶行业规范和标准的制定，将衍生出更加安全和快捷的无人货运和物流等新兴行业，但要实现全天候全区域的无人驾驶还需时日。

4.3.1.2　智慧生活

智慧生活应该是什么样的？回家再也不用随身携带一大串钥匙，一部手机完全解决：打开程序，点一下对应门禁的开门图标，或者扫一下二维码即可进门。当家里需要生活缴费或者保修维修时，都可以通过 App 直接缴费或者联系物业，省去繁杂的手续流程，快速解决。家中有老人时，在老人佩戴的智能手表内安装定位系统和身体检测系统，当老人身体出现异常时，会提醒家人。同时手表内有一键呼叫功能，有突发情况时可以快速有效地联系到家人或者物业。在国外旅行时，遇到语言不通怎么办？对着翻译软件说出中文，软件会自动帮用户译为英文。室外的智慧化，可以让生活更加便捷化，而室内的智慧化，则可以带给生活更多的情趣：清晨在轻松愉悦的音乐中起床；离家时一键就可以关闭灯、窗帘、电视、空调等，在外面可随时查看家中电器等状态；还有门窗异常开启报警、煤气报警、烟雾报警等全方位保障家的安全；回家时，当打开门的一瞬间，一盏小灯亮起，温暖整个房间；当疲累躺在沙发上时，可以使用手机打开影音系统，关闭窗帘，打造独属于自己的舒适安心的小窝……

在上述的场景描述中，实际上使用了很多的人工智能应用，有很多功能已经实现，例如智能安防、智能手表、机器翻译等。

（1）机器翻译：文本、语音、图像翻译

机器翻译，又称为自动翻译，是利用计算机将一种自然语言（源语言）转换为另一种自然语言（目标语言）的过程。它是计算语言学的一个分支，是人工智能的终极目标之一，具有重要的科学研究价值。同时，机器翻译又具有重要的实用价值。随着经济全球化及互联网的飞速发展，机器翻译技术在促进政治、经济、文化交流等方面起到越来越重要的作用。

第一届国际机器翻译会议于 1952 年在美国举行，这是机器翻译研究的开始。1978 年，中科院计算机所成功地进行了一次机器翻译测试，尽管只有 20 个主题。20 世纪 90 年代，随着个人计算机的逐步普及，在计算机应用软件中开始出现翻译软件，如金山词霸、东方快车等。截至目前，由于相关学科及人工智能算法的飞速发展和计算机硬件水平的大幅提升，深度学习等算法在识别率方面有了卓越进步，机器翻译技术已经远非当年所比。

机器翻译领域分为理论和技术两个部分。其中，理论部分主要研究人脑进行语言学习和语言翻译（转换）的机理，侧重于算法研究。技术部分则是根据人工智能翻译理论，用计算机技术来实现计算机智能翻译（侧重于理论的软硬件实现）。

目前，基于人工智能的机器翻译已经应用到外出旅游、会议同声传译等领域。比较成功的应用有谷歌翻译、微软的即时口译等，百度翻译（图 4.27）是其中最常见的。

图 4.27　百度翻译

百度翻译支持的功能有如下方面：

① 文本翻译　支持全球 200 种热门语言、近 4 万个翻译方向，满足跨语言交流的需求。

② 机器翻译同传　百度自主研发首个基于语义单元的语音到语音同传系统。

③ 领域翻译　生物医药、电子科技、水利机械等多个垂直领域翻译引擎使翻译结果更加符合该领域特点。

④ 视频翻译　提供 AI+人工视频字幕翻译，可以满足多语种视频听译需求。

⑤ 口语评测　从儿童到成人各年龄段，使用单词、句子、段落等多种模式，提供发音准确度、完整度、流利度等全维度打分机制。

⑥ 文档翻译　支持多种格式文档的全篇翻译，高度保留样式和排版，能够双语对照查看。

⑦ 拍照翻译　集成百度先进的图像识别和翻译技术，支持 17 种语言，快速满足学习、旅游等场景的拍照及图片翻译需求。

⑧ AR 拍照翻译　集成百度先进的 AR 和翻译技术，摄像头对准即可实时翻译，翻译结果 AR 实景展现。

⑨ 语音翻译　集成百度先进的语音和翻译技术，满足旅游、社交等多场景的跨语言语音交流需求。

⑩ 网页翻译　针对网页内容，支持划词翻译，方便浏览外文网站。

⑪ 图片翻译　粘贴图片到输入框，即可快速识别图片中的文本内容，进行翻译。

⑫ 人工翻译　联合中国外文局中外翻译，提供权威、便捷的人工翻译服务。

2020 全球人工智能技术大会在杭州举行，近 160 位国内外人工智能领域的专家、学者汇聚杭州，围绕 AI 学科前沿和尖端技术展开研讨。本次大会共吸引了超过 1100 万人次在线观看。为了让国内外观众第一时间了解大会内容，百度翻译为大会提供了机器同传服务。目前百度翻译支持 200 种语言互译，是全球支持语种数量最多的翻译系统，每天来自世界各地的翻译请求字符量超过千亿，相当于 2000 部大英百科全书，平均每秒翻译超过一百万字符。

全球化驱动着各国持续不断的经济文化交流，翻译已然成为高频的互联网产品。但要"打破语言障碍"，机器翻译技术离"全自动高质量（FAHQ）"的终极目标还有一定距离。

（2）智能语音

智能语音，即智能语音技术，是实现人机语言交互的技术，包括语音识别技术（ASR）和语音合成技术（TTS）。语音识别就是语音转文字，最成功的应用就是微信，被数亿人使用。目前，已有的智能语音产品或应用有许多，比较著名的是 Siri、Alexa。

Siri 是苹果公司在其产品中应用的一项智能语音控制功能。Siri 可以令手机变身为一台智能化机器人。利用 Siri，用户可以通过手机听取短信、搜索餐厅、询问天气、语音设置闹钟，Siri 甚至还可以陪用户聊天等。它通过机器学习技术来更好地理解我们的自然语言问题和请求。Siri 支持自然语言输入，使用者可以通过声控、文字输入的方式搜寻餐厅、电影院等生活信息，同时也可以直接收看各项相关评论，甚至直接订位、订票；其适地性（location based）服务的能力也相当强悍，能够依据用户默认的居家地址或所在位置判断、过滤搜寻的结果；具有实时翻译功能，支持英语、法语、德语等语言；Siri 的 Shortcut 功能可以打通第三方软件语音控制。不过其最大的特色则是人机互动，不仅有十分生动的对话接口，还能够不断学习新的声音和语调，可以针对用户询问给予回答。

亚马逊的 Alexa（图 4.28）是一款语音激活的交互式人工智能机器人，或称个人助理，人们可以通过它与亚马逊的 Echo、Echo Dot 和其他亚马逊智能家居设备通话。Alexa 的设计宗旨是响应许多不同的命令，甚至可以与用户对话。Alexa 起初是搭载在智能音箱 Echo 上的，Amazon 构建了一个自然语言处理系统，用户提出一个问题或发出一个命令，通常不需要问两次就可以得到设备的响应。Alexa 的成功部分依赖于内置在所有 Echo 设备中的几个非常敏感的麦克风。

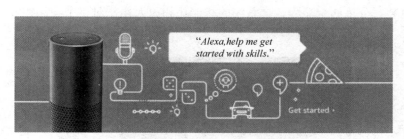

图 4.28　亚马逊的 Alexa 智能音箱

除了智能音箱以外，已经有超过 150 种产品预装了 Alexa，包括耳机、恒温器、个人计算机、汽车和电灯开关。逾 4500 家不同制造商生产的超过 28000 种智能家居设备与 Alexa 合作，Alexa 的技能数量已经超过 70000 种。

（3）无人超市

2017 年，阿里巴巴推出无人超市"淘咖啡"，整个购物流程非常简单：

第一个环节是认证。首次进店的顾客，打开"手机淘宝"，用支付宝扫二维码绑定支付宝账户，并授权小额代扣（每天每人上限 5000 元），完成后用手机扫码过闸机。

第二个环节是采购。这时候能够进店挑选商品，和平时逛商场一样，当顾客挑好物品后，可以拿在手里，或放在购物袋里，甚至直接放进随身背的包里。

第三个环节是支付。在"淘咖啡"的出口，有一个预设的玻璃通道，当顾客通过时，结账系统对手推车中的商品进行自动识别与结算，结算完成后，会有语音提示顾客总金额，手机也会收到推送信息，说明了购物清单以及扣款总额。

上述无人销售系统主要依托于三类核心技术：

① 生物特征自主感知和学习系统　主要解决开放空间里顾客的识别问题。在入门场景和货架场景，首先要通过生物识别确定这是个真实的人，然后通过入场扫码后绑定淘宝 ID，关键要把淘宝 ID 和顾客的淘宝 ID 进行绑定，以实现顾客的身份确认。

② 结算意图识别和交易系统　顾客离店时需要经过由两道门组成的"结算门"，商品识别就在两道门之间完成，由目标检测系统对商品进行检测和计价。

③ 目标检测与追踪系统　持续追踪顾客时，体态识别比人脸识别可行性更高，不易跟丢，这主要依靠多路摄像头。

无人超市的主要技术是结合计算机视觉、机器学习、人工智能等组成的一整套完整的、不断优化的系统。无人超市的应用还有 Amazon Go、罗森日本无人店等，需要注意的是，无人超市目前处于起步阶段，只能用于简单的购物场景，对于复杂购物场景，有待技术的进一步发展。

4.3.1.3　智慧物流

近年来，大型物流公司通过不断的技术革新，以人工智能技术降低成本，提升物流效率，为客户提供更优质的服务。其应用领域从自动分拣、配送路径优化，到智慧无人仓，物流的各个环节都有人工智能技术的体现。

（1）智慧无人仓

2017 年，京东物流首个全流程无人仓（图 4.29）正式亮相，这是全球首个正式落成并规模化投入使用的全流程无人的物流中心。全流程无人仓使用大量的智能机器人，实现了从入库、存储到包装、分拣的全流程、全系统的智能化和无人化，对整个物流领域而言都具有里程碑意义。

图 4.29　京东全流程无人仓

在京东的华中、华北等物流仓库中，高达数米的多层货架上，高速飞驰着货架穿梭车，马不停蹄地将货架上的货物取出。订单的分拣作业则由拣选机器人负责，智能叉车和搬运型机器人则正在配合搬运大宗商品。

京东无人仓创造了世界领先的订单处理速度，其操控全局的智能控制系统是京东自主研发的"智慧大脑"——负责仓库管理、控制、分拣和配送信息。无人仓的智慧大脑可在0.2秒内计算出300多个机器人运行的680亿条可行路径，并做出最佳选择。智能控制系统反应时间为0.017秒，无人仓智慧大脑的反应速度是人的6倍。在无人分拣区域，共有300个负责分拣的智能机器人——小红人。小红人的速度惊人，达到3米每秒，这是全世界最快的分拣速度，其效率是传统仓库的10倍。仓内各种机器人达上千个，智能设备密度之高也是行业领先的。

大量智能物流机器人进行协同与配合的背后有着人工智能、深度学习、图像智能识别、大数据应用等诸多先进技术的支撑。这些后台技术让传统机器人具备自主的判断和行为，使它们能适应不同的应用场景、商品类型与形态，从而完成各种复杂的任务。因此，人工智能与物流机器人相结合后，作业效率得到成倍提升，目前装备了物流机器人的仓库作业效率是传统仓库的许多倍，有效地解放了仓库内的大批劳动力。

（2）配送路线优化

配送路线优化是整个配送网络的关键。如何用最少的能耗，跑出更多的送货量，以最快的速度把货物运至用户手中，这是配送路线优化模块需要做的事情。它对配送成本的影响非常大，因此，建立在全面计划基础上的优化模块，需要制定高效的路线，选择最佳的运输模式和工具。

运输优化主要包括运输模式和商品搭载组合两个方面的优化。所谓运输模式优化，指的是按照商品的类别、品种，考虑充分利用载货车辆的容积来提高运送效率，降低能耗和工时。所谓的商品搭载组合，指的是将同一条配送路线上的货物尽可能装载在同一辆车上，这样可以用最短的路线配送完最多的货品。通过上述两种优化，不但可以降低送货成本，而且可以减少交通流量，改变交通拥挤状况。

以美团外卖为例，在送餐员出发前，系统会获取附近客户的订餐总量，根据摩托车上餐盒的体积计算好一次载物量，并且根据周边道路交通情况计算好送餐最优化路线。送餐员可以在最短的时间内服务最多的客户，并且把摩托车的效能发挥到最大，而这一切离不开人工智能路线寻优算法在后台的支撑。

4.3.1.4 智慧医疗

智慧医疗是一套融合物联网、云计算等技术，以患者数据为中心的医疗服务模式。智慧医疗采用新型传感器、物联网、通信等技术，结合现代医学理念，构建出以电子健康档案为中心的区域医疗信息平台。人工智能在医疗领域的应用包括医疗影像诊断、虚拟医生助手、可穿戴设备和医疗大数据等商业化变现比较快的领域，还有基础治疗、药物挖掘等需要深度挖掘、研发周期比较长的领域。

百度、阿里巴巴、腾讯、Google、IBM等在基础治疗领域都有布局，目前比较流行的商业模式是"科技公司+医疗单位"的合作模式，即科技公司主要提供AI技术，医疗单位提供大数据。腾讯成立腾讯觅影；百度则利用技术上的优势，不断发展百度医疗大脑；阿里巴巴发布ET医疗大脑，进军医疗AI领域。

（1）腾讯觅影

腾讯觅影（图4.30）研发团队把图像识别、深度学习等领先的技术与医学跨界融合，对数十万张食管内镜检查图片进行分类，采用双盲随机方法，由不同级别的医生进行循环评分标注。完成上述动作之后，交由腾讯AI技术团队进行图像处理增强。借助深度学习技术，腾讯觅影目前在食管癌等病症的预防上已经取得了不错的成果。"AI 医学影像"和"AI 辅助诊断"是腾讯觅影主要的两大功能。

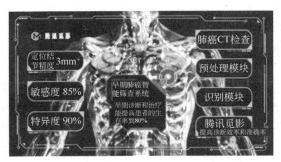

图 4.30　智慧医疗——腾讯觅影

AI 医学影像运用计算机视觉和深度学习技术对各类医学影像进行学习训练，有效地辅助医生诊断和重大疾病早期筛查等任务，致力于实现早期疾病的筛查研发。

AI 辅助诊断依靠腾讯 AI Lab 的技术能力，通过自然语言处理和深度学习，为医生提供了更好的决策基础，能辅助他们更快、更有效地理解病案，提升诊疗效率。AI 辅诊能力主要包括诊疗风险监控系统和病案智能化管理系统。诊疗风险监控系统旨在辅助降低医生诊疗风险；病案智能化管理系统可准确提取病案特征，输出结构化的病历，让医生从烦琐的病案工作中解脱，提升诊疗和科研效率。

目前，腾讯觅影作为首款 AI 食管癌筛查系统，准确率超过 90%；在肺结节方面，觅影可以检测出 3 毫米及以上的微小结节，检测准确率超过 95%。未来，腾讯觅影将与医学院和医疗结构合作，助力更多病种检测。

（2）百度医疗大脑

百度医疗大脑是百度大脑在医疗场景中的具体应用。百度医疗大脑通过海量医疗数据、专业文献的采集与分析，进行人工智能化的产品设计，模拟医生问诊流程，与用户交流，依据用户症状提出可能出现的问题，并通过验证，给出最终建议。百度医疗大脑的具体应用场景包括为百度医生在线问诊提供智能协助、为医院提供帮助以及为患者建立用户画像，以便进行慢性病管理。

（3）国外案例

国外的典型案例是 IBM Watson。Watson 平台目前也是 IBM 主攻的一个方向，医疗健康领域是 Watson 应用最广的模块，是 AI 在医疗领域应用成果的佼佼者。Watson 的医疗应用主要有以下几个方面：

① 依托于大数据的学习能力　IBM Watson 具备在短时间内阅读近千本医学专著、近万篇医学论文的能力，通过海量的机器阅读，这套系统能汲取其中的医学知识，迅速成为肿瘤专家。

② 疾病预防　像心脑血管疾病和糖尿病等，其发病往往具有相似性和规律性。Watson 在大数据分析的基础上，搭建精准的预测模型，从而实现疾病的预防，也可以为患者提供慢性病管理系统。

③ 辅助治疗　Watson 在这方面的表现也可圈可点。癌症等病症涉及大量数据，Watson 对患者的病情档案、医院存储的病例及学术研究成果进行大数据分析，根据以往病例，为患

者提供个性化的治疗指南，平均每 15 分钟，Watson 就可以完成一份肿瘤深度分析。目前，Watson 已经被泰国的康民国际医院（Bumrungrad International Hospital）采用。

4.3.2 人工智能的开发平台

人工智能作为新一轮产业变革的核心驱动力，将进一步释放历次科技革命和产业变革积蓄的巨大能量，并创造新的强大引擎。2017 年，科技部召开新一代人工智能发展规划暨重大科技项目启动会，标志着新一代人工智能发展规划和重大科技项目进入全面启动实施阶段。会议宣布首批国家新一代人工智能开放创新平台名单：依托百度公司建设自动驾驶国家新一代人工智能开放创新平台，依托阿里云公司建设城市大脑国家新一代人工智能开放创新平台，依托腾讯公司建设医疗影像国家新一代人工智能开放创新平台，依托科大讯飞公司建设智能语音国家新一代人工智能开放创新平台。

百度无人车量产计划正在提前，腾讯 AI 产品为患者送上健康的福音，阿里云正在打造全球最大规模的人工智能公共系统。阿里云 ET 城市大脑（图 4.31）是目前全球最大规模的人工智能公共系统，可以对整个城市进行全局实时分析，自动调配公共资源，修正城市运行中的 Bug，成为未来城市的基础设施。目前 ET 城市大脑已经在杭州、苏州等地落地。杭州城市大脑接管了杭州 128 个信号灯路口，试点区域通行时间缩短 15.3%，高架道路出行时间节省 4.6 分钟。在主城区，城市大脑日均事件报警 500 次以上，准确率达 92%；在萧山，120 救护车到达现场的时间缩短一半。除了城市大脑，阿里云 ET 大脑还在工业、医疗、环境方面构建开放平台，打造人工智能与重大产业结合的跨界开放生态体系。

图 4.31　阿里云 ET 城市大脑

科大讯飞在语音识别领域技术优势突出。现在科大讯飞语音识别的准确率已经从 2010 年刚刚发布语音云时的 60.5%升级到 95%，语音合成技术在国际语音合成比赛 Blizzard Challenge 上取得十二连冠的成绩。

以上述四家公司在各自领域创造的杰出成就作为依托，我国将打造国家级人工智能开放创新平台，让更多的开发者依托这些平台快速搭建自己的产品。可以预见，一场开放创新的人工智能盛宴正在开启。

下面以百度云大脑开放平台为例，快速直观地体验各项人工智能技术的强大能力，开始学习或开发人工智能项目。

首先进入百度大脑首页，点击"更多"打开各人工智能技术列表，如图 4.32 所示。

图 4.32　百度大脑——AI 开发平台

点击需要了解的技术，就可以具体了解它的功能。以"图像技术"中的"植物识别"为例，操作如下：点击图 4.33 中"技术列表"下方的"图像技术"，然后在右侧窗口点击"植物识别"，在新打开的网页中可以了解该技术的相关功能。点击窗口上方的导航文字"功能演示"（图 4.34），就可以开始识别所提供的图片中的植物了。识别的植物图片可以是网站上提供的素材，也可以使用"本地上传"来识别用户自己拍摄的植物图片信息。

图 4.33　百度大脑——图像识别技术

图 4.34　百度大脑——植物识别功能演示

　　百度大脑提供了许多人工智能的技术服务，注册成为百度用户，还可以成为百度 AI 的开发者，使用百度提供的技术支持自己的产品研发。

　　经过 60 多年的演进，人工智能发展进入新阶段，成为国际竞争的新焦点。随着人工智能和实体经济的融合加深，给人们生活带来的冲击必将越来越多。人工智能带来的新挑战，还包括改变就业结构、挑战国际关系准则等问题，将对政府管理、经济安全和社会产生深远影响。

复习参考题

一、在线试题

微信扫一扫
获取在线学习指导

二、简答题

　　1．举例说说你身边的人工智能技术。

　　2．什么是知识？列举五种以上知识的表示方法。

第5章 虚拟现实、增强现实、混合现实

5.1 虚拟现实

5.1.1 VR 的概念和特点

虚拟现实（virtual reality，VR）以计算机技术为基础，综合了计算机图形学、传感器、通信、多媒体、人工智能等多种技术，给用户同时提供视觉、触觉、听觉等感官信息。借助于计算机系统，用户可以生成一个自定义的三维空间。用户置身于该环境中，借助轻便的跟踪器、传感器、显示器等多维输入/输出设备，去感知和研究客观世界。在虚拟环境中，用户可以自由运动，随意观察周围事物并随时添加所需信息。借助于 VR，用户可以突破时空域的限制，优化自身的感官感受，极大地提高了对客观世界的认识水平。

VR 有交互性（interaction）、沉浸性（immersion）和想象性（imagination）三大特点，也被称为 3I 特点。借助 3I 特点，通常可以将 VR 技术和可视化技术、仿真技术、多媒体技术和计算机图形图像等技术相区别。

（1）交互性

交互性是指用户与模拟仿真出来的 VR 系统之间可以进行沟通和交流。由于虚拟场景是对真实场景的完整模拟，因此可以得到与真实场景相同的响应。用户在真实世界中的任何操作均可以在虚拟环境中完整体现。例如，用户可以抓取场景中的虚拟物体，这时不仅手有触摸感，同时还能感觉到物体的重量、温度等信息。

（2）沉浸性

沉浸性是指用户在虚拟环境与真实环境中感受的真实程度。从用户角度讲，VR 技术的发展过程就是提高沉浸性的过程。理想的 VR 技术，应该使用户真假难辨，甚至超越真实，获得比真实环境中更逼真的视觉、嗅觉、听觉等感官体验。

（3）想象性

身处虚拟场景中的用户，利用场景提供的多维信息，发挥主观能动性，依靠自己的学习能力在更大范围内获取知识。

随着相关技术的发展，VR 技术也日趋成熟，这种更接近自然的人机交互方式，大大降低了认知门槛，提高了工作效率。VR 技术已经从过去的军事和航空领域拓展到建筑设计、产品设计、科学计算可视化、远程服务和娱乐等众多民用领域，尤其在手术导航和城市规划方面有非常重要的应用。临床上使用的外科手术导航系统，大部分都采用 VR 技术，为医生提供了病灶部位的虚拟影像和计算机生成的其他辅助信号，医生通过计算机和其他设备实时得到视觉、触觉、听觉信息，为手术选择合适路径。作为一种全新的信息处理方式，VR 技

术给人类带来全新的生活体验。

5.1.2　VR 的发展历史

（1）1950 年之前

斯坦利·G.温鲍姆（Stanley G. Weinbaum）的科幻小说《皮格马利翁的眼镜》，被认为是探讨 VR 的第一部科幻作品，简短的故事中详细地描述了以嗅觉、触觉和全息护目镜为基础的 VR 系统。

（2）1950—1970 年

莫顿·海利希（Morton Heilig）在 20 世纪 50 年代创造了一个"体验剧场"，可以有效涵盖所有的感觉，吸引观众注意屏幕上的活动。

1962 年，他创建的一个原型被称为 Sensorama，五部短视频同时进行多种感官（视觉、听觉、嗅觉、触觉）的体验。大约在同一时间，道格拉斯·恩格尔巴特使用计算机屏幕作为输入和输出设备。

1968 年，伊凡·苏泽兰与学生 Bob Sproull 创造了第一个 VR 及 AR 头戴式显示器。这种头戴式显示器相当原始，也相当沉重，不得不被悬挂在天花板上。该设备被称为达摩克利斯之剑（the Sword of Damocles）。

（3）1970—1990 年

麻省理工学院于 1978 年创建阿斯彭电影地图（Aspen Movie Map），背景是美国科罗拉多州阿斯彭，用户可以徜徉于三种街头模式（夏季、冬季和三维模式）中。Atari 公司在 1982 年成立 VR 研究实验室。拉尼尔于 1985 年创办 VPL Research，研究几种 VR 设备，如数据手套、眼镜电话、音量控制等。

1990 年，Jonathan Waldern 在伦敦亚历山德拉宫举行的电脑图形 90 展览会上展示了基于"虚拟性"（virtuality）的系统。这个新系统是一种使用虚拟耳机的街机。

（4）1990—2000 年

1991 年，SEGA 发行 SEGA VR 虚拟现实耳机街机游戏和 Mega Drive。它使用液晶显示屏幕、立体声耳机和惯性传感器，让系统可以追踪并反映用户头部运动。同年，游戏 Virtuality 推出，并成为当时受众最多的 VR 网络娱乐系统。麻省理工学院科学家安东尼奥·梅迪纳设计了一个 VR 系统，可以从地球"驾驶"火星车。

1991 年，卡罗莱娜·克鲁兹·内拉（Carolina Cruz-Neira）、丹尼尔·J. 桑丁和 Thomas A. DeFanti 在电子可视化实验室创建第一个可视化立方房间，人们可以看到周围的其他人。

1994 年，SEGA 发行 SEGA VR-1 运动模拟器街机，它能够跟踪头部运动并制造立体 3D 图像。同年，苹果发布 QuickTime VR 格式。它是与 VR 广泛连接使用的产品。

1995 年 7 月 21 日，任天堂完成 Virtual Boy 并在日本发布。

1995 年，西雅图一个组织创造了一个"洞穴般的 270 度沉浸式投影室"，称为虚拟环境剧场。1996 年，同一系统在 Netscape Communications 主办展览中发表，首次展示了 VR 与网络的连接，内容提要与 VRML 3D 虚拟世界相连接。

1995 年，个人计算机供电的 VR 耳机 VFX1 Headgear 出现，它支持的游戏有《天旋地转》《星球大战：黑暗力量》《网络奇兵》《雷神之锤》。

1999 年，企业家菲利普·罗斯戴尔（Philip Rosedale）组织成立林登实验室（Linden Lab），最初的重点是硬件，使计算机用户完全沉浸在 360 度 VR 中。

（5）2001—2018 年

2001 年，SAS3（或 SAS Cube）成为第一个台式机立体空间，2001 年 4 月在法国拉瓦尔完成。

2007 年，谷歌推出街景视图，展示越来越多的世界各地全景，如道路、建筑物和农村地区。立体 3D 模式在 2010 年推出。

2010 年，帕尔默·拉奇创办欧酷拉，设计 VR 头戴式显示器 Oculus Rift。

2013 年，任天堂申请专利，提出使用 VR 技术概念，使 2D 电视拥有更逼真的 3D 效果。

2015 年 7 月，OnePlus 成为第一家利用 VR 推出产品的公司。他们用 VR 的平台推出 OnePlus 2，在谷歌应用程序 Play 商店、YouTube 上发布。

2015 年，Jaunt 开发照相机和云端平台。

2016 年 4 月 27 日，Mojang 宣布 Minecraft 可以在三星 Gear VR 上使用。

2016 年 7 月，宏达电与电玩商 Valve 推出个人计算机 VR 眼镜产品 HTC VIVE。

2016 年 7 月，指挥家 VRconductorVR 发布全球首个大空间多人交互 VR 行业应用。

2018 年 1 月，上海一个团队首先突破技术难点，于 CES 大会上推出了商用化的个人 8K 分辨率计算机 VR 眼镜，两眼各 4K，有效消除了近距离观看显示器时人眼的纱窗效应。

5.1.3　VR 的表现形式

VR 就是研究一种计算机技术，把人们想象中的东西转化为一种虚拟境界和虚拟存在，而这种虚拟境界和虚拟存在对人们的感觉器官来说就像真的客观存在一样。它的表现形式如下：

① 三维游戏　10 年前，人戴着耳机在计算机前打三维游戏，三维游戏相当于一个虚拟世界，人沉浸在虚拟世界之中。

② 头盔、手柄　现在人们发明了头盔，拿上手柄，就会有较强的沉浸感。

③ VR 体验馆　观众戴上头盔，可以在虚拟世界中砍杀游戏中的怪物。

④ 蛋壳　蛋壳可以摇晃，坐进去戴上头盔，感觉如同坐过山车一般。

20 世纪 80 年代以前，VR 技术主要被运用在一些高风险、不可逆的教育教学领域，并未进入大众消费领域。现如今，随着技术进步和成本降低，VR 设备功能愈加完善，价格也降到能够被消费者接受。比如高端的计算机 VR 产品 HTC VIVE 售价为数千美元，消费级 Samsung Gear VR2 只售几百美元，Google 的 Cardboard 更是便宜到只有几美元。这说明 VR 设备已经逐步在市场上普及。

未来几年内，VR 的市场热门领域应该是游戏、视频直播等，VR 头显的替代品应该是具有游戏娱乐功能的电子产品。基于 VR 特性，娱乐市场应该是未来的重点发展方向和争夺关键。VR 头显目前存在的主要问题有延时、待机时间短、机身发热、长时间佩戴会带来眩晕感和眼部疲劳等。随着技术进步，这些问题都将逐步得到解决，那时，VR 头显将带领人们进入一个逼真的虚拟世界，而在这个虚拟世界中将产生无限商机。

5.1.4　VR 的应用

（1）VR 教育缓步发展

对于传统教学，VR 技术的出现，可以让学生摆脱传统的、无味又枯燥的教学。学生在教室内，只要戴上 VR 虚拟现实设备，加上相关场景，就可以轻轻松松实现教学目的，完全代替了传统的教学方式。再加上学生对类似于游戏的 VR 教学软件的兴趣和穿戴设备的限制，让学生们的注意力高度集中，学习方式很有效率。在传统的教学中，部分场景有可能是教师无法用语言描述的，若这些场景能够展示出来，效果会比语言描述好，就好像让学生直接看到"实物"，要比老师描述更加生动直观。

VR 教育结合游戏化，将教育游戏元素与智能技术相结合，虚拟学习场境（图 5.1）、多方位地理解学习内容，能够有效解决教育难题。利用 VR 技术的沉浸感，在虚拟场景下为学生提供实际操作机会，把现实与虚拟相结合，让学生在一个自然逼真的环境下直接参与互动，易于提升大脑皮层的兴奋点，对知识点的记忆会更加牢固。

图 5.1　VR 虚拟学习场景

VR 技术需要对实验器材进行模拟，让昂贵的器材"随时可取"，有效地降低了成本，在虚拟场景中，学生不必担心一些有害物质，也不必担心由于失误操作所带来的危险。VR 技术已融入人们的生活当中，VR 教育也使用户更加喜爱学习，对知识有更深层次的理解。

如今，一些国外的大型企业，如 AMD、Oculus、微软等厂商，正在积极向 VR 教育领域发力，桌面虚拟现实显示系统 zSpace 提供的 3D 仿真软硬件系统和教学内容在美国也大受欢迎。在国内，新兴的创业公司、VR 硬件研发公司、传统的教育公司和内容研发公司也纷纷积极参与 VR 教育。国家政策与环境的利好也有助于 VR 教育的发展。《国家教育事业发展"十三五"规划》鼓励利用 VR 探索未来教育的改革模式，此举推进了我国各地市教育规划政策的出台，各地也加大力度发展 VR 产业配套经济。

（2）VR 在医学领域成就显著

VR 的应用非常广泛，潜力无限。利用 VR 治病听起来或许是天方夜谭，但确实有越来越多的研究表明 VR 技术对于精神减压、疾病预防、提高生活质量有着积极的作用。

① 虚拟人体　在 VR 技术下，人体的所有部位、运行功能、行为模式都应最终被模拟化。人体骨骼模拟、人体大脑结构模拟、人体动力学模拟、人脸模拟、各功能器官模拟、神经模拟等，都可以通过 VR 技术来完成。

② 模拟放射性诊断及治疗　放射诊断领域专家可以在 VR 环境中使用模拟的三维小器械对有意义的部位作标志，同时又不会对患者的原始数据造成影响。这样一来专家们便能进行更加深入的研究，更有利于正确诊断各种疾病。

③ 外科手术虚拟演示　利用外科手术仿真器，医生在进行一次复杂的外科手术之前先进行练习，然后将练习的演习成果应用于实际手术操作之中。还可以对大量的病历进行预先演练，从而根据每个病人的病情特点仿真计算机二维人体模型，为实际手术创造更多成功的可能性。

④ 教学模拟　近几年，多媒体教学把声音、动态文字、图像和视频等多媒体信息融于一体，以十分新颖的教学手法、身临其境的表现形式展开，逐渐成为现代教学方法的主要发展方式。

⑤ 医疗可视化虚拟技术　医疗可视化 VR 技术对采集医学试验数据有很好的作用。其中，虚拟人技术已经成为 VR 技术的一个重要领域，受到越来越多专业人士的重视，此前沿性问题的研究已逐渐形成广泛的新研究热点。人体是一个十分复杂的机能系统，从外到内各机体部分之间，从宏观的人体各机能组织到微观的基因，从大脑到神经系统甚至到人的思维发展之间，一直在不停地研究探索，医学教学领域中针对人体机能系统、组织器官及其形成的逐步认识是一个循序渐进的动态发展过程。VR 技术很容易并且生动地将这些人体系统动态变化的可视化界面展现在我们面前。

NTT 东日本关东医院已经开始利用 VR 设备辅助进行达·芬奇机器人手术，该技术是世界上最先进的微创外科手术系统之一，它的本质是整合出一套完整的外科手术系统。其腹腔镜系统由医生控制系统、床旁机械臂系统、三维视频成像系统三部分组成。通过这一套系统，手术时，在数位医师共同合作下，可以完成非常精湛的微创手术。这套系统能利用多个传感器，捕获 CT 图像，渲染 3D 模型，最终通过 HTC VIVE 头戴式 VR 设备让医生得到直观的、身临其境的体验，如图 5.2 所示。

图 5.2　NTT 东日本关东医院 VR 医疗辅助系统

（3）VR 技术在机械行业的应用

在如今的机械制造领域中，虚拟仿真技术的应用已经十分普遍，对提高企业的生产效率、提高设计质量、缩短生产周期、降低生产成本起到了显著的作用。

由于 VR 技术的运用，企业的生产具有了高度柔性化和快速的市场反应能力，同时增强了市场竞争力。由此可见，机械产业的发展与 VR 技术密不可分，机械产业将会随着 VR 技术的不断完善与进步进一步发展、壮大。

① 虚拟设计　通常指把 VR 作为基础，把机械产品作为设计的手段，同时利用多种传感

器传递信号，使设计人员和多维信息空间进行交互式合作，利用定量和定性两个属性对复杂的环境进行理性和感性分析，从而促进创新和概念深化。

虚拟设计主要应用在产品的布局设计和产品的外形设计上。在传统工业的汽车制造中，通常开发或设计一辆汽车的步骤为图纸设计、外形铸模、多次评测修改等，而采用 VR 技术设计制造汽车不需要实体建模，简化了很多工序，根据 CAM 和 CAD 程序所存储的相关汽车设计的数据库进行模拟仿真，极大地缩短了制造周期，节约了大量的时间与资金，降低了错误出现的概率。利用 VR 技术对车间设计中的物流系统、管道铺设、机器布置等布局进行合理的设计，可以避免出现很多不合理的问题，进而缩短生产周期，提高效率。

② 虚拟装配　在机械设计制造领域，通常要将成千上万的零件组装到一起形成机械产品。然而机械产品组合设计、可装配性能的正确性经常要在最后装配时才能确认，这会对许多工厂和企业的信誉、经济造成巨大的损失。而采用 VR 技术模拟装配机械产品时，由于产品设计的形状、精度及模拟装配过程都不尽相同，用户可以通过交互设计的方式控制产品的模拟装配过程，从而检查产品的设计和操作过程是否得当，并及时解决出现的问题，修改模型。在虚拟仿真环境中，用户通过使用虚拟交互设备，在虚拟环境中对机械产品的零部件进行各种操作。与此同时系统还提供实时碰撞检测、装配约束处理机制、自适应装配路径与序列处理等功能，用户可以分析产品的可装配性，验证和规划产品零部件装配序列等。装配结束后，虚拟仿真系统记录装配过程信息，生成评审报告、视频录像等供分析使用，进而达到和真实环境近乎一样的效果。

③ 机械仿真　VR 技术的机械仿真包括产品的运动仿真和加工过程的仿真。前者能够及时发现并解决运动过程中可能出现的运动干涉检查、运动协作关系、运动范围设计等；后者可通过仿真技术，事先发现产品加工方法、加工过程等方面的问题，通过修改设计，确保产品的质量和工期。

④ 虚拟样机　机械产品的工作性能及质量需要通过最终样机的试运转来发现问题，但是出现的很多问题是没有办法改变的，如果修改设计则导致重新试制或直接报废。用虚拟样机技术取代传统硬件样机检测，大大节约了新产品的开发周期与费用，并能方便开发团体成员之间的交流，审核产品。

总之，VR 技术在机械行业的应用，能够缩短产品的发布周期，提高生产效率，以较低的生产成本取得较高的设计质量，实现利润效益最大化。

（4）VR 的游戏娱乐领域应用

基于 VR 技术的游戏设计目前可以分为两大发展方向。一类是应用于大型游戏场所的虚拟头盔的专业设备模式，值得强调的是，不同游戏通常需配备不同的外感设备，其价格比较昂贵，所以虚拟设备有很大的优势和发展空间；另一类是限于普通游戏玩家的虚拟头盔配置设备，此类游戏通过 App 下载安装，并进行相关游戏的操作。VR 结合专业游戏设备，成为游戏厅和儿童乐园的一大特色。VR 技术让玩家置身于一个沉浸式的三维虚拟世界，把任何现实世界中的真实场景逼真地再现在玩家面前，能够瞬时提升用户的游戏快感。另外，体感外设装备在帮助玩家加强体验的真实感的同时，又能帮助玩家增加和游戏世界的交互式操作，玩家能够用直观的肢体动作与虚拟世界中的各个元素部件进行交流互动。

VR 技术还可以在直播中融入虚拟场景，在网络直播中的应用已经盛行且被业内看好。比如虚拟实现在现实中很难实现的沙漠、大海、星空等空间背景，使直播空间更具观赏性。在不久的将来，将会有更多的电视及网络直播平台采用 VR 技术，VR 技术在直播领域的市场前景相当广阔。

5.1.5 VR系统的基本组成

虚拟环境由基于高性能计算机的虚拟环境核心处理器部件，头盔显示器为核心的视觉系统，语音识别、声音合成、声音定位为核心的听觉系统，方位跟踪器数据手套，以数据衣为主体的身体方位姿态跟踪设备以及味觉、嗅觉、触觉与力觉反馈系统等功能单元构成。

具体来说，在VR系统中，硬件设备可由三部分构成：输入及输出设备、虚拟世界生成设备（图5.3）。

（1）VR输入设备

VR输入设备分为两类：

① 反馈自然信息的交互式设备　用于虚拟世界信息的输入（如数据衣、数据手套、三维扫描仪及三维控制器等）。

② 三维跟踪定位设备　在三维空间中，对移动物体的实时位置进行定位，并把位置信息实时输入VR系统中。

（2）VR输出设备

感知输出设备将VR中各感知信号转换为人所能接收的多通道应激响应信号，包括触觉、力觉感知设备，视觉感知设备，听觉感知设备。

（3）虚拟世界生成设备

虚拟世界生成设备的数据生成方式可分为：

① 现实世界的数据采集方式　数据采集分为全景图、全景视频及3D扫描。

② CG（computer graphics）行业的数字资产制作　用3D软件和交互引擎制作CG游戏或者全景视频等。

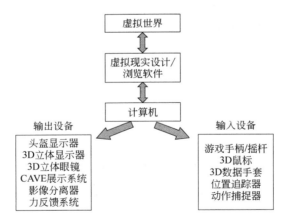

图5.3　VR系统软硬件设备组成

5.1.6 VR系统的分类

（1）桌面式VR系统

桌面式VR系统（desktop virtual reality system）又称为窗口VR，它利用个人计算机或图形工作站，结合立体图形和自然交互式技术，形成三维立体空间的交互式场景。用计算机的显示器作为观察虚拟世界的直接窗口，通过输入设备实现与虚拟世界的交互操作。

桌面式 VR 系统要求操作参与者利用输入设备跟踪定位空间位置。例如数据手套和具有 6 个自由维度的三维空间鼠标，使参与者虽然坐在监视器前，却可以利用计算机屏幕观察 360 度范围内的虚拟世界。

在桌面式 VR 系统中，计算机屏幕是参与者观察虚拟世界的窗口，在 VR 工具软件的协助下，参与者可以在虚拟环境中进行各类设计，其硬件设备为立体眼镜和交互式设备（例如数据手套、数据衣及空间位置跟踪定位设备等）。利用立体眼镜沉浸在虚拟三维场景的立体视觉中，所带来的三维感受能使用户产生逼真的现实感。有时为了使桌面式 VR 系统的效果更加震撼，在桌面式 VR 系统中可以加入更加专业的投影设备，从而达到增大屏幕观看范围的目的。

（2）沉浸式 VR 系统

沉浸式 VR 系统（immersive virtual reality system）利用头盔显示器、洞穴式显示器、位置跟踪器和数据手套等交互式设备把用户的各种感官系统封闭起来，从而使用户真正成为 VR 系统内部的参与者，同时利用这些交互式设备操作和控制虚拟环境，形成一种身临其境的真实感觉。

（3）增强式 VR 系统

增强式 VR 系统又称增强现实（augmented reality，AR），它允许用户看到现实世界的同时也能看到叠加在现实世界上的虚拟物像，巧妙地结合了真实环境和虚拟环境的系统，既可减少构成复杂场面的开销（例如影视拍摄中部分虚拟环境由真实环境构成），又可对场景中的实际物体进行操作。

（4）分布式 VR 系统

传统的 VR 系统实现了用户在虚拟环境中的漫游并与虚拟场景中的物体进行交互操作。分布式 VR 系统（distributed virtual reality system）利用空间联合，将各种局部虚拟环境构造成大规模的虚拟环境，并与之交互操作，利用分布式渲染 V-Ray 技术来完成。V-Ray 是一种能够把视频单帧画面分别配置在多台计算机上渲染的一种分布式网络渲染技术。具体方法为把静帧划分成若干小区域块（bucket），分布的计算机各自渲染一部分 bucket，最后把所有 bucket 整合成一张大的图像。

V-Ray 通过 TCP/IP 协议实现分布式渲染的网络连接。分布式渲染分成两个部分——客户端及服务端，如图 5.4 所示。

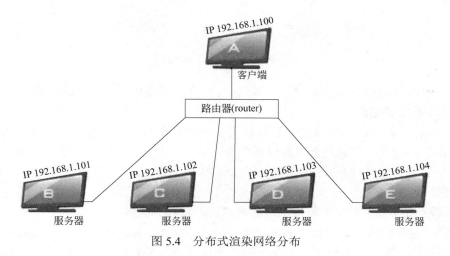

图 5.4 分布式渲染网络分布

客户端是指用户正在使用的个人计算机，每台计算机把单帧划分成许多小的渲染区域块并传递给服务端计算。客户端管理和组织整个渲染过程，利用用户界面管理网络服务端，指定参与计算的服务器，控制服务器端的状态。一旦完成渲染区域计算，客户端马上显示出这块渲染后的 bucket，同时给其他未响应的空置服务器发送另一块 bucket。

服务端指渲染服务器，是网络上提供计算服务的工作站或者计算机。它们渲染每一个 bucket，并把运算结果传送回客户端。但是它们的状态仍然由客户端监控。可以看出，要想实现 V-Ray 分布式渲染，用户必须分布于局域网内部，同时多台计算机必须通过路由器连接，以达到互相访问的目的。

5.2 AR 和 MR

5.2.1 AR 概述

（1）AR 的概念

AR 是伴随着计算机水平的提高而发展形成的一门新技术。它以计算机为工具，将人为构建的辅助型虚拟信息应用到真实世界，使虚拟的物体信息和真实的环境信息叠加到同一个画面或空间，同时呈递给用户且被用户感知，使用户获得比真实世界更丰富的信息。

构建 AR 系统一般包括四个基本步骤：

① 利用摄像机获取真实场景信息；
② 建立不同坐标系之间的关系，对真实场景与摄像机的相关位置信息进行数据分析；
③ 利用计算机生成所需的虚拟物体；
④ 将虚拟物体和真实场景在显示器中显示。

AR 系统原理如图 5.5 所示。

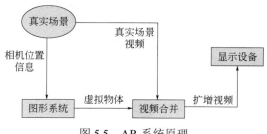

图 5.5　AR 系统原理

AR 系统中，成像设备、交互技术、跟踪与定位技术被称为三大支撑技术。

（2）AR 系统的组成

AR 与硬件、软件以及应用层面息息相关。在硬件层面，结合处理器、显示器、传感器以及输入设备的载具，方能适合成为 AR 平台。在软件层面，AR 系统的主要关键是如何将扩增的对象与现实世界结合。在应用层面，最早用于军事，而后扩展到日常生活。

① 硬件设备

a. 头戴式显示器。通过眼罩或头盔的形式，将显示屏幕贴近用户的眼睛。目前有以下几个公司推出了 AR 头戴式显示器：uSens、Gestigon、Meta、Magic Leap、Google 等。

b. 抬头显示器。与头戴式显示器不同，抬头显示器是利用光学反射原理，将信息投射在镜片上，并经过平衡反射，将影像投射入用户的眼睛。

目前最为知名的 AR 抬头显示器为 Microsoft HoloLens。

c. 移动设备。目前在 iPhone、Windows Phone 以及 Google Android 手机上，3DS 中已经出现了不少的 AR 应用。

② 算法软件　AR 算法软件必须要从输入设备中的影像获取真实世界的坐标，再将扩增对象叠合到坐标上。为了能让 AR 更加容易开发，市面上已有许多软件开发工具包，例如 ARKit、ARCore、Unity。

5.2.2　MR 概述

混合现实（mixed reality，MR）通过对物理空间和虚拟空间的叠加，将两者融合，产生新的可视化环境。MR 是一种综合 VR 和 AR 的新型展现方式，相对于之前的 VR 和 AR，MR 设备首先要对真实空间进行扫描识别，然后再将虚拟场景融合到真实空间中；用户在穿戴混合现实设备时，通过移动的观测角度，会有亦真亦幻的体验效果。

5.3　VR、AR、MR 的区别与联系

（1）VR 和 AR 的区别

AR 技术是在 VR 技术的基础上于 20 世纪 90 年代初兴起的，也是一种以计算机技术为基础的人机交互技术，但与 VR 不同，AR 技术是在真实场景中添加计算机虚拟产生的物体信息，达到"虚实融合"的效果，提高用户对真实世界的感知能力。AR 技术借助于多种设备，如光学透视式头盔显示器或不同成像原理的立体眼镜等，使虚拟得到的物体叠加到真实场景中，同时出现在用户的视场中，用户在不丢失真实场景信息的前提下，可以获得虚拟物体的信息并与之交互。通过 VR 看到的场景和人物全都是"假的"，是纯虚拟场景，由设备产生图像，图像将人的意识带入一个虚拟的世界，所以 VR 装备更多的是位置跟踪器、数据手套和数据头盔等。

相比于 VR，AR 技术系统的实现要更复杂，因此对相关技术要求更高，除了计算机技术、通信技术、人机界面、传感器、移动计算、分布式计算、计算机网络、信息可视化等技术之外，还对心理学、人机工程学等有比较高的要求。

因此，可以这样说，VR 是进入虚拟世界的钥匙，AR 是现实世界的辅助设备。图 5.6 说明了 VR、AR 和 MR 三者之间的关系。

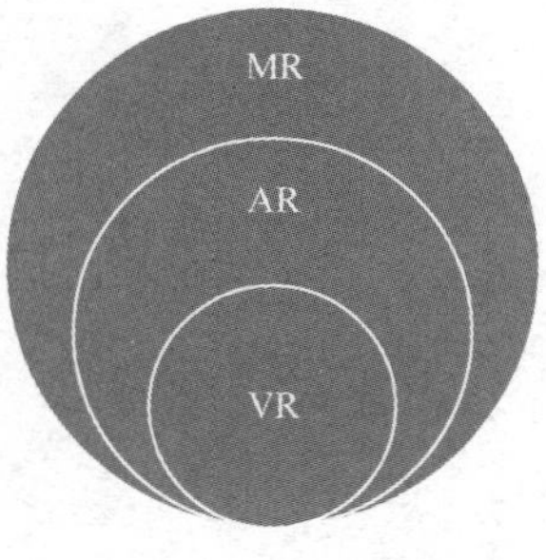

（2）MR 和 AR 的区别

MR 和 AR 最大的区别，一是 MR 的世界中分不清楚虚拟的部分和现实的部分，可以说 MR 的虚拟程度能够以假乱真；而在 AR 中，可以明确地区分哪些东西是虚拟的，哪些东西是真实的。二是对比传统的 AR，MR 提供了用户与实际现实场景的多种交互方式。MR 产生的可视化环境可以和现实世界实时交互，也就是现实世界的其他反馈都会对这个新的可视化环境造成实时的影响。

图 5.6　VR、AR 和 MR 的关系图

目前，AR 和 MR 的技术研究还在起步阶段，VR 的研究已经布局到了商用，发展前途不可限量。

复习参考题

一、在线试题

微信扫一扫
获取在线学习指导

二、简答题

说明 VR、AR 和 MR 的区别与联系。

附录 游戏开发工具 Unity3D

一、Unity3D 简介

Unity3D 是由 Unity Technologies 公司开发的跨平台专业游戏引擎，用户可以通过它轻松实现各种游戏创意和三维互动开发，创作出功能强大的 2D 和 3D 游戏，然后一键发布到各种游戏平台上，并且还可以在 Asset Store 上分享和下载相关的游戏资源。Unity 是专业的游戏引擎，具有国际领先性，Unity 编辑器可以运行在 Windows 高级版本如 Win7、Win10 和 Mac OS X 平台上，其启动界面如附图 1 所示。

附图 1　Unity3D 启动界面

在游戏开发领域，Unity 以其独特、强大的技术理念征服了全球众多的业界公司以及游戏开发者。下面简要地对 Unity 的主要特性进行介绍：

① 一次开发，跨平台部署　在 Windows 和 Mac OS X 平台下打开游戏软件，游戏作品可以直接一键发布到所有主流的游戏平台而无须任何修改。发布平台包括 Windows、Linux、Mac OS X、iOS、Android 和 Web 等。无须考虑平台之间的差异，只需要集中精力制作高品质的游戏即可。

② 整合度高、扩展性强的编辑器　Unity 编辑器功能十分强大并且方便使用，它集成了完善的所见即所得的编辑功能（功能按钮随时操作），在编辑器各功能模块中可以调整虚拟场景的地形、动画、灯光、材质、音频、模型、物理等参数。用户编写的控制场景的脚本代码也可以在编辑器里随时调整并实时看到调整后的效果。如果开发人员对编辑器有更高的个性化需求，也可以通过编写编辑器脚本来创建满足实际需求的自定义编辑器界面和功能按钮。此外，使用第三方提供的插件来定制也是一种选择。Unity 的第三方插件内容非常丰富，涵盖了几乎所有的主题，包括材质、网络、CUI、动画、着色、特效及 UI 设计等。

③ 通用性强，支持所有主流 3D 动画软件　Unity 支持目前市面上所有主流 3D 动画软件，例如 Maya、Cinema 4D、3DS Max、Cheetah3D、Lightwave Blender、Modo 等，并能与其中

大部分软件协同工作。

④ Asset Store（资源商店）线上开发者资源商店公开提供开发人员　任何 Unity 引擎用户都可在这个网站购买相关的资源，比如 3D 模型、材质贴图、扩展插件、UI 界面、脚本代码、音效等。用户可以通过网站下载资源商店的内容，节省宝贵的时间和成本，也可以通过它来销售产品。

⑤ 逼真的 AAA 级游戏（指高成本、高体量、高质量的游戏）画面　Unity3D 完美支持 DirectX，结合优化的光照系统、功能强大的自定义顶点与片段着色器 ShaderLab，使 Unity3D 成为了游戏开发者手中的利器，可以创作出生动逼真的游戏画面。附图 2 为 Unity3D 游戏画面。

附图 2　Unity3D 游戏画面

⑥ 物理引擎　Unity3D 内置了 NVIDIA GPU（图形处理器）的 PhysX 物理引擎。PhysX 是当今使用最广的物理引擎，被很多大制作游戏采用，例如《虚幻竞技场》《幽灵行动 3》等。开发者可以通过物理引擎高效、逼真地模拟碰撞检测处理、车辆驾驶、布料、重力/合力/弹力物理效果及优化稳定性，使游戏界面更加真实而生动。附图 3 为采用 Unity3D 技术 Demo 版（软件自带的完整的 VR 游戏示例）的《蝴蝶效应》的场景截图。

附图 3　Demo 版《蝴蝶效应》场景截图

⑦ Lightmap 光照贴图烘焙工具 Beast　Lightmap 烘焙就是把物体光照的明暗信息保存在纹理上，在实时绘制时不进行光照计算而是采用预先生成的光照纹理来表示明暗效果。Unity3D 内置了一个强大的烘焙工具 Beast，开发者可以直接在 Unity3D 中烘焙出十分逼真、

漂亮的光照贴图，同时节省在计算光照效果方面的运算开销。Beast 是 Autodesk 公司（Autodesk 公司是三维制作、娱乐软件开发和工程领域的领导者，其产品被广泛应用于工程建设业、制造业和传媒娱乐业等）的产品，可以模拟自然界中各种变换的光照效果。例如，实时游戏环境中的色彩反弹（color bounce）、高动态范围光照（high dynamic range lighting）、软阴影（soft shadows）及移动对象光照（lighting of moving object）。单独的 Beast 工具授权价格高达 9 万美元，但在 Unity3D 中是免费提供的。附图 4 是 Unity3D 中使用 Beast 烘焙的效果。

附图 4　Unity3D 中使用 Beast 烘焙的效果

⑧ 强悍的 Mecanim 动画系统　Unity 从 4.0 版本开始启用了名为 Mecanim 的动画系统。Mecanim 动画系统具有功能强大而灵活的特点，可以创作出令人惊艳的自然流畅动作，让游戏角色栩栩如生。这通过在编辑器中设置角色蒙皮、状态机和控制器、混合树、动画重定向、IK 骨骼等实现。《刺客信条》（*Assassin's Creed*）中令人印象深刻的角色的动作，在 Unity3D 中也可以实现。附图 5 为 Mecanim 制作的动画角色。

附图 5　Mecanim 制作的动画角色

⑨ 地形编辑器　Unity3D 内建了一个功能强大且十分容易上手的地形编辑器，其支持利用画刷来快速创建地形和植被，并且支持自动的地形 LOD（网格地形）。在大规模的三维场景中，一次性渲染所有的三角形需要耗费大量的运算，全部渲染也是不可取的。通常就采用 LOD，即层次细节模型。距离摄像机视点较远的三角形面片可以大一些，轮廓粗糙一些，而距离摄像机视点较近的三角形面片则应该较为细腻地展现。LOD 地形的实现算法是四叉树算法，即对二维地平面进行分割，每个大正方形被分成 4 个等分的小正方形，依次迭代处理直

到被分割的正方形尺寸达到某个阈值为止，然后对不可再分的正方形进行三角形剖分渲染。Unity3D 的地形兼顾了效率及精细度，可通过编辑器构建丰富的地形场景，例如树木、石头、草和其他元素。此外专门的 TreeCreator 控件可用来编辑树木的各部位细节。附图 6 为地形编辑器制作的自然场景。

⑩ 网络通信支持　Unity3D 提供了从客户端到服务器端的完整网络通信解决方案，可以实现简单的多人联网游戏。目前 Unity3D 内置的网络功能性能一般，但是使用起来十分方便，即使是对计算机网络不熟悉的初学者，也能做出具有网络通信功能的联网游戏。如果对网络性能有比较高的要求，也可以使用第三方的网络解决方案，例如 RakNet、Smart Fox Server 和 Photon 等。附图 7 为 Photon 网络引擎。

附图 6　地形编辑器制作的自然场景

附图 7　Photon 网络引擎

⑪ ShaderLab 着色器　Unity3D 里提供了一种语法非常接近 CG 语言（C for Graphics，是为 GPU 编程设计的高级着色器语言，由 NVIDIA 公司开发）的着色器语言 ShaderLab，可实现自己的 shader（阴影）设计。ShaderLab 对游戏画面的掌控力比拟于 Photoshop 对数码照片的编辑，在高手手里可以营造出各种惊人的画面效果。在 Unity3D 里可以使用 3 种着色器，分别为 Vertex and Fragment Shader（顶点与片段着色器）、Surface Shader（表面着色器）和 Fixed Function Shader（固定管线着色器）。附图 8 所示为 Unity 经典案例 *AngryBots*（《愤怒的机器人》）场景中的阴影效果。

附图 8　*AngryBots*（《愤怒的机器人》）场景中的阴影效果

⑫ 脚本语言　Unity3D 支持 3 种脚本语言，Javascript、C#和 Boo。其中 C#和 Javascript 在网络开发上使用较为广泛，Boo 的语法和 Python 相似，因此 Unity3D 对于大多数的程序开发者来说都很容易上手。

⑬ 强大的内存分析器——Memory Profiler　Unity3D 提供了一个强大的内存分析器 Memory Profiler，它可以为开发人员提供具体、准确的游戏性能等方面的信息。内存分析器能够实时地动态显示游戏中各种动画物体的内存占用情况。通过这种方式，开发者可以获得更加准确的内存使用信息，如附图 9 所示。

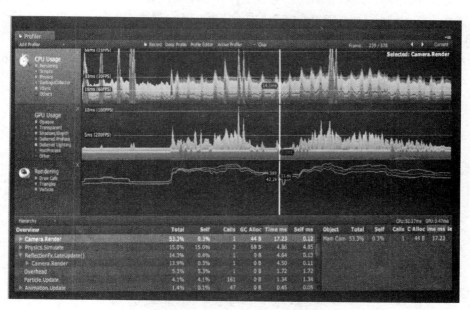

附图 9　Unity3D 内存使用信息

使用 Unity3D 可以开发任何类型的游戏，如第一人称射击游戏、赛车游戏、多人在线游戏、实时策略游戏以及角色扮演游戏等。目前在移动平台游戏开发领域，Unity3D 已经是举足轻重的游戏引擎之一。根据苹果公司 2012 年的一份报告，在 App Store 中 55%的 3D 游戏都是使用 Unity 系列开发的。据国外媒体游戏开发者杂志的一份调查显示，在移动游戏领域，53.1%的开发者正在使用 Unity 系统进行开发。在游戏引擎里选用哪种功能的问卷中，"快速开发"排在了首位，很多开发者认为 Unity3D 易学易用，能够快速实现他们的游戏设计构想。Unity3D 开发的游戏除了数量上占据绝对优势外，品质也非常高，例如《王者之剑》《暗影之枪》《武士 2：复仇》《神庙逃亡 2》等都是非常成功的作品。目前使用 Unity3D 进行游戏开发的人数还在快速增长，越来越多大公司旗下的工作室开始采用 Unity3D 进行各个平台的游戏开发，例如 Microsoft、Sony、Nickelodeon、LEGO、Cartoon Network、EA 等。这也从另一方面说明了 Unity3D 的实力已经得到了市场的充分认可。除了游戏开发领域，Unity3D 还被广泛运用于工业仿真、教育培训、航空航天、军事国防、医学模拟、建筑漫游等领域，这些领域统称为严肃游戏。在严肃游戏领域，Unity3D 在很多方面均具有强大的优势，例如完备、高效的工作流程和引擎功能，逼真的画面效果，丰富的第三方插件和跨平台发布等，这使 Unity3D 在严肃游戏领域也很受欢迎与关注。

二、Unity3D 案例应用

本节以 Unity3D 实战案例为读者提供一个简单的场景漫游体验，实现对 Unity3D 环境的初步了解，为今后更深入的学习提供前期基础。

（一）Unity3D 软件安装

选择 Unity 应用程序进行安装（可安装至任意非中文路径下），本书中所用计算机为 Win 10 64 位操作系统，选择 UnitySetup-4.5.2（由于下载的 Unity 版本不同，所以文件名称会有不同）应用程序文件进行安装，如附图 10 所示。双击 UnitySetup-4.5.2，初始安装界面如附图 11 所示，点击"Next"。同意软件安装条款，如附图 12 所示，选择"I Agree"，并一直选择"Next"。选择安装路径，如附图 13 所示，这里选择默认路径进行安装，再点击"Install"。等待安装完成，如附图 14 所示。

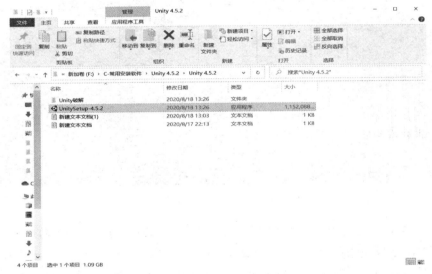

附图 10　选择安装 Unity 的应用程序文件

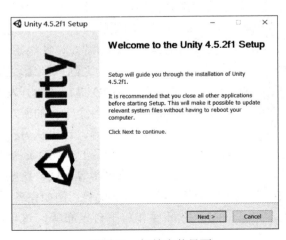

附图 11　初始安装界面

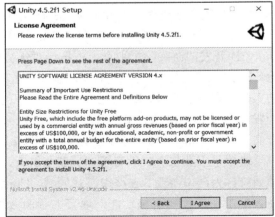

附图 12　软件安装条款

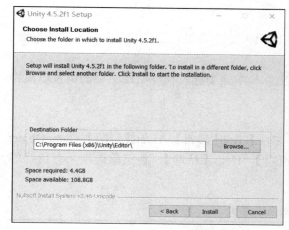

附图 13　选择安装路径

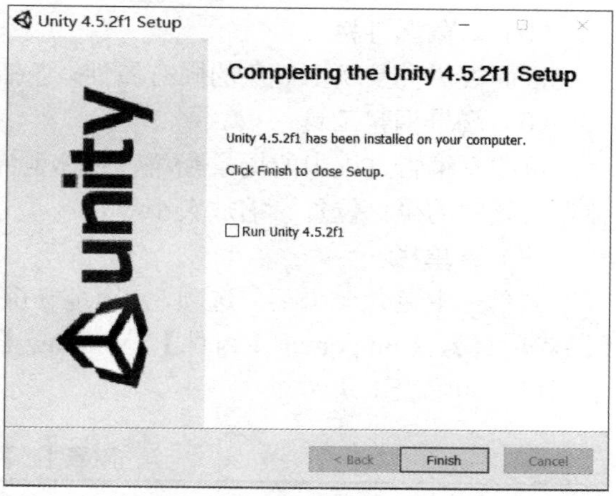

附图 14　安装完成界面

（二）Unity3D 的基本界面介绍

Unity3D 的基本界面如附图 15 所示。

附图 15　Unity3D 的基本界面

（1）场景面板

该面板为 Unity3D 的编辑面板，可以将所有的模型、灯光以及其他材质对象拖放到该场景中，构建游戏中所能呈现的景象。

（2）动画面板

与场景面板不同，该面板是用来渲染场景面板中景象的。该面板不能用于编辑，但可以呈现完整的动画效果。

（3）层次清单栏

该面板栏主要功能是显示放在场景面板中的所有物体对象。

（4）项目文件栏

该面板栏主要功能是显示该项目文件中的所有资源列表。除了模型、材质、字体等，还包括该项目的各个场景文件。

（5）对象属性栏

该面板栏会呈现出对象的固有属性，包括三维坐标、旋转量、缩放大小和脚本的变量等。

（6）场景调整工具

可改变编辑过程中的场景视角、物体世界坐标和本地坐标、物体法线中心的位置以及物体在场景中的坐标位置、缩放大小等。

（7）菜单栏

菜单栏中包含七个菜单选项，分别是 File【文件】、Edit【编辑】、Assets【资源】、GameObject【游戏项目】、Component【组件】、Window【窗口】、Help【帮助】，各菜单选项又有自己的子菜单，如附表 1 所示。

附表 1　菜单及子菜单

主菜单	包含的子菜单
File【文件】	New Scene【新建场景】
	Open Scene【打开场景】
	Save Scene【保存场景】
	Save Scene as…【场景另存为……】
	New Project…【新建工程文件】
	Open Project…【打开工程文件】
	Save Project…【保存工程文件】
	Build Settings…【创建设置】（这里指创建游戏设置）
	Build & Run【创建并运行】（这里指创建并运行游戏）
	Exit【退出】
Edit【编辑】	Undo【撤销】
	Redo【重复】
	Cut【剪切】
	Copy【拷贝】
	Paste【粘贴】
	Duplicate【复制】
	Delete【删除】
	Frame Selected【当前镜头移动到所选的物体前】
	Select All【选择全部】
	Preferences【首选参数设置】
	Play【播放】
	Pause【暂停】
	Step【步骤】
	Load Selection【载入所选】
	Save Selection【存储所选】
	Project Settings【工程文件设置】（包含可执行文件 EXE 图标设置，画面抗锯齿功能设置等）
	Render Settings【渲染设置】（如果觉得整体画面的色彩质量不尽如人意，可在此处进行调节）
	Graphics Emulation【图形仿真】（主要是配合一些图形加速器的处理）
	Network Emulation【网络仿真】（可选择相应的网络类型进行仿真）
	Snap Settings【临时环境】

主菜单	包含的子菜单
Assets【资源】	Reimport 【重新导入】
	Create 【创建】（包含文件夹、材质、脚本等等）
	Show in Explore 【显示项目资源所在的文件夹】
	Open【打开】
	Import New Asset...【导入新的资源】
	Refresh 【刷新】
	Import Package... 【导入资源包】
	Export Package... 【导出资源包】
	Select Dependencies 【选择相关】
	Export OGG file 【导出 OGG 文件】
	Reimport All 【重新导入所有】
	Sync Visual Studio Project 【与 VS 项目同步】
GameObject【游戏项目】	Create Other 【创建其他组件】
	Center on Children 【子物体归位到父物体中心点】
	Make Parent 【创建父集】
	Clear Parent 【取消父集】
	Apply Changes to Prefab 【应用变更为预置】
	Move to View 【移动物体到视窗的中心点】
	Align with View 【移动物体与视窗对齐】
	Align View to Selected 【移动视窗与物体对齐】
Component【组件】	Mesh 【网格】
	Particles 【粒子系统】（能打造出非常棒的流体效果）
	Physics 【物理系统】（可使物体带有对应的物理属性）
	Audio 【音频】（可创建声音源和声音的听者）
	Rendering 【渲染】
	Miscellaneous 【杂项】
	Scripts 【脚本】（Unity 内置的一些功能很强大的脚本）
	Camera-Control 【摄像机控制】
Window【窗口】	Next Window 【下个窗口】
	Previous Window 【前一个窗口】
	Layouts 【布局】
	Scene 【场景窗口】
	Game 【游戏窗口】
	Inspector 【检视窗口】（这里主要指各个对象的属性）
	Hierarchy 【层次窗口】
	Project 【工程窗口】
	Animation 【动画窗口】（用于创建时间动画的面板）
	Profiler 【探查窗口】
	Asset Server 【源服务器】
	Console 【控制台】

主菜单	包含的子菜单
Help【帮助】	About Unity 【关于 Unity】
	Enter Serial Number 【输入序列号】
	Unity Manual 【Unity 手册】
	Reference Manual 【参考手册】
	Scripting Manual 【脚本手册】
	Unity Forum 【Unity 论坛】
	Welcome Screen 【欢迎窗口】
	Release Notes 【发行说明】
	Report a Problem 【问题反馈】

（三）Unity3D 的简单预览

每个 Unity3D 版本都会自带一个项目源文件。在 Unity 4.5 正式版中，自带的项目源文件就是网上展示的那款强大的射击游戏 *AngryBots*。在一般情况下，只要第一次打开 Unity3D，就会看见自带的那个项目文件。但如果 Unity3D 并没有打开这个项目文件，可以在 Unity3D 里的"File"菜单下点击"Open Project…"，在随后弹出的"Unity-Project Wizard"对话框中点击"Open Other…"按钮，在"C:\Users\Public\Documents\Unity Projects"这个路径下找到项目文件夹"4-0_AngryBots"，选择并打开它。打开项目之后，如果在舞台场景面板中依然什么都没有显示，可在项目文件栏双击场景文件 AngryBots。稍等片刻之后，该舞台场景的所有对象就可导入舞台场景面板中。导入成功之后，效果如附图 16 所示。

附图 16　Unity3D 的简单预览

点击一下中间的播放按钮做一下测试（如果机器配置不是太高，可能等待的时间会稍长），就可以在动画面板中看到一个正在运行的射击游戏了。在这个游戏场景中，各个物体的画面非常清晰，能看到比其他游戏还要细腻的游戏画面，如附图 17 所示。

附图17 清晰的游戏画面

（四）创建、漫游山势地形图实例

（1）第一步

打开 Unity3D 软件，它可能会自动载入上一次的"4-0_AngryBots"项目文件。可以不用考虑它，在软件打开之后，点击"File→Open Project…"，在弹出的"Unity-Project Wizard"对话框中找到"Project Location:"输入创建项目的文件夹地址，或者点击后面的"Browse…"选择一个文件夹地址（注：已经创建 Unity3D 项目的文件夹，不能当作新创建项目的文件夹来使用），然后在"Import the following packages:"中选择要导入的项目文件包，每个文件包都带有一些插件功能，由于这是第一次创建项目文件，所以将所有的复选框都勾选上。但这样做会使 Unity3D 在开始加载时速度偏慢，等以后对各个包的作用逐渐熟悉了，在创建Unity3D 项目文件时，只勾选需要使用到的包就可以了。全部设置好之后，点击"Create"创建项目文件，如附图 18 所示。

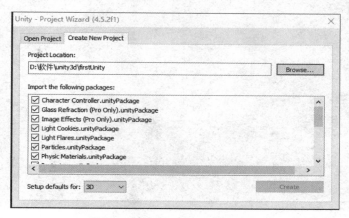

附图18 创建 Unity3D 项目文件

（2）第二步

在创建一个新项目之后，会看见新项目的各个面板中，只有项目文件栏包含了"Standard Assets"和"Standard Assets(Mobile)"两个文件夹，这两个文件夹里装的是之前导入项目文件包里的所有文件。除此之外，其他面板都是空空如也。不要紧，万丈高楼平地起，我们马上就利用文件包和系统功能来丰富各个面板。首先，点击菜单栏上的"GameObject→Creat Other→Terrain"，创建一个带有地形属性的平面，如附图 19 所示。

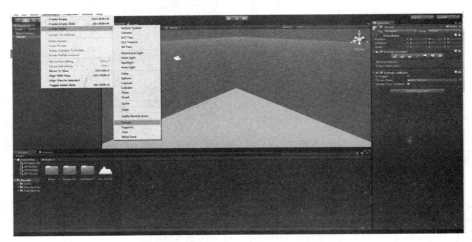

附图 19　创建一个带有地形属性的平面

但发现动画面板中依然没有任何画面。其实道理很简单，就像演唱会的实况直播，当把场景全部搭建好后，演员该上场了，但没有加上摄像机，电视机前面的观众又如何能够收到演出的信号呢？

（3）第三步

点击"GameObject→Create Other→Camera"，在场景中创建一个摄像机，这时就可以在动画面板中观看到摄像机所观察到的景象了，如附图 20 所示。设置摄像机坐标。下面来改变一下这个光秃秃的地面。

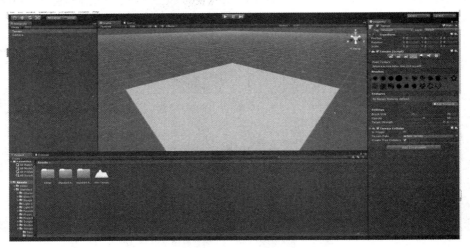

附图 20　创建一个摄像机

（4）第四步

点击菜单栏上的"Terrain"，弹出"Terrain Settings"面板来调节地面的大小，在"Terrain Width"的后面，将数字改成500，然后再在"Terrain Length"的后面，将数字改成500，将原来的地形设置成500×500大小的地形。如附图21所示。

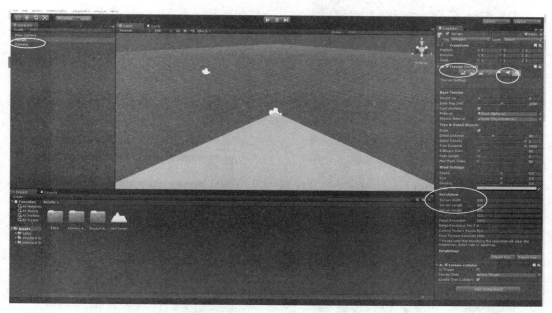

附图21 "Terrain Settings"面板

（5）第五步

在场景面板中选中刚才创建的地面对象"Terrain"，如果觉得场景中需要的对象较难选择，那么还可以在层次清单栏选中所需的对象，该栏中包含了所有场景面板中的物体对象。选中地面对象"Terrain"之后，会马上在对象属性栏中发现与之对应的属性，包含有"Position"【坐标】、"Rotation"【旋转量】、"Scale"【缩放尺寸】以及地面对象固有的"Terrain（Script）"和"Terrain Collider"，如附图22所示。

其中，这个像画笔一样的按钮，是用来改变地面材质的。点击它之后，可以在下面找到 ⚙ Edit Textures...，再点击"Edit Textures…→Add Texture"来到"Add Terrain Texture"面板。如附图23所示。

然后，单击"None(Texture2D)"后面的"select"，就可以为地面添加所喜欢的材质了。选择好之后点击"Add"按钮来填入新材质"Grass(Hill)"，添加材质之后的地面如附图24所示。

如果觉得这个地形的材质过于单调，可以继续点击"Edit Textures…→Add Texture"来添加第二个材质，然后在"Brushes"中选择想要的笔刷形状及纹理"Cliff"，如附图25所示。接着，在场景面板中刷出新材质的区域范围，如附图26所示。

（6）第六步

点击 这三个按钮其中的一个，选择合适的笔刷，在地形图中可以刷出高山的形状，如附图27所示。

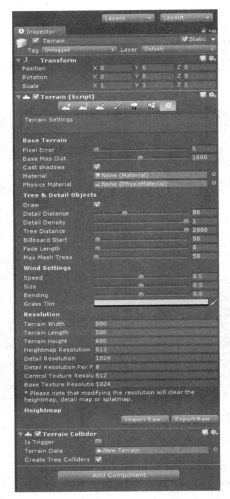

附图 22　对象属性栏

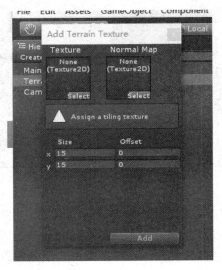

附图 23　"Add Terrain Texture"面板

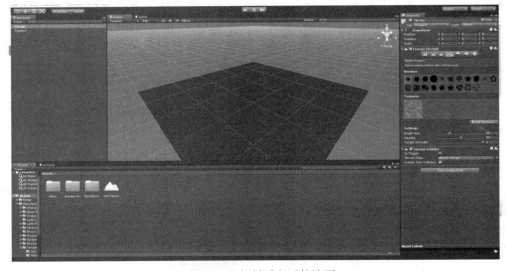

附图 24　添加材质之后的地面

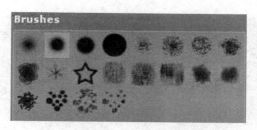

附图 25 "Brushes"

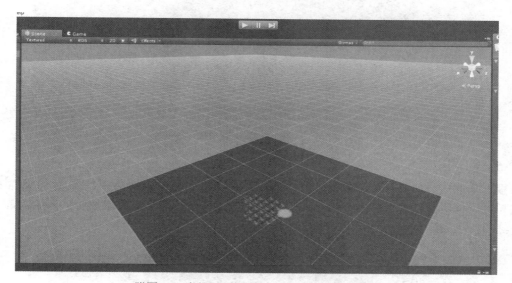

附图 26 在场景面板中刷出新材质的区域范围

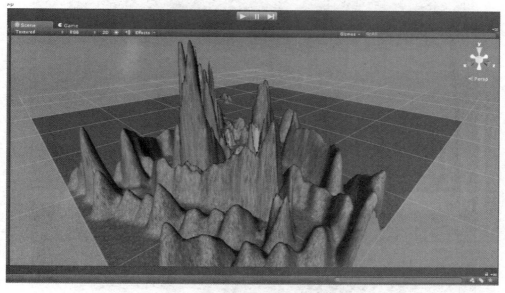

附图 27 在地形图中刷出高山的形状

　　如果觉得现在的山峰太高,或者说某处的山峰有些多余,那么可以按住"Shift"键不放,用刚才的笔刷进行反向平刷,如附图 28 所示。

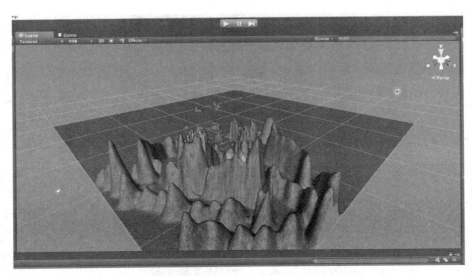

附图 28　进行反向平刷

（7）第七步

接下来就是给地形种草和种树了。具体的种草按钮是 ，种树按钮是 。它们的设置方法与地形材质的设置方法十分相似，都是先点击 Edit Trees... 按钮来添加所需要的花草或树木，然后在场景面板中刷出所需要的区域，如附图 29 所示。

附图 29　在场景面板中刷出需要的区域

这里需要注意，Unity3D 为了在编辑模式下节约资源，采取了资源剔除的方法。如果在利用笔刷"种草"的过程中，没有看到"种"上去的草，这时只需将画面拉近即可观察到效果，如附图 30 所示。

附图 30　利用笔刷"种草"

（8）第八步

点击 ，设置地形上的风速、阴影等效果，如附图 31 所示。

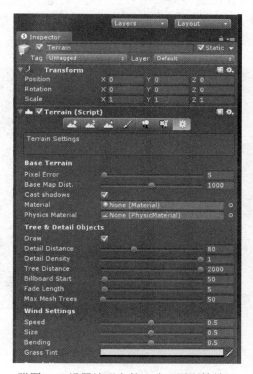

附图 31　设置地形上的风速、阴影等效果

（9）第九步

地形的所有效果已经设置完毕，但发觉在动画面板中的画面似乎很暗，这是由于没有加入灯光的缘故。点击"GameObject→Create Other→Directional Light"创建一个太阳光，如附图 32 所示。

附图 32　创建一个太阳光

太阳光和自身的位置没有多大的关系，只与自身的角度有关，这和平时生活中的太阳光是一致的。所以，为了让场景变得更亮，就需要用到场景调整工具中的旋转按钮 ，对太阳光进行旋转。当然，也可以在属性面板中对它进行调节 。根据生活常识，当太阳光 90°直射地面的时候，光线最强。调整之后的效果如附图 33 所示。这时的"Game"【动画面板】的画面是不是亮了许多？

附图 33　调整太阳光属性

（10）第十步

为了让摄像机全方位地观察刚刚所创建的场景，可以在项目文件栏中选择"All Scripts"，

找到 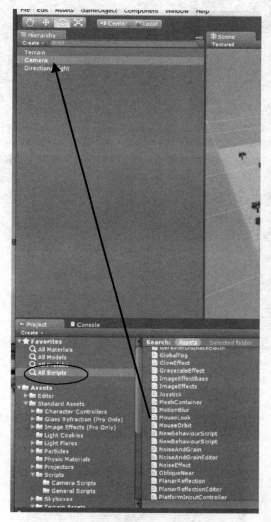 MouseLook 、 FPSInputController 、 CharacterMotor 这三个脚本文件，并将它们依次拖放到场景中的摄像机上面，如附图 34 所示。

附图 34　将脚本拖放到场景中的摄像机上面

　　如果觉得项目文件栏中的文件过多，不容易寻找这三个文件，还可以在项目文件栏上方的搜索框输入它们的名字，进行搜索，　　　　　　　　。这样很快就能找到对应的文件了。放置完毕之后，点击测试按钮　　，就可以身临其境地在刚才创建的动画面板中进行漫游了。用鼠标控制视角，用键盘的方向键控制行走，如附图 35 所示。漫游的过程中，可以清晰地看见所创建的草随微风缓缓摆动。

　　（11）第十一步

　　再次点击测试按钮　　，退出动画模式。下面来为场景加上蓝天和光照效果。选中场景中的摄像机对象，然后点选菜单栏中的"Component→Rendering→Skybox"为摄像机添加一个天空盒。添加成功之后，就能在摄像机的属性面板中找到刚才添加的天空盒了，如附图 36 所示。

附图 35　用鼠标控制视角，用键盘的方向键控制行走

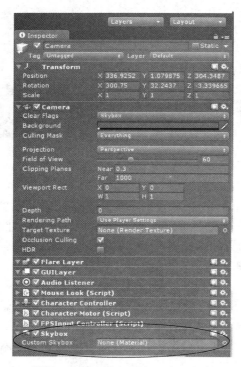

附图 36　为摄像机添加一个天空盒

接着，去项目文件栏找到"Standard Assets"文件夹下的"Skyboxes"文件夹。这里面摆放了许多关于天空的材质球，只需要选中一个喜爱的天空材质球，并拖放到摄像机里天空盒"Skyboxes"的材质属性"Custom Skybox" 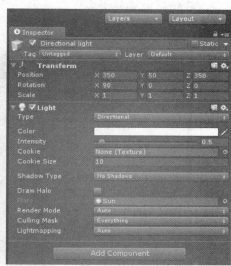 中，就可以让场景的天空布满这种材质效果，如附图 37 所示。

选中场景中的光照对象"Directional light"，然后在它的属性面板中找到"Flare"，并点选它后面的圆圈 ⊙，在它弹出的"Select Flare"对话框中选中双击 ✦ Sun 这种光照效果，如附图 38 所示。

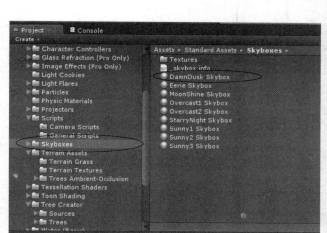

附图 37　天空盒"Skyboxes"的材质属性"Custom Skybox"　　附图 38　设置光照效果

这样就可以在动画模式中清楚地看见太阳所在的位置。再运行一下动画 ▶ 看看效果，如附图 39 所示。

附图 39　光照效果

（12）第十二步

为了让场景更加逼真，还可以为场景添加光照阴影效果。具体的做法如下：选中光照对象"Directional light"，在它的属性面板中找到"Shadow Type"【阴影模式】，它默认的是"No Shadows"【没有阴影】，可以将它改成"Soft Shadows"【软渲染阴影】或是"Hard Shadows"【硬件渲染阴影】。"Soft Shadows"【软渲染阴影】以消耗 CPU 的计算为代价来产生阴影效果，这种模式运行速度较慢，但对于机器配置比较低的使用者是唯一的选择。"Hard Shadows"【硬件渲染阴影】可利用新一代 GPU 的显卡加速功能来为游戏进行阴影效果的渲染处理，其运行速度比较快，渲染效果也比较理想。但无论选择哪一个选项，动画场景的物体都会相对于阳光产生阴影效果，如附图 40 所示。

附图 40　光照阴影效果

（13）第十三步

所有的场景效果调试完毕，按下"Ctrl+S"来保存场景文件，取名为"terrain"以便日后调用。如果保存成功，会在项目的项目文件栏中看到一个这样的文件 terrain 。

至此，完成了一个山势地形图实例的创建。

参 考 文 献

[1] 郭艳华, 马海燕. 计算机与计算思维导论. 北京: 电子工业出版社, 2014.
[2] 谭振江. 计算思维与大学计算机基础. 北京: 人民邮电出版社, 2013.
[3] 战德臣, 聂兰顺. 大学计算机——计算思维导论. 北京: 电子工业出版社, 2013.
[4] 宁爱军, 王淑敬. 计算思维与计算机导论. 北京: 人民邮电出版社, 2018.
[5] 麻新旗, 王春红. 计算思维与算法设计. 北京: 人民邮电出版社, 2015.
[6] 夏耘, 黄小瑜. 计算思维基础. 北京: 电子工业出版社, 2012.
[7] 甘勇, 尚展垒, 曲宏山, 等. 大学计算机基础. 3 版. 北京: 人民邮电出版社, 2015.
[8] 杨丽凤. 大学计算机基础与计算思维. 北京: 人民邮电出版社, 2015.
[9] 鲁宁, 陈旭, 徐伟恒. 大学计算机基础与计算思维. 2 版. 北京: 人民邮电出版社, 2015.
[10] 陈国良. 计算思维导论. 北京: 高等教育出版社, 2012.
[11] 唐培和, 徐奕奕. 计算思维——计算学科导论. 北京: 电子工业出版社, 2015.
[12] 李艳杰, 常东超, 苏金芝, 等. 大学计算机. 北京: 化学工业出版社, 2017.
[13] 冷英男, 马石安. 面向对象程序设计. 北京: 中国林业出版社, 2006.
[14] 程克非, 罗江华, 兰文富, 等. 云计算基础教程. 2 版. 北京: 人民邮电出版社, 2018.
[15] 王庆喜, 陈小明, 王丁磊. 云计算导论. 北京: 中国铁道出版社, 2018.
[16] 中国信息通信研究院. 云计算发展白皮书(2020 年). [2020-07-10]. https://wenku.baidu.com/view/0e4db35488eb172ded630b1c 59eef8c75 fbf95aa. html.
[17] 刘洋. 云存储技术——分析与实践. 北京: 经济管理出版社, 2017.
[18] 刘化君, 吴海涛, 毛其林. 大数据技术. 北京: 电子工业出版社, 2019.
[19] 赵勇. 架构大数据——大数据技术及算法分析. 北京: 电子工业出版社, 2015.
[20] 朱洁, 罗华霖. 大数据架构详解: 从数据获取到深度学习. 北京: 电子工业出版社, 2016.
[21] 丁世飞. 人工智能导论. 3 版. 北京: 电子工业出版社, 2020.
[22] 王万良. 人工智能导论. 4 版. 北京: 高等教育出版社, 2017.
[23] 鲁斌, 刘丽, 李继荣, 等. 人工智能及应用. 北京: 清华大学出版社, 2017.
[24] 贲可荣, 张彦铎. 人工智能. 3 版. 北京: 清华大学出版社, 2018.
[25] 吴飞. 人工智能导论: 模型与算法. 北京: 高等教育出版社, 2020.
[26] 胡小强. 虚拟现实技术与应用. 北京: 高等教育出版社, 2004.
[27] 张德丰, 周灵. VRML 虚拟现实应用技术. 北京: 电子工业出版社, 2010.
[28] 杨秀杰, 杨丽芳, 黎娅, 等. 虚拟现实(VR)交互程序设计. 北京: 中国水利水电出版社, 2019.
[29] 张以哲. 沉浸感: 不可错过的虚拟现实革命. 北京: 电子工业出版社, 2017.
[30] 张善立, 施芬. 虚拟现实概论. 北京: 北京理工大学出版社, 2017.
[31] 赵庆娟. 虚拟技术在模具专业实践教学中的应用探讨. 科技资讯, 2018(35): 70-72.
[32] 康婉华, 李文波. 基于 VR 的教学系统探究. 卷宗, 2019(33): 184.
[33] 朴雪, 吴昌明. 虚拟现实技术在医学教育中的应用研究. 中国科技信息, 2009(20): 230-235.
[34] 张大新. 虚拟现实技术(VR)在医学教育和实验中的广泛应用及意义. 科技创新导报, 2008(3): 211.
[35] 彭文君. 浅谈虚拟现实技术在机械工程领域的应用. 科技创新导报, 2015(1): 39.
[36] 《航空制造工程手册》总编委会. 航空制造工程手册: 数字化制造. 2 版. 北京: 航空工业出版社, 2016.
[37] 叶含笑, 李振华. 多媒体技术及应用. 北京: 清华大学出版社, 2012.
[38] 卫子恒. 虚拟现实技术在电脑游戏中的应用. 科技传播, 2018(24): 138-139.
[39] 韩鹏飞, 李巨韬. 3ds MaxVRay 工业产品渲染实例教程. 北京: 兵器工业出版社, 2009.
[40] 王磊, 袁媛. 3ds Max VRay 建模技巧与渲染的艺术. 合肥: 合肥工业大学出版社, 2016.
[41] 邹平吉. VRay 分布式渲染的实现. 甘肃科技纵横, 2013(12): 42-44.
[42] 吴彬, 黄赞臻, 郭雪峰, 等. Unity 4. X 从入门到精通. 北京: 中国铁道出版社, 2013.
[43] 曹华. 游戏引擎原理与应用. 武汉: 武汉大学出版社, 2016.

[44] 优美缔软件(上海)有限公司. 虚拟仿真与游戏开发实用教程. 上海: 上海交通大学出版社, 2015.

[45] 刘筱冬, 王丹, 姜雪辉, 等. 计算机文化基础. 北京: 人民邮电出版社, 2012.

[46] 商宇浩, 李一帆, 张吉祥, 等. Unity5.X 完全自学手册. 北京: 电子工业出版社, 2016.

[47] 杨长强, 高莹. 游戏程序设计基础. 北京: 电子工业出版社, 2015.

[48] 刘国柱. Unity3D/2D 游戏开发从 0 到 1.2 版. 北京: 电子工业出版社, 2018.

[49] 吴亚峰, 索依娜, 百纳科技. Unity 5.X 3D 游戏开发技术详解与典型案例. 北京: 人民邮电出版社, 2016.

[50] 杨迎春, 廉东本, 陈月. 基于 Unity 3D 的仓储可视化编辑器. 计算机系统应用, 2016, 25(8): 260-263.

[51] 史羽翔, 程明智, 徐秀梅. 一种基于 Unity 和 JOYSTICK 传感器的 2D 游戏设计与实现. 北京印刷学院学报, 2017, 25(8): 17-20.

[52] 周宇. VR 是如何交互的？. 数码影像时代, 2017(10): 100-105.

[53] 邹静. 迎接互联网的明天: 玩转 3D Web. 北京: 电子工业出版社, 2011.

[54] 娄岩. 虚拟现实与增强现实技术实验指导与习题集. 北京: 清华大学出版社, 2016.

[55] 娄岩. 虚拟现实与增强现实应用指南. 北京: 科学出版社, 2017.

[56] 李婷婷, 余庆军, 杨浩婕, 等. Unity3D 虚拟现实游戏开发. 北京: 清华大学出版社, 2018.

[57] 张金钊, 张颖, 王先清, 等. Unity3D 游戏开发与设计案例教程. 北京: 清华大学出版社, 2015.

[58] 李建. 虚拟现实(VR)技术与应用. 开封: 河南大学出版社, 2018.

[59] 李梁. 完美讲堂: Unity3D 游戏特效设计实战教程. 北京: 人民邮电出版社, 2017.

[60] 李建, 王芳, 张天伍, 等. 虚拟现实技术基础与应用. 北京: 机械工业出版社, 2018.

[61] 娄岩. 虚拟现实与增强现实技术导论. 北京: 科学出版社, 2017.

[62] 娄岩. 虚拟现实与增强现实应用基础. 北京: 科学出版社, 2018.

[63] Unity 公司, 史明, 刘杨. Unity 5.X 2017 标准教程. 北京: 人民邮电出版社, 2018.

[64] 程明智, 江道远, 韩超. Unity5.X 游戏开发技术与实例. 北京: 电子工业出版社, 2016.

[65] 王贤坤. 虚拟现实技术与应用. 北京: 清华大学出版社, 2018.

[66] 李瑞森, 王至, 吴慧剑. Unity 3D 游戏场景设计实例教程. 北京: 人民邮电出版社, 2014.

[67] 柏承能. 一本书教你打造超级爆款 IP. 北京: 清华大学出版社, 2017.

[68] 张渝江. 虚拟和现实结合的学习. 中国信息技术教育, 2015(21): 104-106.

[69] 梁娅. 基于移动增强现实技术的图书馆体验服务探讨. 河北科技图苑, 2016, 29(1): 19-22.

[70] 刘思琼. 增强现实技术在档案馆中的应用前景分析. 办公室业务, 2018(3): 55-57.

[71] 蔡新元, 陆晴漪. 增强现实技术在传统儿童书籍中的应用研究. 湖北大学学报(哲学社会科学版), 2013(4): 100.

[72] 周宇龙. VR 是如何交互的？. 数码影像时代, 2017(10): 100-105.

[73] 徐梦笛. 论校园是增强现实发展的最好摇篮. 艺术科技, 2015(9): 297.

[74] 朱杰. 增强现实技术简述. 科技传播, 2014(2): 163-166.

[75] 孔令爱, 胡子超, 刘海刚. 增强现实技术在防震减灾科普宣传中的应用. 微处理机, 2020, 41(3): 55-61.

[76] 李东旭, 江澄, 刘海峰. 体感技术驱动下的图书馆应用平台架构创新与体验革命. 大学图书馆学报, 2012(5): 14-19.

[77] 朱润楷. 虚拟现实和增强现实技术简介. 科学家, 2017, 23(5): 112-114.

[78] 何霜紫. 光韵的消散及其隐形控制悖论——虚拟现实艺术的审美反思. 上海文化, 2018, 167(12): 70-77.

[79] 周荣庭, 王中贝. 虚拟现实出版物制作应用原则探究. 中国出版, 2018(16): 31-37.

[80] 林昕. Unity3D 在 Android 游戏开发中的应用. 新校园, 2014(12): 138-139.

[81] 钱振华, 宋子铃. 虚拟现实技术的认知困境分析. 北京科技大学学报(社会科学版), 2018, 34(2): 74-80, 112.

[82] 董恒熙. 增强现实的应用与未来展望. 商品与质量, 2020(7): 8.

[83] 王璞. 移动增强现实技术在图书馆的应用研究. 图书与情报, 2014(1): 96-100.

[84] 王路. 增强现实技术在少儿图书馆服务创新中的应用. 辽宁经济, 2017(10): 94-96.

[85] 清风. 互联网新贵——VR, AR 时代, 向我们走来!(上). 科学生活, 2016(10): 24-26.

[86] 陶阳. 基于 Unity 的游戏地形生成方法. 电脑编程技巧与维护, 2012(15): 83-85.

[87] 邓懋权. 浅析 AR 增强现实技术在金属探测行业的应用. 中国科技纵横, 2018(7): 63, 65.

[88] 蔡贺, 赵晔. 增强现实技术(AR)在电视节目中的应用与实践(上). 影视制作, 2017, 11(23): 52-57.

[89] 周超, 黄迅. 增强现实技术在家具定制设计中的应用初探. 家具与室内装饰, 2020(4): 58-59.

[90] 张伟, 张春华, 徐卫. 增强现实技术及其应用研究. 电脑编程技巧与维护, 2012(6): 66-67.

[91] 技术宅. 更强的真实感？解密火热的 AR 游戏. 电脑爱好者, 2016(16): 58-59.

[92] 潘枫, 刘江岳. 混合现实技术在教育领域的应用研究. 中国教育信息化, 2020(8): 7-10.

[93] 吴俊凡. 虚拟现实中的 VR、AR、MR 和 CR. 科技视界, 2017(17): 1-2.

[94] 黄斯思. 浅谈 AR 技术在交互设计中的运用. 大众文艺, 2020(5): 89-90.

[95] 王戈, 王晓宁, 徐顺前. 增强现实技术及其军事应用. 甘肃科技, 2013(22): 87-88.

[96] 杨漾, 姚杭飞, 杨琛, 等. 基于 Unity 3D 的虚拟家具商城的设计与实现. 计算机时代, 2014(6): 47-49.

[97] 蔡贺, 赵晔. 增强现实技术(AR)在电视节目中的应用与实践(上). 影视制作, 2017, 11(23): 52-57.

[98] 李喆, 陈佳宁, 张林鎔. 核电站设备维修中混合现实技术的应用研究, 计算机仿真, 2018(5): 340-345.

[99] 范利君, 童小念. 移动增强现实中视觉三维注册方法的实现. 计算机与数字工程, 2011, 39(12): 138-141.

[100] 董莉莉. VR、AR、MR 的区别. 天中晚报, 2016-10-27.

[101] 张克发, 赵兴, 谢有龙. AR 与 VR 开发实战. 北京: 机械工业出版社, 2016: 11.

[102] 王巍, 王志强, 赵继军,等. 基于移动平台的增强现实研究. 计算机科学, 2015(B11): 510-519.

[103] 牛盼强. 文化产业发展态势研究. 上海: 上海交通大学出版社, 2018.

[104] 才华有限实验室. VR 来了! 重塑社交、颠覆产业的下一个技术平台. 北京: 中信出版社, 2016.

[105] 尚文倩. 人工智能. 北京: 清华大学出版社, 2017.

[106] 武志学. 大数据导论. 北京: 人民邮电出版社, 2019.

[107] 杨正洪, 郭梁越. 人工智能与大数据技术导论. 北京: 清华大学出版社, 2018.

[108] 谷斌, 耿科明,张昶,等. 数据仓库与数据挖掘实务. 北京: 北京邮电大学出版社, 2014.

[109] 蔡颖, 鲍立威. 商业智能原理与应用. 杭州: 浙江大学出版社, 2011.

[110] 朱明. 数据挖掘. 合肥: 中国科学技术大学出版社, 2002.

[111] 余来文, 林晓伟, 封智勇, 等. 互联网思维 2.0. 北京: 经济管理出版社, 2014.

[112] 大讲台大数据研习社. Hadoop 大数据技术基础及应用. 北京: 机械工业出版社, 2019.

[113] 汪楠. 商务智能. 北京: 北京大学出版社, 2012.

[114] 刘巍, 丁云龙. 社会科学研究方法. 大连: 大连海事大学出版社, 2015.